Kopfrechentraining

71

71 + 25 = 96
96 : 4 = 24
24 + 56 = 80
80 – 49 = 31
31 · 2 = 62
62 – 36 = 26
26 · 3 = 78
78 : 6 = 13

1

56

: 7
· 4
+ 17
: 7
· 8
– 16
: 5
· 8

2

35

: 5
· 8
: 2
: 7
· 9
· 2
: 8
· 3

3

0

· 7
: 2
: 7
· 20
: 2
: 5
· 7
: 8

4

36

+ 9
: 5
· 9
– 18
: 9
· 6
– 7
: 5

5

4

· 8
+ 16
: 8
· 6
: 4
· 3
+ 27
: 6

6

27

· 2
– 27
: 9
· 13
+ 27
+ 11
: 7
+ 13

7

54

: 9
· 3
: 9
· 8
: 2
· 9
: 8
· 7

8

72

: 8
+ 25
· 2
+ 13
: 9
+ 45
: 6
· 12

9

88

: 11
· 9
: 2
: 4
· 7
– 9
: 6
· 3

10

98

: 2
+ 7
: 8
· 9
+ 9
: 9
· 3
+ 18

11

42

: 7
· 8
: 6
· 5
– 8
: 4
· 3
· 2

12

56

: 2
: 4
· 6
: 7
· 8
+ 6
: 9
· 7

13

26

+ 46
: 9
· 6
: 8
· 7
– 6
: 4
· 11

Mathematik 6

Berlin/Brandenburg

Autoren:

Bernd Liebau
Uwe Scheele
Wilhelm Wilke

westermann

Zeichenerklärung:

	Seite mit grauem Streifen	Einführung in ein neues Thema und Übungen auf Grundniveau zur Auswahl
	Seite mit blauem Streifen	Übungen auf gehobenem Niveau und Zusatzstoffe
	Seite mit rotem Streifen	Übungen auf hohem Niveau und Zusatzstoffe
6	Aufgaben mit Prüfzahlen zur Selbstkontrolle	Im Kapitel Größen haben wir bei den Lösungen die Maßeinheiten aus technischen Gründen weggelassen.
	Aufgaben zum Tüfteln	
	Themenseite	
	Suche in geeigneten Medien (z.B. Lexikon, Atlas, Internet, ...)	

Westermann Schroedel Diesterweg Schöningh Winklers GmbH, Braunschweig
www.westermann.de

Druck A[11] / Jahr 2016
Alle Drucke der Serie A sind inhaltlich unverändert.

Verlagslektorat: Dr. Rüdiger Scholz/dlw medien, Gerhard Strümpler, Katja Steinke
Typografie und Layout: Andrea Heissenberg
Herstellung: Reinhard Hörner
Druck und Bindung: westermann druck GmbH, Braunschweig

ISBN 978-3-14-**121816**-9

Mengen

$M = \{4, 5, 6, 7\}$	Menge aus den Elementen 4, 5, 6 und 7 in aufzählender Form
$\mathbb{N} = \{0, 1, 2, 3, \dots\}$	Menge der natürlichen Zahlen
L	Lösungsmenge für eine Gleichung bzw. Ungleichung
$\{\ \}$	leere Menge
$a \in M$	a ist Element der Menge *M*.
$b \notin M$	b ist nicht Element der Menge *M*.
T_a	Menge der Teiler von a
V_a	Menge der Vielfachen von a

Beziehungen zwischen Zahlen

$a = b$	a gleich b	$a > b$	a größer als b
$a \neq b$	a ungleich b	$a < b$	a kleiner als b
$a \mid b$	a ist Teiler von b		

Verknüpfungen von Zahlen

$a + b$	Summe (*lies:* a plus b)	$a \cdot b$	Produkt (*lies:* a mal b)
$a - b$	Differenz (*lies:* a minus b)	$a : b$	Quotient (*lies:* a geteilt durch b)

Rechengesetze

Kommutativgesetz

$a + b = b + a$ $\qquad$ $a \cdot b = b \cdot a$

$3 + 7 = 7 + 3$ $\qquad$ $3 \cdot 7 = 7 \cdot 3$

Assoziativgesetz

$a + (b + c) = (a + b) + c$ $\qquad$ $a \cdot (b \cdot c) = (a \cdot b) \cdot c$

$3 + (7 + 5) = (3 + 7) + 5$ $\qquad$ $3 \cdot (7 \cdot 5) = (3 \cdot 7) \cdot 5$

Distributivgesetz

$a \cdot (b + c) = a \cdot b + a \cdot c$ $\qquad$ $a \cdot (b - c) = a \cdot b - a \cdot c$

$6 \cdot (8 + 5) = 6 \cdot 8 + 6 \cdot 5$ $\qquad$ $6 \cdot (8 - 5) = 6 \cdot 8 - 6 \cdot 5$

Geometrie

A, B, C, …	Punkte
$\overline{AB}$	Strecke mit den Endpunkten A und B
AB	Verbindungsgerade durch die Punkte A und B
g, h, k, …	Geraden
$g \parallel h$	g ist parallel zu h
$g \perp k$	g ist senkrecht zu k
$P\,(3 \mid 4)$	Punkt im Koordinatensystem mit den Koordinaten 3 (x-Wert) und 4 (y-Wert)
$\alpha, \beta, \gamma, \delta, \varepsilon$ $\sphericalangle$ ASB $\sphericalangle$ (a, b)	Winkel

Wir entwerfen Ornamente und Muster

1

Perserteppich

gewebter Gürtel

Die Griechen schmückten ihre Amphoren schon im 8. Jahrhundert v. Chr. mit geometrischen Mustern.

Fliesen aus der Alhambra

Indisches Kissen

Regelmäßige Muster spielen bei der Verzierung von Gegenständen eine große Rolle.

a) Betrachte die einzelnen Muster und beschreibe die Regelmäßigkeiten, die du entdeckst.

b) Welche Muster haben Gemeinsamkeiten in ihrem Aufbau? Beschreibe diese Gemeinsamkeiten.

2 Setze die folgenden Bandornamente in deinem Heft fort.

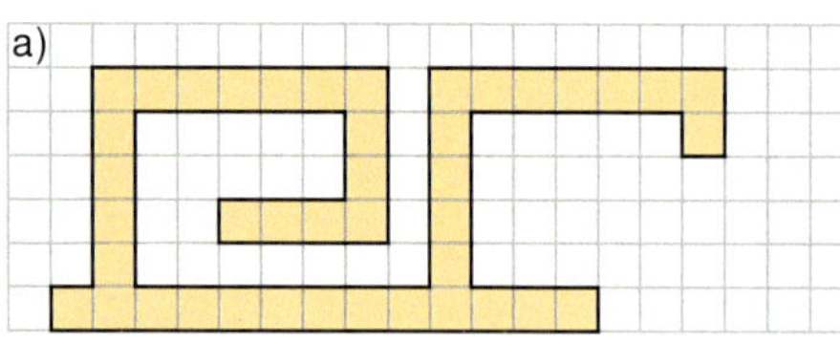

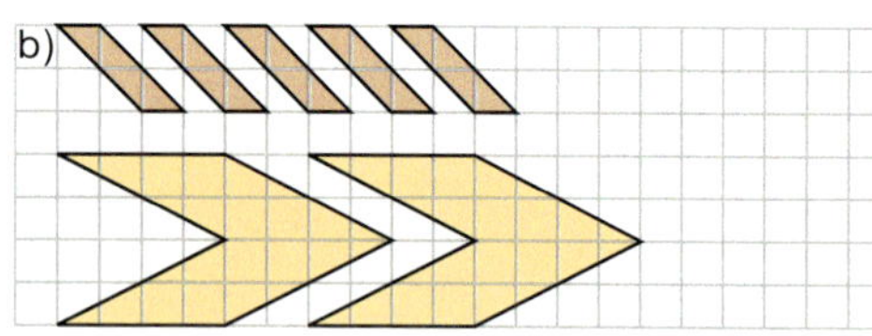

3 Übertrage das Stickmuster in dein Heft und setze es fort.

4

Oliver und Thorsten haben die Aufgabe übernommen neue bunte Urkunden für das jährliche Sportfest zu entwerfen.
Vervollständige den Urkundenrahmen auf einem karierten Blatt Papier.

5 Entwirf für ein Sportereignis in deiner Schule eine Urkunde mit symmetrischem Rahmen.

6 Lara hat Musterstreifen mit ihrem Anfangsbuchstaben entworfen um ihr Briefpapier zu verzieren.
a) Wie hat Lara das rechts abgebildete Grundmuster entworfen?
b) Übertrage den abgebildeten Musterstreifen auf deine Heftseite.
c) Entwirf ähnliche Muster mit einem anderen Buchstaben.

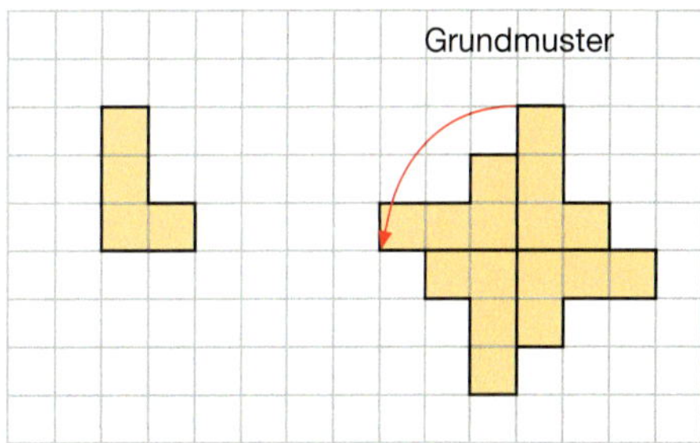

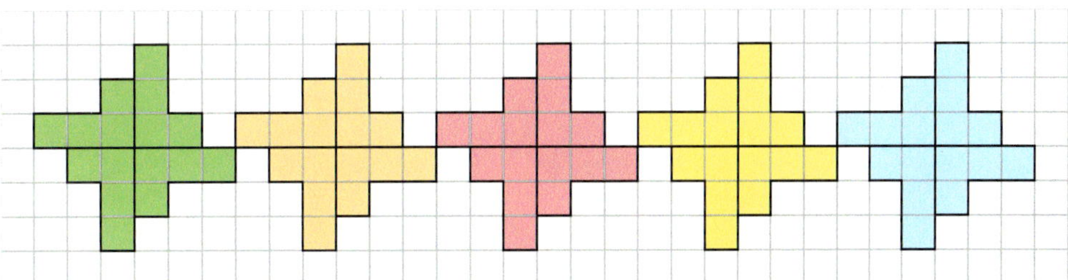

Drei Kästchen nach rechts und zwei nach oben.

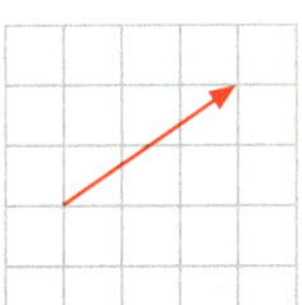

7

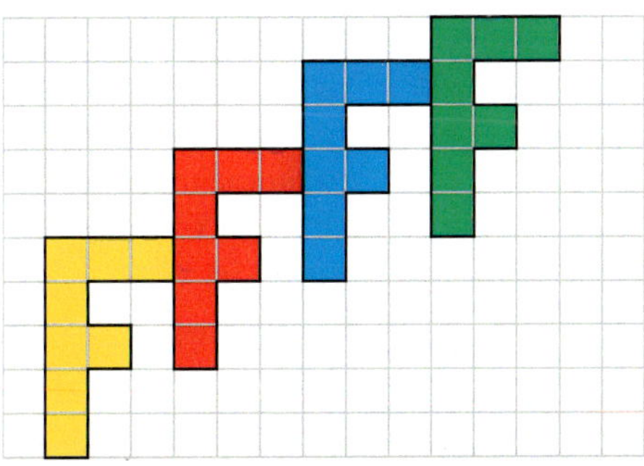

a) Felix wollte ein gleichmäßig schräg nach oben laufendes Muster mit dem Anfangsbuchstaben seines Vornamens entwerfen.
Überprüfe, ob ihm das gelungen ist.
b) Nimm den Anfangsbuchstaben deines Vornamens und entwirf ein ähnliches Muster. Dabei soll der neue Buchstabe jeweils drei Kästchen nach rechts und zwei Kästchen nach oben wandern.

1 

Auf den Abbildungen siehst du Fliesen mit kunstvoll gestalteten Mustern.
Diese Muster bestehen aus mehrfach aneinandergereihten Figuren gleicher Größe und gleicher Form. Sie werden als zueinander **deckungsgleiche** oder als zueinander **kongruente** Figuren bezeichnet.

2 Schneide aus gefaltetem Papier eine zusammenhängende Figurenreihe aus. Worauf musst du dabei achten?

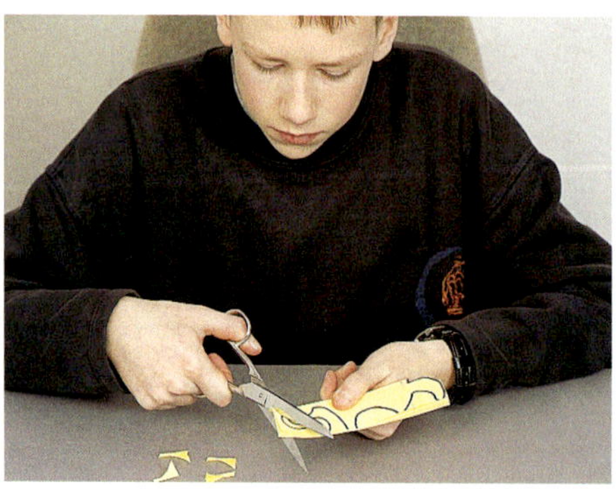

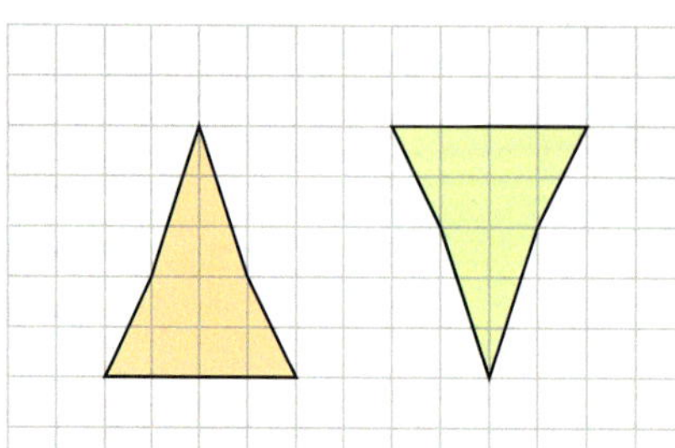

Zwei Figuren heißen **kongruent** (deckungsgleich) zueinander, wenn sie in **Größe** und **Form** übereinstimmen. Entsprechende Strecken und Winkel sind in kongruenten Figuren gleich groß.

3 Erläutere, warum die gelben Fußabdrücke jeweils zueinander kongruent sind.

Potsdam (be).
In den vergangenen Tagen wurden Eltern, Lehrer und Schüler aktiv und sprühten „kleine gelbe Füße“ auf Schulwege.

An besonderen Gefahrenpunkten heißt es dann:

Achtung, hier aufpassen!

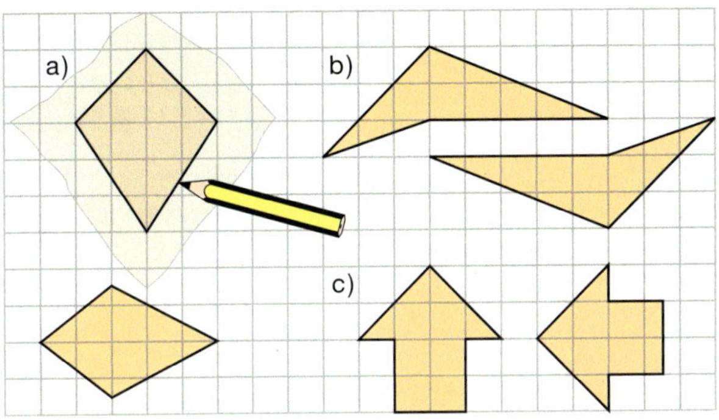

4 Überprüfe, ob die beiden Figuren mit derselben Schablone gezeichnet wurden. Übertrage dazu eine der beiden Figuren auf Transparentpapier. Untersuche anschließend, ob deine Figur genau auf die zweite Figur passt.

5 Welche Figuren sind zueinander kongruent?

Wir sagen: F_1 ist kongruent zu F_2

Wir schreiben: $F_1 \cong F_2$

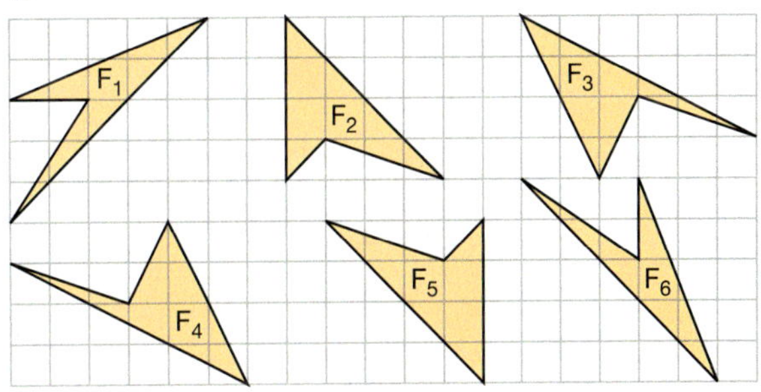

6 Welche der Teilfiguren sind zueinander kongruent?

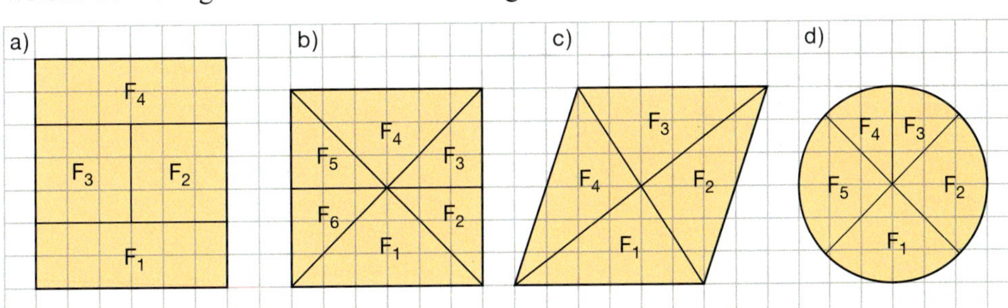

1 Die Raufasertapete in Marks Zimmer hat als Verzierung einen Bandmusterstreifen. Überlege, wie das Muster gezeichnet wurde.

2 Das Spiegelbild der Hafenstraße enthält elf Fehler.

3

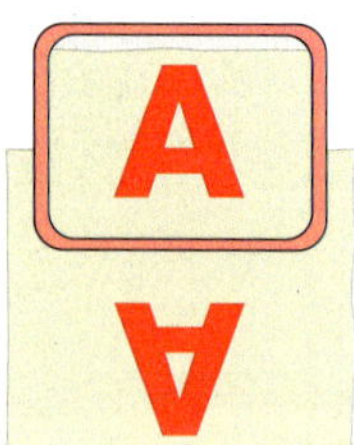

a) Babsi möchte sich mit Katja verabreden. Wie lautet ihre Antwort?

b) Auf der Pinnwand siehst du einzelne Sätze in Spiegelschrift geschrieben. Versuche, sie zu lesen. Überlege zunächst, wie du den Spiegel dazu aufstellen musst.

c) Schreibt ebenfalls verschiedene Texte in Spiegelschrift auf. Fordert anschließend eine Mitschülerin oder einen Mitschüler auf die Wörter richtig zu lesen.

4 Annalena will mithilfe eines Geometrieprogramms zueinander kongruente (deckungsgleiche) Dreiecke erzeugen.

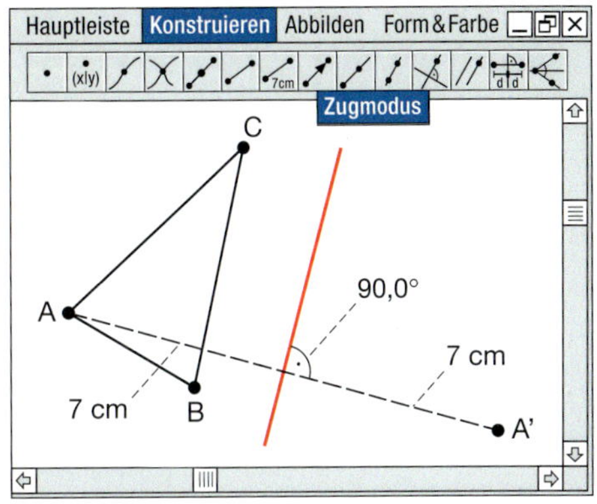

Versuche die Frage anhand der Abbildung auf dem Bildschirm zu beantworten.

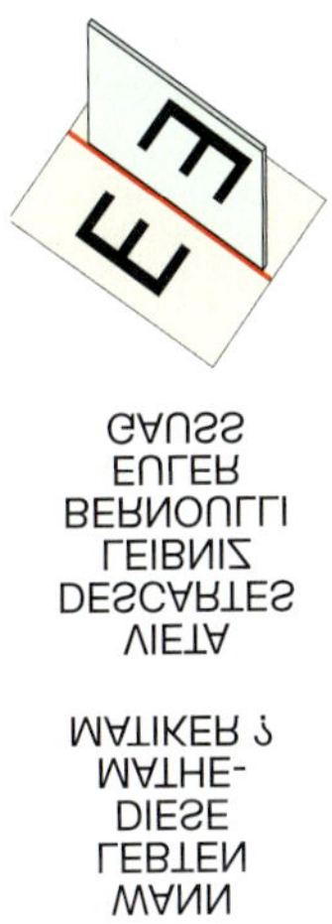

5

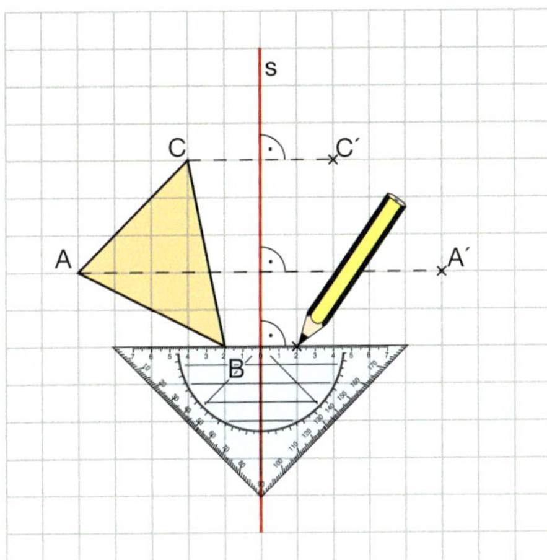

Das Dreieck ABC soll an der Geraden s gespiegelt werden.

a) Wie liegen die Strecken $\overline{AA'}$, $\overline{BB'}$, $\overline{CC'}$ jeweils zur Spiegelachse s?

b) Wo findest du gleich lange Strecken?

c) Übertrage das Dreieck ABC und die Gerade s in dein Heft.
Spiegele das Dreieck an s.

6

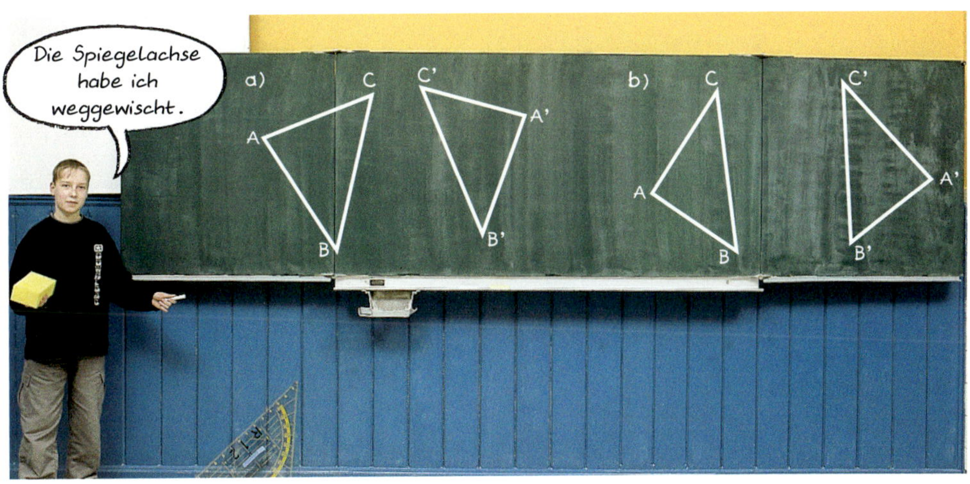

Ist das Dreieck A′B′C′ das Bild des Dreiecks ABC bei einer Achsenspiegelung? Begründe deine Antwort.

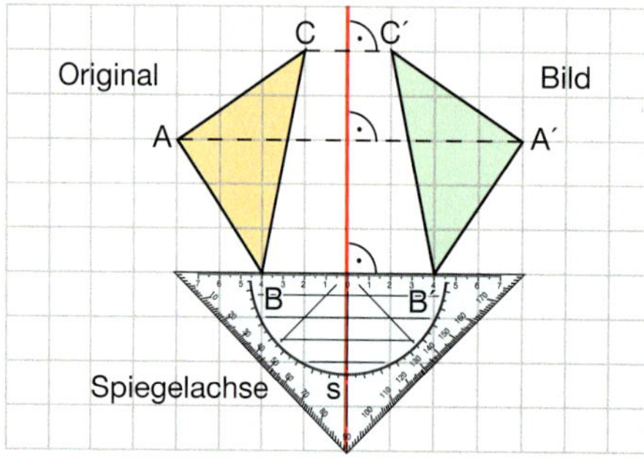

Das Dreieck ABC ist an der Geraden s gespiegelt.

Die Punkte A, B und C sind **Originalpunkte,** die Punkte A′, B′ und C′ sind die zugehörigen **Bildpunkte.**

Die Gerade s heißt **Spiegelachse.**

Bei der **Achsenspiegelung** steht die Verbindungsstrecke zwischen einem Originalpunkt und seinem Bildpunkt senkrecht auf der Spiegelachse.
Ein Originalpunkt und sein Bildpunkt haben jeweils den gleichen Abstand zur Spiegelachse.
Bei einer Achsenspiegelung sind Original- und Bildfigur zueinander kongruent (deckungsgleich). Die Achsenspiegelung ist eine Kongruenzabbildung.

1 Spiegele die Figur an der Geraden s. Kennzeichne die Bildpunkte mit A′, B′, C′ oder D′.

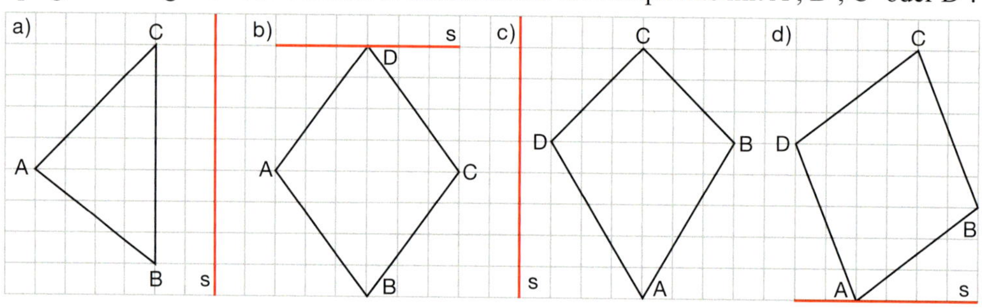

2 Übertrage die Figur und zeichne ihr Spiegelbild. Welche Figur erhältst du?

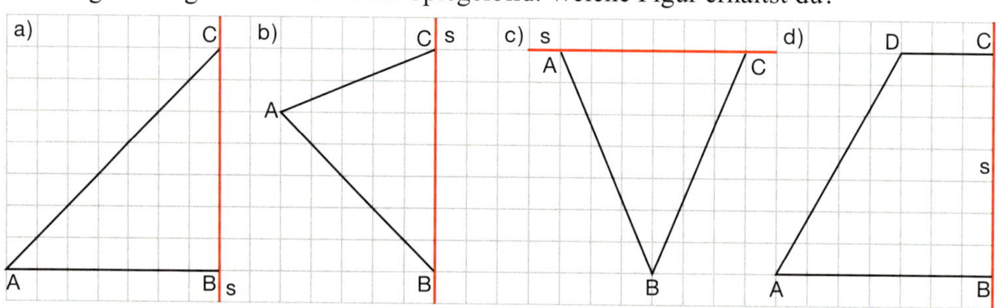

3 Übertrage die Figur auf kariertes Papier und spiegele sie an der Spiegelachse s.

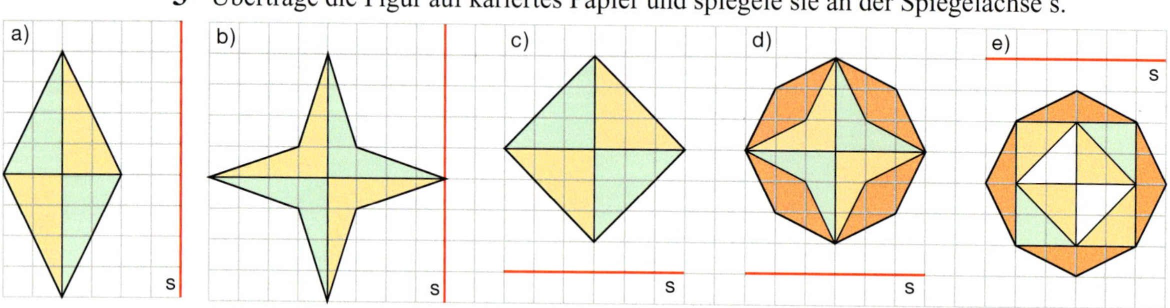

4 Übertrage die Figur und zeichne ihr Spiegelbild. Verlängere, wenn notwendig, die Spiegelachse s.

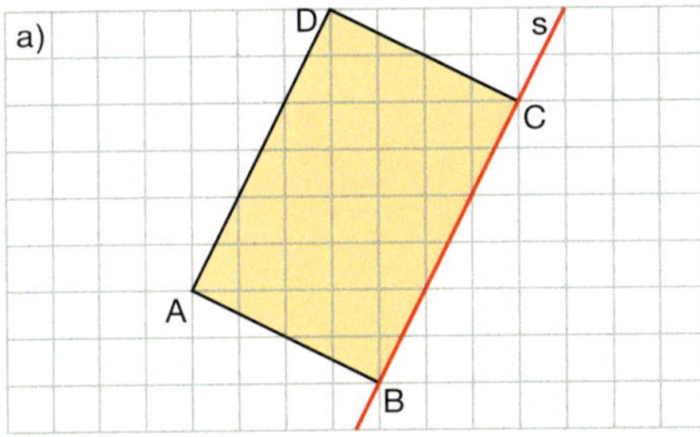

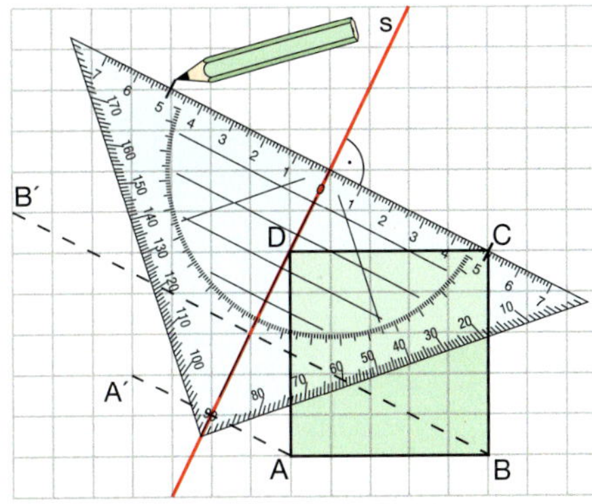

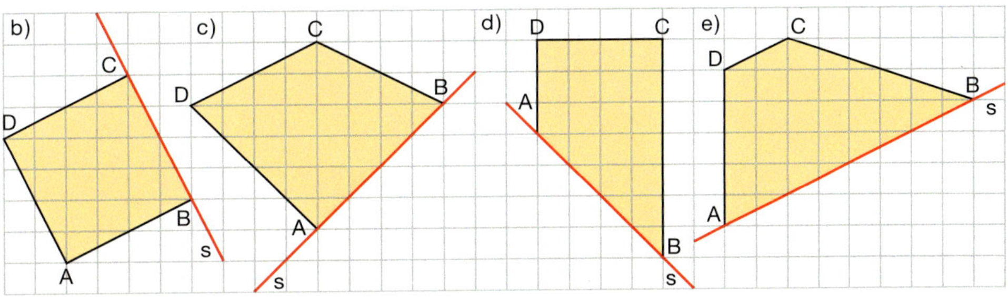

5 Übertrage die Figur und spiegele sie an der Spiegelachse s.

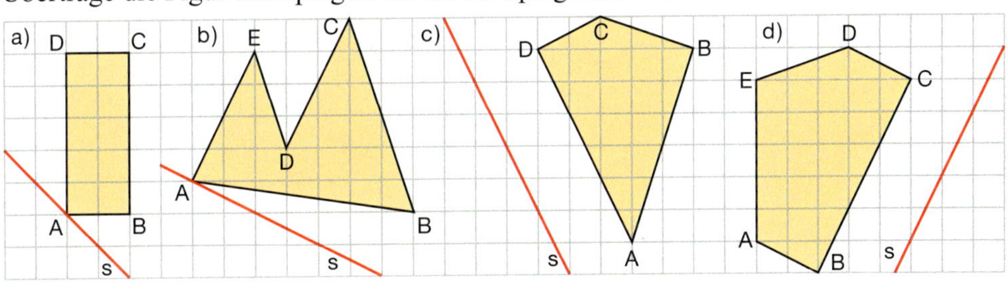

6 a) Übertrage das abgebildete Koordinatensystem in dein Heft. Spiegele das Dreieck ABC an s. Gib die Koordinaten der Bildpunkte an.
b) Zeichne das Viereck mit den Eckpunkten A (6|0), B (10|2), C (6|4) und D (2|2) in ein Koordinatensystem. Spiegele es an der Geraden durch die Punkte V (2|4) und W (11|4). Gib die Koordinaten der Bildpunkte an.

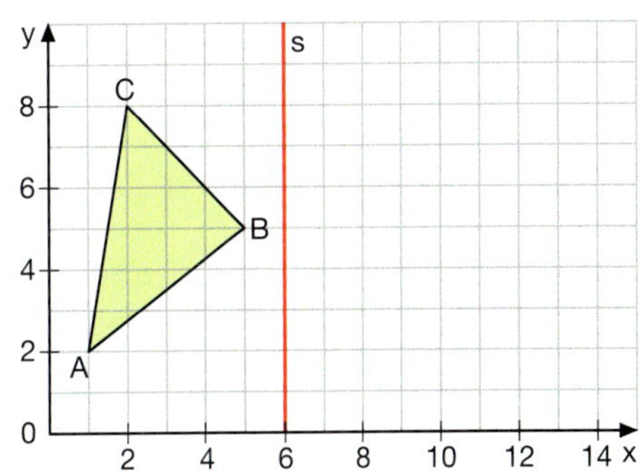

7 Zeichne das Viereck mit den Eckpunkten A (5|2), B (8|8), C (5|11) und D (2|8) in ein Koordinatensystem (Einheit 0,5 cm). Spiegele es an der Geraden durch die Punkte R (5|14) und S (11|8). Gib die Koordinaten der Bildpunkte an.

8 Zeichne das Parallelogramm mit den Eckpunkten A (1|12), B (11|12), C (16|17) und D (6|17) in ein Koordinatensystem (Einheit 0,5 cm). Spiegele es an der Geraden durch die Punkte B und C. Gib die Koordinaten der Bildpunkte an.

1 So kannst du die Spiegelachse s bei gegebenem Original- und Bildpunkt konstruieren:

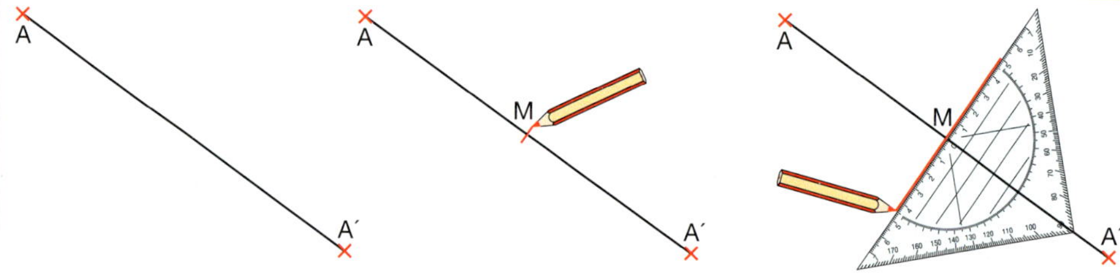

Verbinde den Originalpunkt A mit seinem Bildpunkt A′. | Halbiere die Strecke $\overline{AA'}$ und markiere ihren Mittelpunkt M. | Zeichne die Senkrechte zu $\overline{AA'}$ durch M. Du erhältst die Spiegelachse s.

Übertrage die Figur und den markierten Bildpunkt B′ in dein Heft. Konstruiere die zugehörige Spiegelachse s und spiegele anschließend die Figur an s.

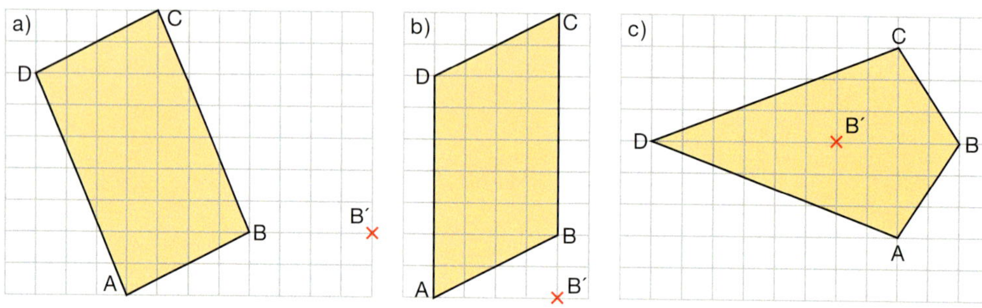

2 Übertrage die Figur und zeichne ihr Spiegelbild. Konstruiere zunächst die Spiegelachse s.

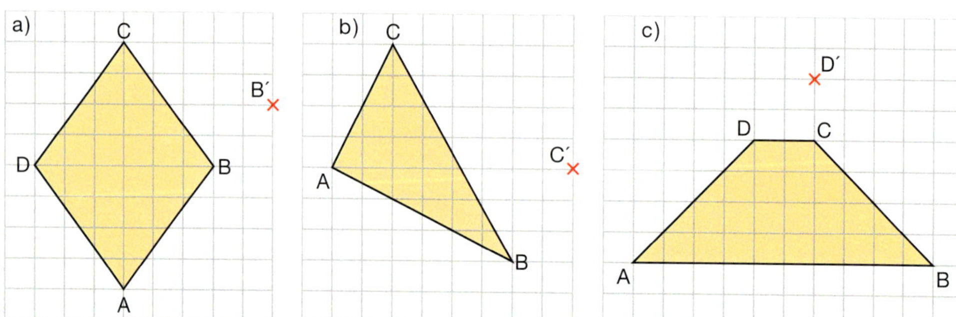

3 Übertrage jeweils Original- und Bildpunkte in ein Koordinatensystem (Einheit 0,5 cm). Zeichne die Spiegelachse ein. Markiere zwei beliebige Punkte der Spiegelachse und bestimme jeweils ihre Koordinaten.

a)

Original	Bild
A (2|3)	A′(12|3)
B (5|6)	B′(9|6)
C (3|9)	C′(11|9)

b)

Original	Bild
A (2|1)	A′(9|8)
B (4|2)	B′(8|6)
C (4|4)	C′(6|6)
D (2|5)	D′(5|8)

4 Übertrage die Punkte in ein Koordinatensystem (Einheit 0,5 cm).
Konstruiere die Spiegelachse s. Spiegele die Originalfigur an s und gib die Koordinaten der fehlenden Bildpunkte an.

a)

Original	Bild
A (2|3)	
B (7|2)	B′(13|6)
C (8|7)	
D (3|8)	

b)

Original	Bild
A (5|10)	
B (10|13)	
C (5|16)	C′(16|5)
D (0|13)	

1 Das abgebildete Dreieck ABC ist an der Spiegelachse s gespiegelt.
a) Vergleiche jeweils die Länge der Seiten und die Größe der Winkel in Original- und Bildfigur. Was stellst du fest?
b) Im Dreieck ABC kannst du die Eckpunkte in der Reihenfolge A-B-C entgegen dem Uhrzeigersinn durchlaufen. Betrachte den **Umlaufsinn** des Bilddreiecks A′B′C′.

Umlaufsinn

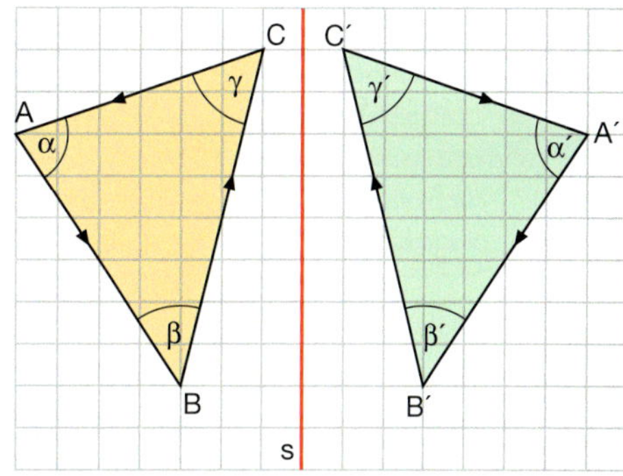

Fixpunkte

2

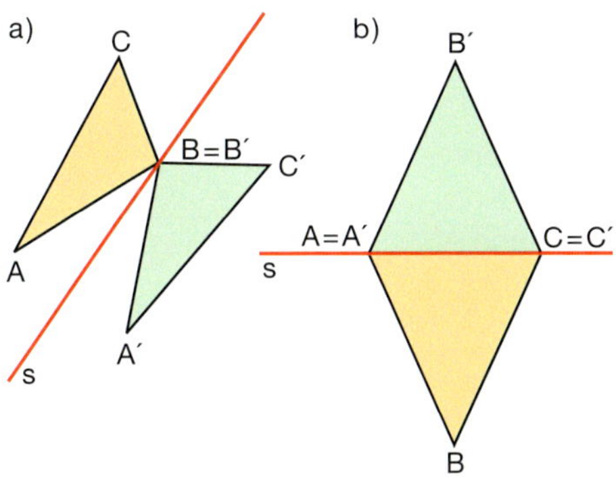

Ein Punkt, der bei einer Achsenspiegelung mit seinem Bildpunkt zusammenfällt, heißt **Fixpunkt.**
Bestimme in den beiden Abbildungen jeweils Fixpunkte. Wo liegen diese Punkte?

Bei einer Achsenspiegelung bleiben die Länge einer Strecke sowie die Größe eines Winkels erhalten.
Jeder Punkt der Spiegelachse wird auf sich selbst abgebildet (Fixpunkt).

3 Sind die Achsenspiegelungen jeweils richtig ausgeführt? Prüfe nach.

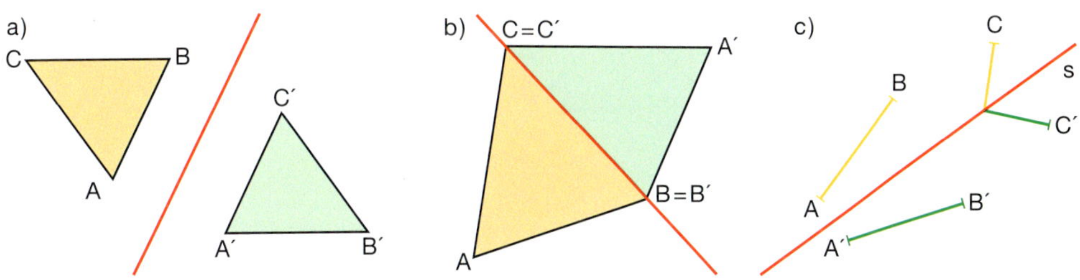

Fixgerade

4 a) In Figur A hat die Gerade g bei der Achsenspiegelung an s sich selbst als Bild. Die Gerade g ist **Fixgerade.** Wie liegen dabei g und s zueinander?
b) Welche Geraden sind in B (C) jeweils Fixgeraden der Achsenspiegelung an g bzw. h?

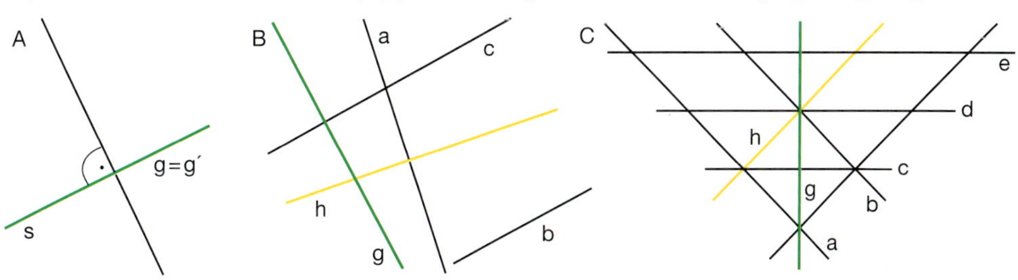

1

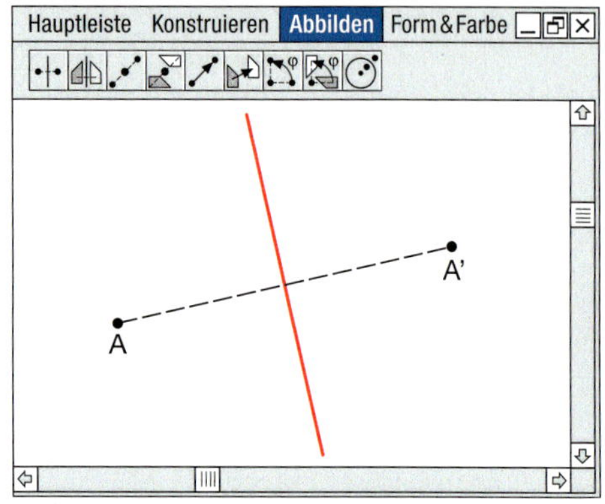

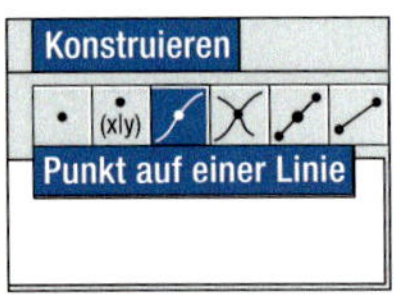

a) Zeichne mithilfe eines Geometrieprogramms zwei Punkte A und A′. Konstruiere die Spiegelachse s zu A und A′.

b) Fixiere einen beliebigen Punkt P auf der Spiegelachse s.
Bestimme jeweils die Entfernung $\overline{AP}$ und $\overline{A'P'}$.

c) Verändere die Lage des Punktes P auf der Spiegelachse s. Was stellst du fest?

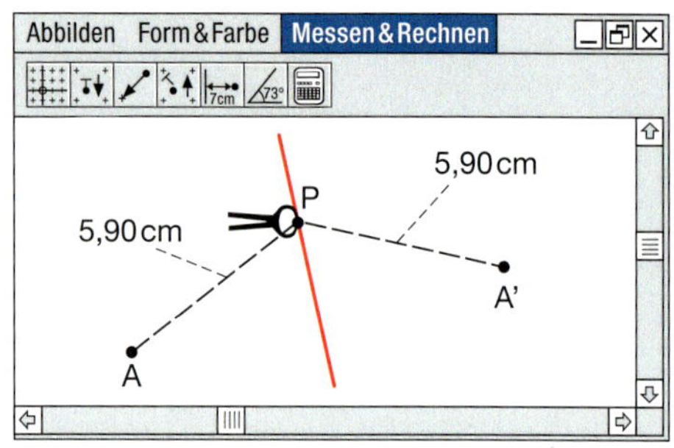

2

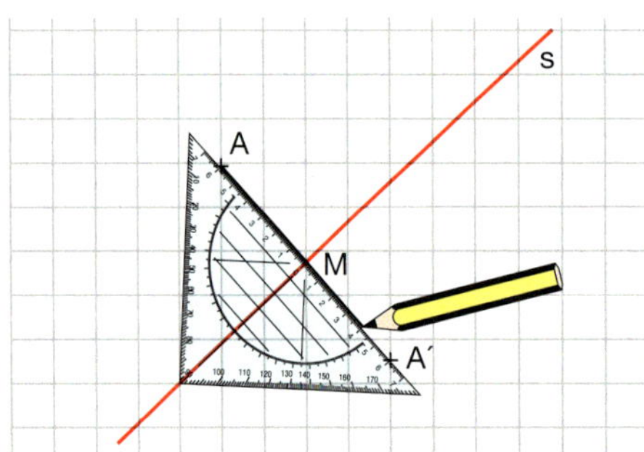

Der Punkt A ist an der Geraden s gespiegelt.
Begründe, warum du die Spiegelachse s auch als **Mittelsenkrechte** der Strecke $\overline{AA'}$ bezeichnen kannst.

3 Zeichne eine 5 cm lange Strecke $\overline{AB}$. Markiere sechs Punkte, die von den Endpunkten der Strecke jeweils gleich weit entfernt sind. Was kannst du über die Lage der sechs Punkte sagen?

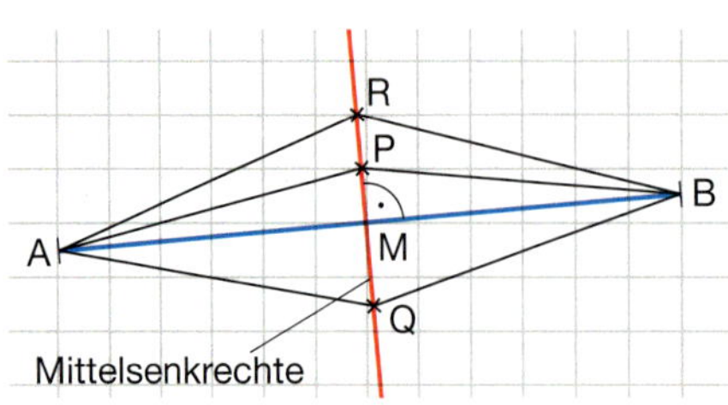

$\overline{PA} = \overline{PB}$ $\overline{QA} = \overline{QB}$ $\overline{RA} = \overline{RB}$

Die Mittelsenkrechte einer Strecke geht durch den Mittelpunkt der Strecke und steht senkrecht zu ihr.

Die Punkte der Mittelsenkrechten sind von den Eckpunkten einer Strecke jeweils gleich weit entfernt.

1 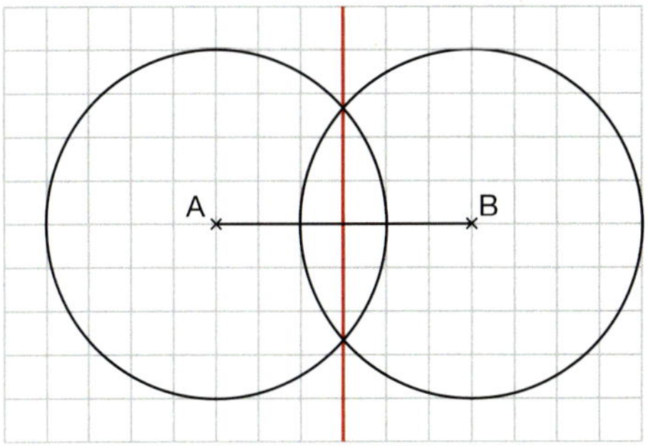

a) Ist die rot markierte Gerade die Mittelsenkrechte der Strecke $\overline{AB}$? Begründe deine Antwort.

b) Übertrage die Abbildung. Zeichne anschließend um A und um B zwei weitere Kreise, sodass ihre Schnittpunkte auf der Mittelsenkrechten von $\overline{AB}$ liegen. Wie groß musst du jeweils die Radien wählen?

2 So kannst du mit Zirkel und Lineal die Mittelsenkrechte einer Strecke konstruieren:

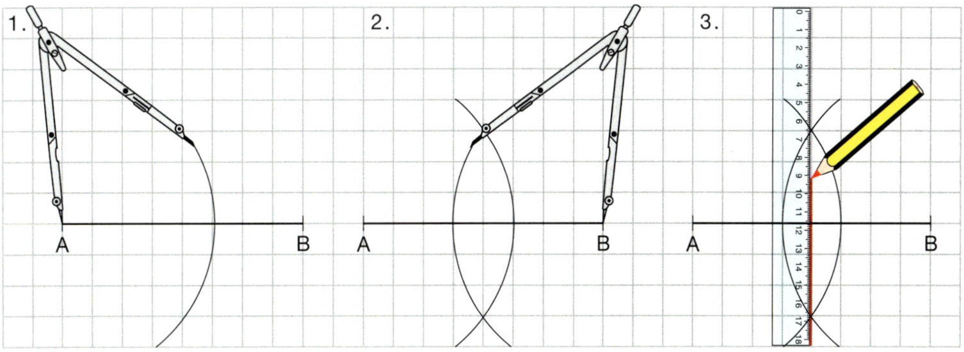

Zeichne die Strecke und konstruiere ihre Mittelsenkrechte.

	a)	b)	c)	d)	e)	f)	g)	h)
Strecke	$\overline{AB}$	$\overline{CD}$	$\overline{EF}$	$\overline{GH}$	$\overline{KL}$	$\overline{MN}$	$\overline{OP}$	$\overline{RS}$
Länge	5 cm	3,7 cm	4,3 cm	45 mm	53 mm	3 cm 5 mm	0,6 dm	0,49 dm

3 a) Zeichne eine Strecke mit den Endpunkten A (1|7) und B (13|1) in ein Koordinatensystem (Einheit 0,5 cm).

b) Zeichne die Mittelsenkrechte zu $\overline{AB}$. Gib die Koordinaten des Mittelpunktes der Strecke $\overline{AB}$ an.

c) Bestimme zwei Punkte, die zur Mittelsenkrechten gehören. Die Koordinaten dieser Punkte sollen ganzzahlig sein.

4 Zeichne jeweils Original- und Bildpunkt einer Achsenspiegelung in ein Koordinatensystem (Einheit 1 cm). Konstruiere die Spiegelachse.

a) A (2|7), A′ (9|5) b) B (10|2), B′ (11|7) c) C (1,5|1), C′ (7,5|3)

5 Halbiere die Strecke mit Zirkel und Lineal.

	a)	b)	c)	d)	e)	f)	g)	h)
Strecke	$\overline{AB}$	$\overline{CD}$	$\overline{EF}$	$\overline{GH}$	$\overline{KL}$	$\overline{MN}$	$\overline{OP}$	$\overline{RS}$
Länge	9 cm	8,5 cm	4,9 cm	7,1 cm	115 mm	0,55 dm	9,9 cm	6 cm 3 mm

6 Teile eine 7 cm (9,5 cm; 1,3 dm) lange Strecke in vier gleich lange Teile. Benutze dazu den Zirkel.

Lot fällen

1 So kannst du mit Zirkel und Lineal das Lot von einem Punkt P auf eine Gerade g fällen (d. h. die Senkrechte zu g durch P konstruieren):

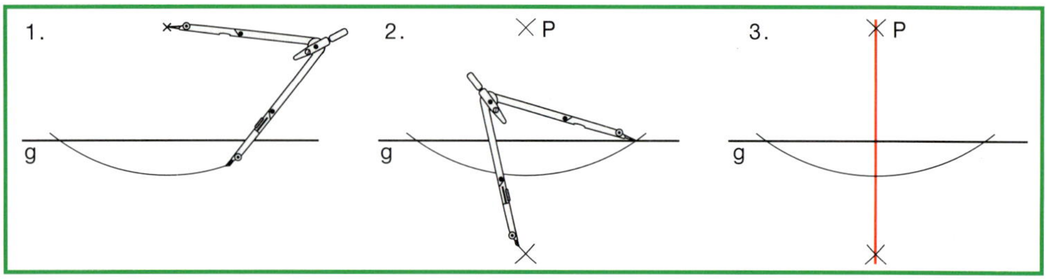

Beschreibe die einzelnen Konstruktionsschritte.

2 Zeichne wie in der Abbildung eine Gerade g und einen Punkt P.
Fälle das Lot von Punkt P auf g und miss den Abstand vom Punkt zur Geraden.

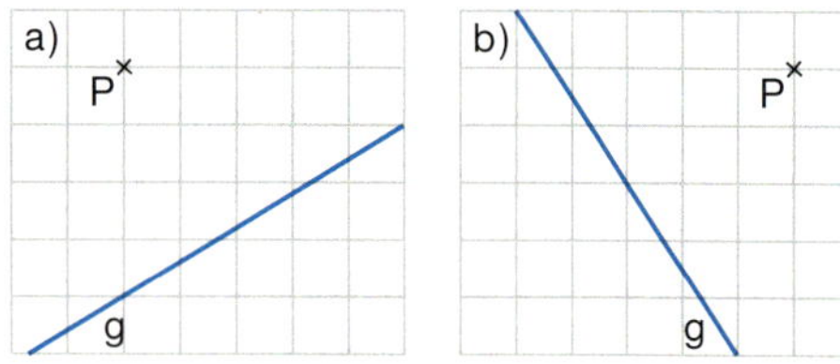

3 a) Zeichne eine Gerade AB mit A (2|2), B (20|8) sowie die Punkte P (3|9), Q (8|14) und S (16|0) in ein Koordinatensystem (Einheit 0,5 cm).
b) Konstruiere mit Zirkel und Lineal jeweils das Lot von P, Q und S auf die Gerade AB. Bestimme jeweils die Koordinaten des Fußpunktes des Lotes auf AB.

Senkrechte errichten

4 So kannst du mit Zirkel und Lineal die Senkrechte zu einer Geraden g in einem Punkt P errichten:

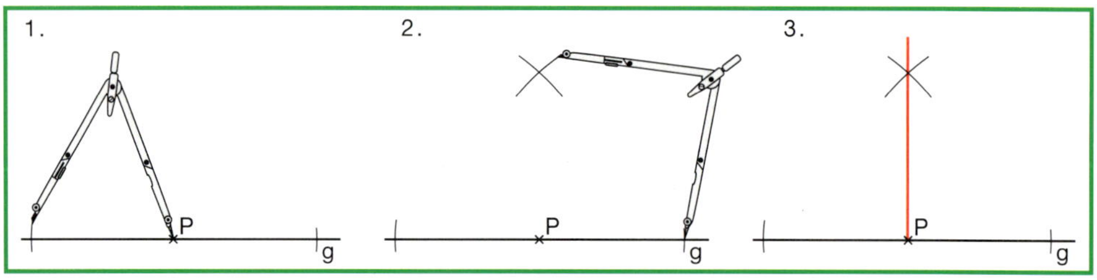

Beschreibe die einzelnen Konstruktionsschritte.

5 Zeichne fünf Geraden a, b, c, d und e in dein Heft. Markiere auf ihnen jeweils einen Punkt und errichte in ihm die Senkrechte.

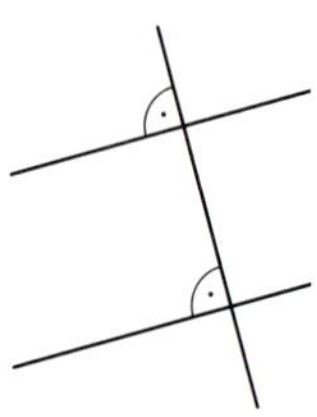

6 Zeichne eine Gerade g durch die Punkte A (1|6), B (13|2) in ein Koordinatensystem (Einheit 0,5 cm). Errichte in P (7|4) die Senkrechte zu g und konstruiere durch den Punkt S (9|10) eine zu g parallele Gerade h.
Markiere drei Punkte der Geraden h und bestimme jeweils ihre Koordinaten.

7 Konstruiere zu einer Geraden g eine Parallele h im Abstand von 4,7 cm. Konstruiere eine weitere Parallele, die von g denselben Abstand hat wie von h.

8 a) Konstruiere mit Zirkel und Lineal ein Quadrat mit der Seitenlänge 3,5 cm (4,5 cm).
b) Konstruiere ebenso ein Rechteck mit den Seitenlängen 2,8 cm und 5,7 cm.

1

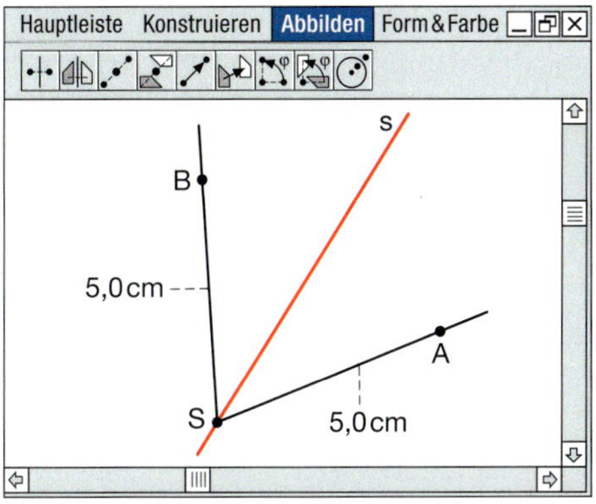

a) Zeichne einen beliebig großen Winkel. Fixiere wie abgebildet auf seinen Schenkeln zwei Punkte A und B. A und B sollen vom Scheitelpunkt S gleich weit entfernt sein.

b) Konstruiere eine Spiegelachse s, sodass A durch eine Spiegelung auf B abgebildet wird. Welche Eigenschaften hat diese Spiegelachse?

c) Fixiere einen beliebigen Punkt P auf der Spiegelachse s. Bestimme jeweils den Abstand des Punktes P zu den Schenkeln des Winkels.

d) Verändere die Lage des Punktes P auf der Spiegelachse s. Was stellst du fest?

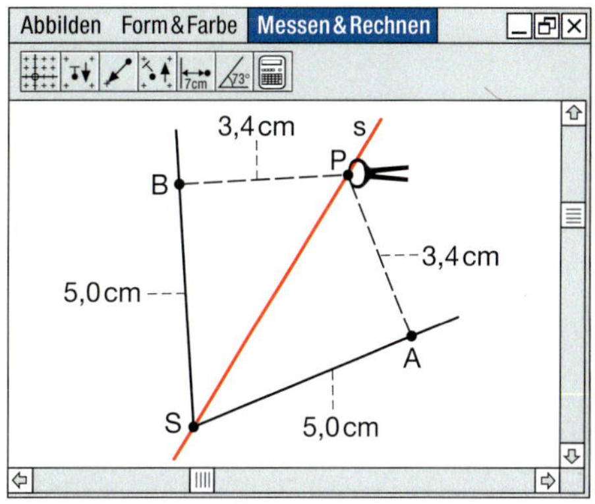

2 Überprüfe mit dem Geodreieck, ob die rot gefärbte Gerade den markierten Winkel teilt.

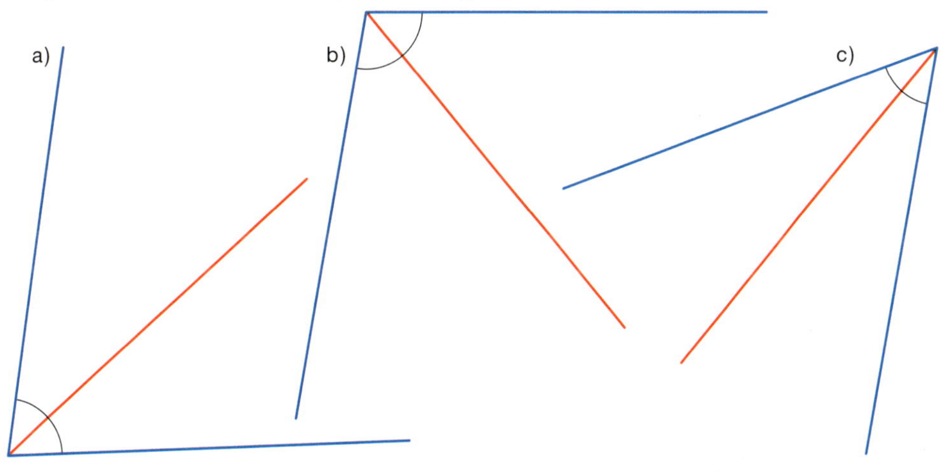

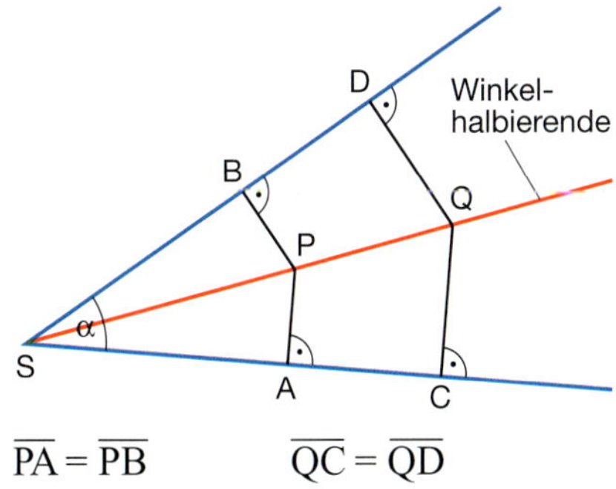

Die **Winkelhalbierende** teilt einen Winkel in zwei gleich große Teilwinkel.
Die Winkelhalbierende eines Winkels ist die Symmetrieache des Winkels.

Jeder Punkt der Winkelhalbierenden hat von den beiden Schenkeln denselben Abstand.

1 So kannst du mit Zirkel und Lineal die Winkelhalbierende konstruieren:

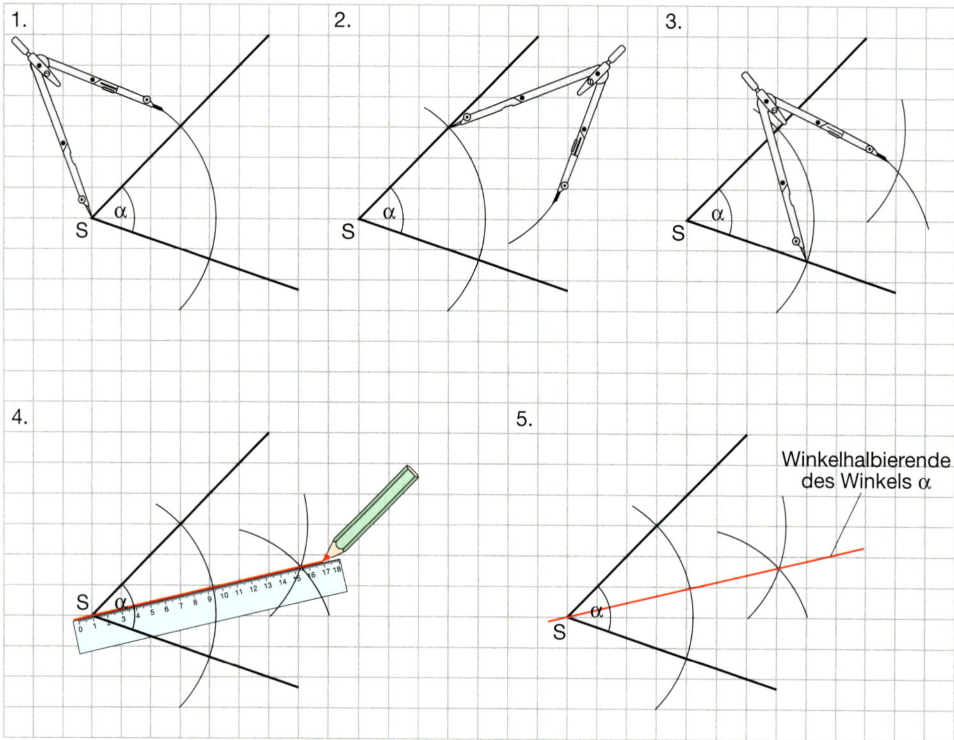

Zeichne einen Winkel der angegebenen Größe. Konstruiere seine Winkelhalbierende.

a) 30°; 50°; 60°; 80°; 46°; 72°
b) 110°; 140°; 156°; 174°; 118°
c) 75°; 43°; 87°; 105°; 133°; 157°
d) 230°; 312°; 267°; 307°; 335°

2 Zeichne einen Winkel der Größe 125° (158°; 235°) und teile ihn mithilfe von Zirkel und Lineal in vier gleich große Winkel.

3 Zeichne einen Winkel der Größe 35° (56°; 77°; 134°) und verdopple ihn mithilfe von Zirkel und Lineal.
Überprüfe deine Konstruktion mit dem Geodreieck.

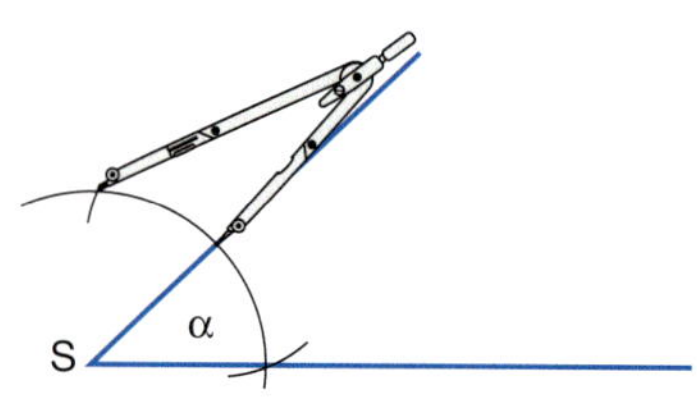

4 a) Zeichne wie in der Abbildung die Winkel α = 80° und β = 100°.
b) Halbiere jeweils die Winkel α und β.
c) Beschreibe die Lage der Winkelhalbierenden zueinander. Was stellst du fest? Begründe!

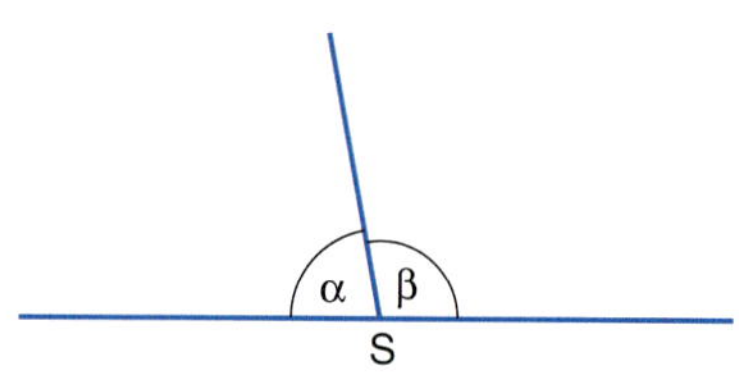

5 a) Zeichne einen Winkel (60°) und seine Winkelhalbierende. Kennzeichne 3 cm vom Scheitelpunkt entfernt einen Punkt der Winkelhalbierenden und bestimme jeweils den Abstand des Punktes zu den Schenkeln des Winkels.
b) Zeichne einen 75° großen Winkel und konstruiere einen Punkt, der von den Schenkeln jeweils einen Abstand von 2 cm (2,5 cm; 3 cm) hat.

1 

Du kannst Bandornamente (Streifenmuster) durch wiederholtes Verschieben einer Grundfigur in die gleiche Richtung herstellen.

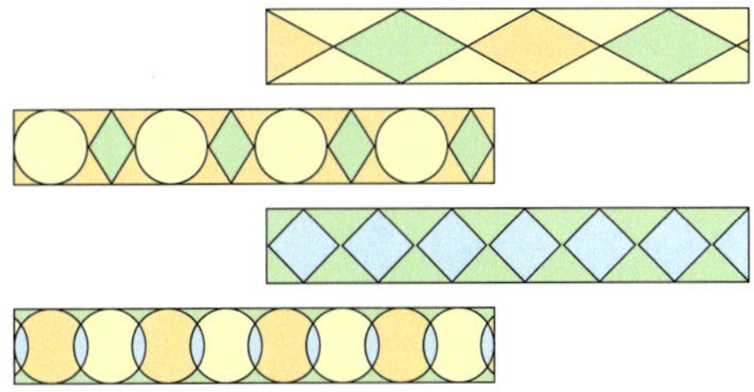

a) Welche Grundfigur ist in den abgebildeten Mustern mehrfach verschoben?
b) Fertige eine Schablone an und erzeuge mit ihrer Hilfe farbige Streifenmuster.

2 Das Viereck ABCD wird durch eine Verschiebung abgebildet.
Der **Verschiebungspfeil $\overrightarrow{AA'}$** zeigt die Verschiebungsrichtung und die Verschiebungslänge an.
a) Bestimme anhand der Zeichnung die **Verschiebungsvorschrift.**
b) Übertrage die Abbildung in dein Heft und zeichne die Bildfigur A′B′C′D′. Beschreibe deine Konstruktion.

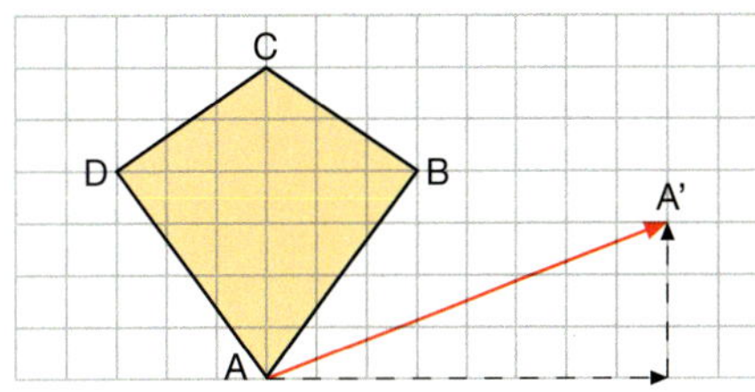

Verschiebungsvorschrift:
___ Kästchen nach rechts und
___ Kästchen nach ___

3 In der Abbildung wird das Viereck ABCD durch eine Verschiebung auf das Viereck A′B′C′D′ abgebildet.
Welche Eigenschaften treffen auf die Verschiebung zu?

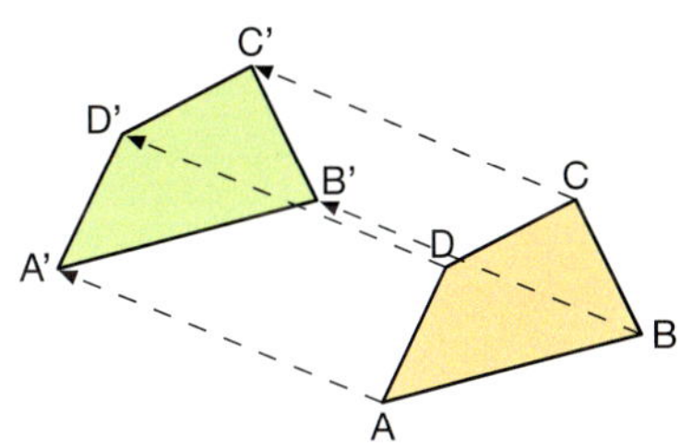

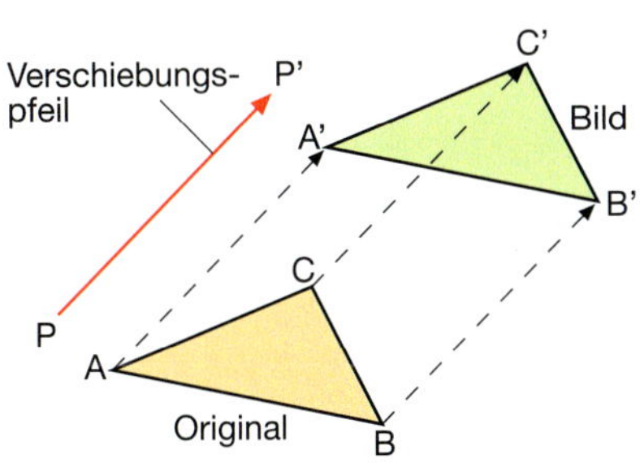

Das Dreieck ABC ist parallel zu dem Verschiebungspfeil $\overrightarrow{PP'}$ verschoben.

Der Verschiebungspfeil legt die Verschiebungsrichtung und die Verschiebungslänge fest.
Die Verschiebungspfeile sind gleich lang und parallel zueinander.
Sie zeigen in die gleiche Richtung.

Bei einer Verschiebung sind Originalfigur und Bildfigur zueinander kongruent (deckungsgleich).
Die Verschiebung ist eine Kongruenzabbildung.

4 Überprüfe, ob eine Verschiebung richtig ausgeführt ist. Begründe deine Antwort.

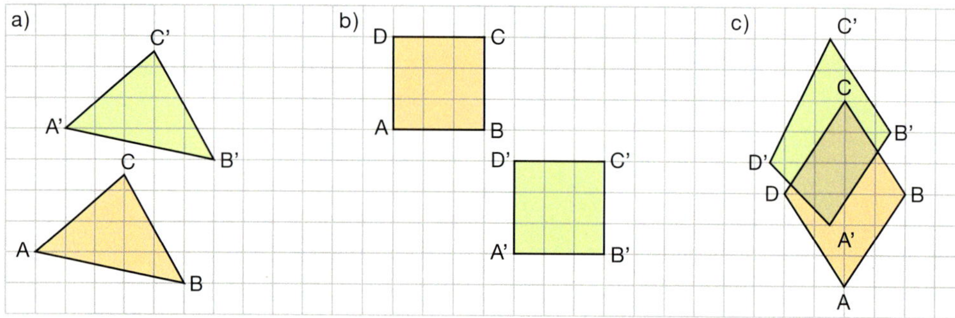

5 Zeichne ein Dreieck (Rechteck, Quadrat). Lege die Eckpunkte der Figur auf Gitterpunkte deines karierten Papiers. Verschiebe die Figur nach folgender Vorschrift:
a) 5 Kästchen nach rechts b) 6 Kästchen nach rechts und 2 Kästchen nach unten
c) 4 Kästchen nach links und 7 Kästchen nach oben d) 6 Kästchen nach unten.

6 Übertrage die Figur in dein Heft und verschiebe sie mit dem eingezeichneten Pfeil. Kennzeichne die Bildpunkte und gib die Verschiebungsvorschrift an.

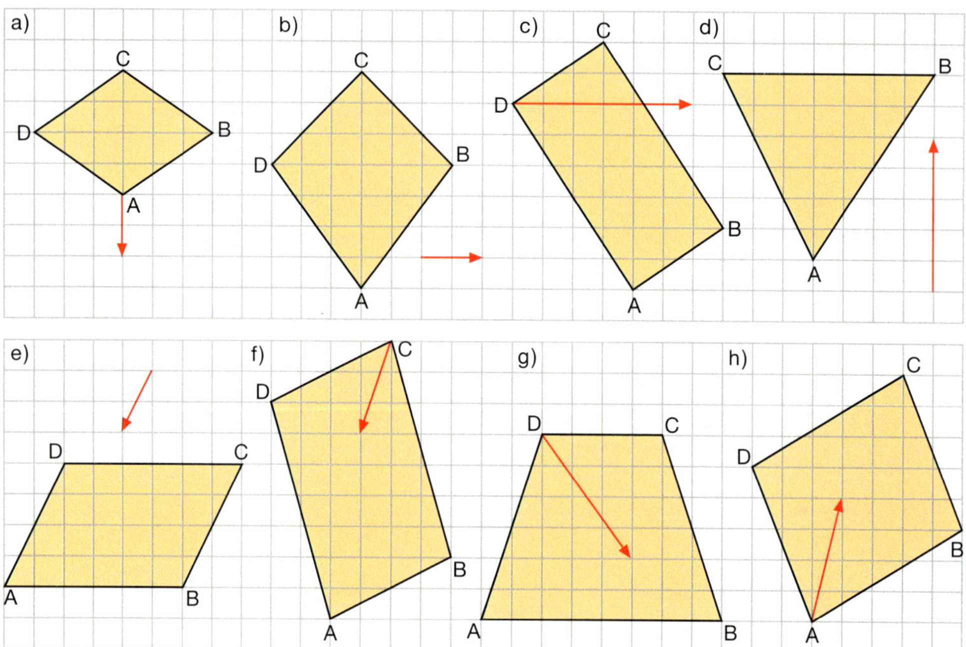

7 Zeichne die Figur mit den angegebenen Eckpunkten in ein Koordinatensystem (Einheit 0,5 cm). Verschiebe sie, sodass der Punkt A in den Punkt A′ übergeht. Gib die Koordinaten der fehlenden Bildpunkte an und bestimme die Verschiebungsvorschrift. Schreibe so: ▪ Einheiten nach ▪ und ▪ Einheiten nach ▪.

a) Dreieck

Original	Bild
A (1|1)	A′ (6|6)
B (6|3)	
C (2|6)	

b) Rechteck

Original	Bild
A (9|1)	A′ (1|4)
B (15|3)	
C (14|6)	
D (8|4)	

c) Parallelogramm

Original	Bild
A (3|7)	A′ (6|2)
B (9|9)	
C (7|11)	
D (1|9)	

d) Raute

Original	Bild
A (12|4)	A′ (4|1)
B (15|8)	
C (12|12)	
D (9|8)	

1

Die Bilder zeigen Beispiele für Drehbewegungen. Der Hammer und die Gondeln bewegen sich dabei jeweils auf Kreisbahnen um einen Mittelpunkt. Nenne weitere Beispiele für Drehbewegungen.

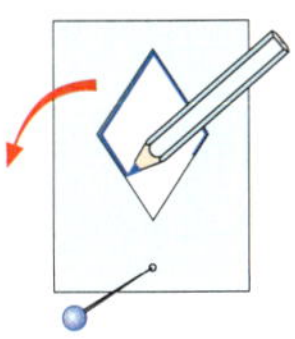

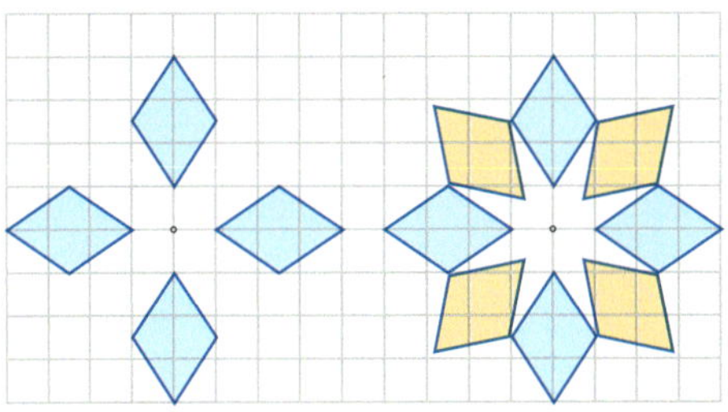

2 Schmuckfiguren kannst du durch mehrfaches Drehen einer Grundfigur erzeugen. Wie musst du vorgehen, um die abgebildeten Figuren herzustellen?
Gib die Größe des Winkels an, um den die Grundfigur jeweils weitergedreht wurde.

3 Das Dreieck ABC wird durch eine Drehbewegung um den Punkt Z abgebildet.

a) Bestimme anhand der Zeichnung die **Drehrichtung** und die Größe des **Drehwinkels.**
b) Übertrage die Abbildung in dein Heft und zeichne das Bild A′B′C′.
c) Beschreibe deine Konstruktion.

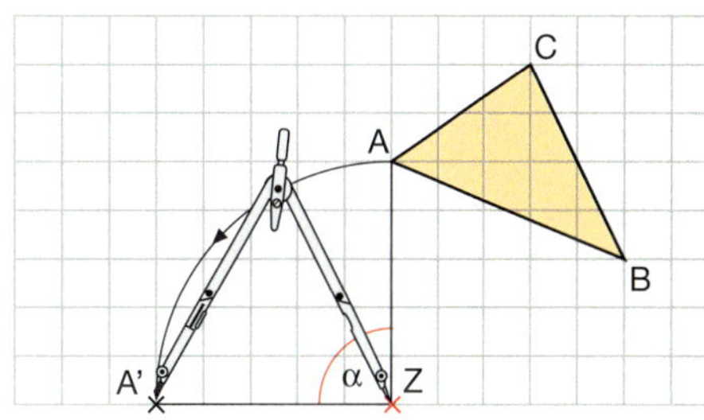

4 Du hast bereits die Eigenschaften der Achsenspiegelung und der Verschiebung kennengelernt. Welche Eigenschaften gelten für die Drehung?

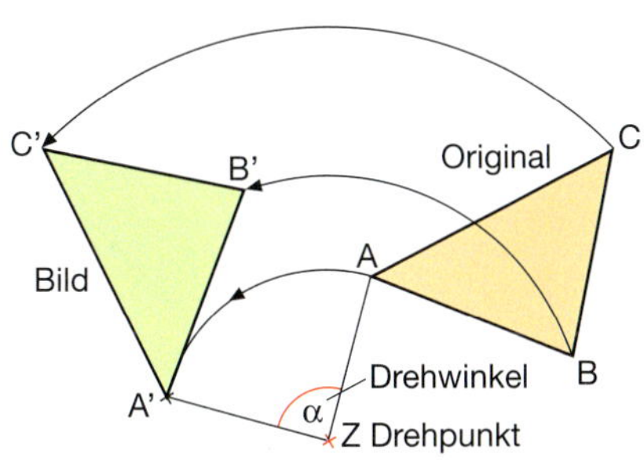

Das Dreieck ABC ist entgegen dem Uhrzeigersinn um den Punkt Z um 90° gedreht.
Bei einer Drehung liegen die Originalpunkte und die Bildpunkte auf Kreisbahnen um den Drehpunkt.

Der Drehwinkel gibt an, wie weit gedreht wird.

Bei einer Drehung sind Originalfigur und Bildfigur zueinander kongruent (deckungsgleich).
Die Drehung ist eine Kongruenzabbildung.

5 So kannst du das Dreieck ABC mithilfe von Geodreieck und Zirkel um 90° um den Punkt Z drehen:

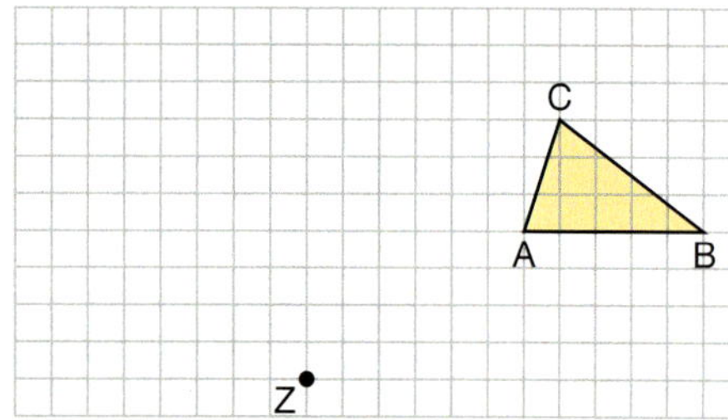

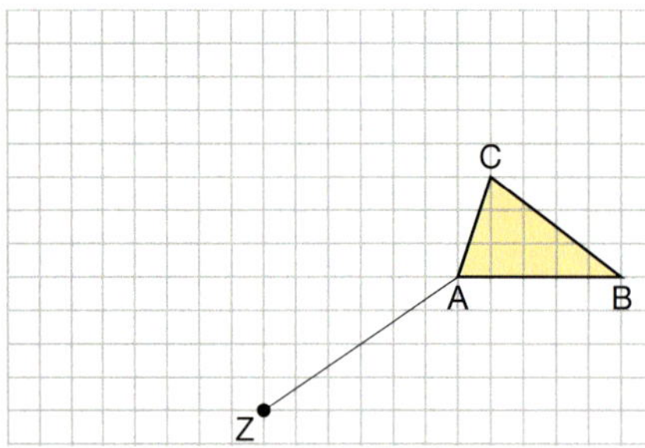

1. Verbinde zunächst Z mit A.

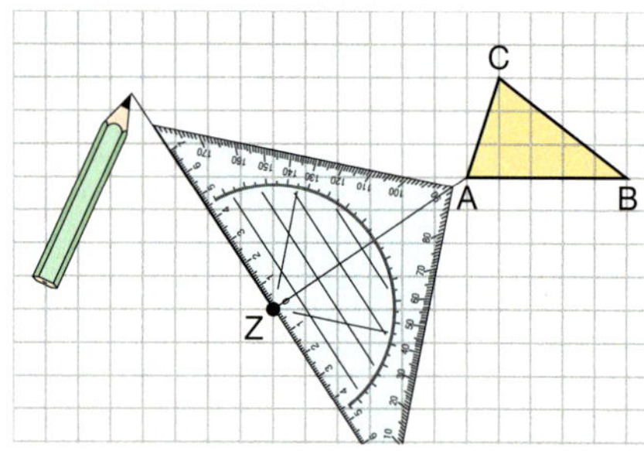

2. Zeichne einen 90°-Winkel mit Scheitelpunkt Z. Achte darauf, dass der Schenkel lang genug ist.

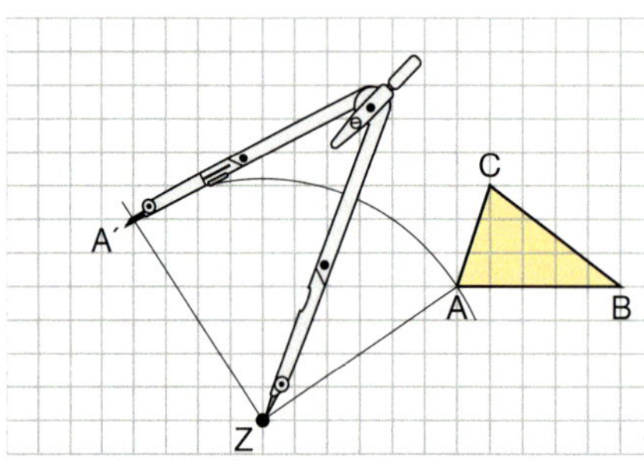

3. Zeichne um Z einen Kreis mit dem Radius $\overline{ZA}$. Der Schnittpunkt mit dem Schenkel ist der Bildpunkt A′.

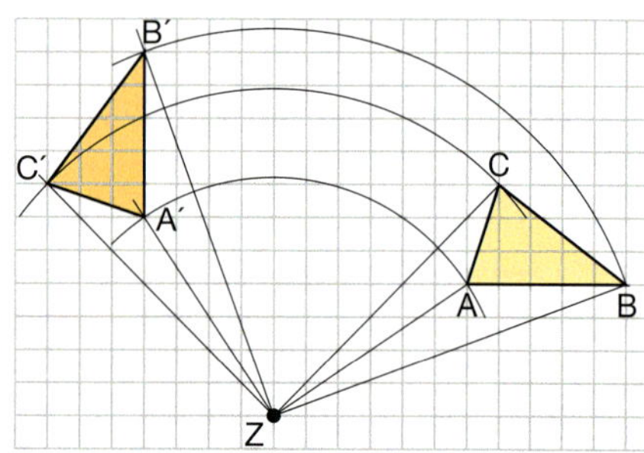

3. Verfahre mit den restlichen Punkten genau so. Verbinde die Bildpunkte zur Bildfigur A′B′C′.

Übertrage in dein Heft und drehe mithilfe von Geodreieck und Zirkel um 90° (180°, 270°).

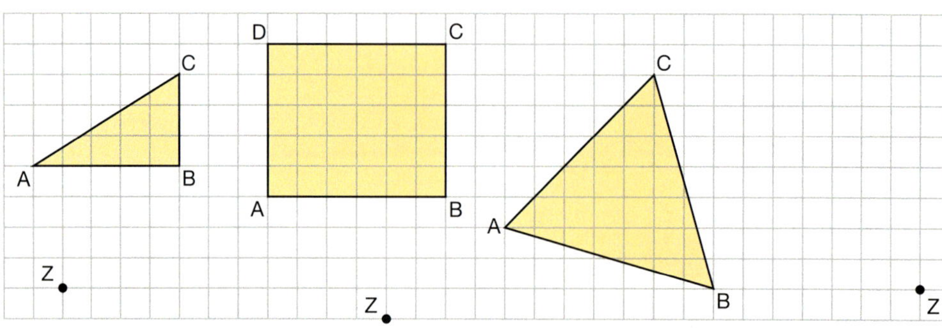

6 Zeichne in ein Koordinatensystem (Einheit 0,5 cm) ein Dreieck mit den Eckpunkten A(6|16), B(14|16) und C(10|20). Drehe das Dreieck um Z(10|11) um a) 90°, b) 180°, c) 270°.
Gib jeweils die Koordinaten der Bildpunkte an.

7 a) Zeichne in ein Koordinatensystem (Einheit 0,5 cm) ein Viereck mit den Eckpunkten A(12|15), B(19|15), C(16|18) und D(9|18).
b) Drehe das Viereck ABCD um Z(12|9) um 90° (270°).
c) Gib jeweils die Koordinaten der Bildpunkte an.

8 Übertrage in dein Heft und drehe die Figuren um 90 ° (180°, 270°) um den Punkt Z.

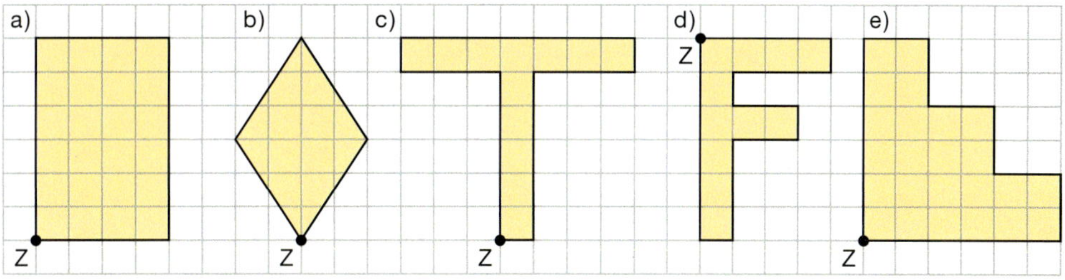

9 Übertrage in dein Heft und drehe um den Punkt Z um 90° (180°, 270°).

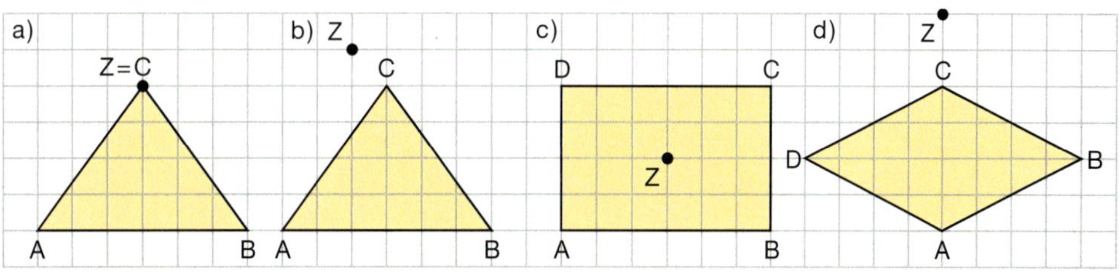

10 Das Dreieck ABC wird durch eine Drehung um 180° **(Halbdrehung)** auf das Dreieck A′B′C′ abgebildet.

Punkt-spiegelung

a) Warum kann die Halbdrehung auch als **Punktspiegelung** an Punkt Z bezeichnet werden?
b) Beschreibe, wie sich die Bildpunkte sehr einfach konstruieren lassen.
c) Wie liegen Original- und Bildstrecken jeweils zueinander?

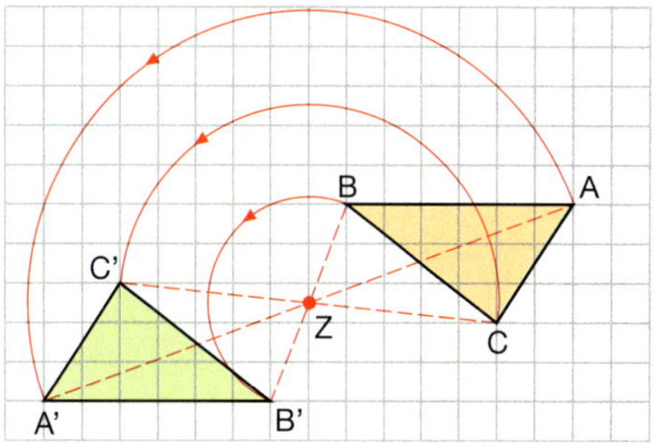

11 Übertrage das Dreieck und führe eine Halbdrehung um Punkt Z aus. Welche Gesamtfigur entsteht?

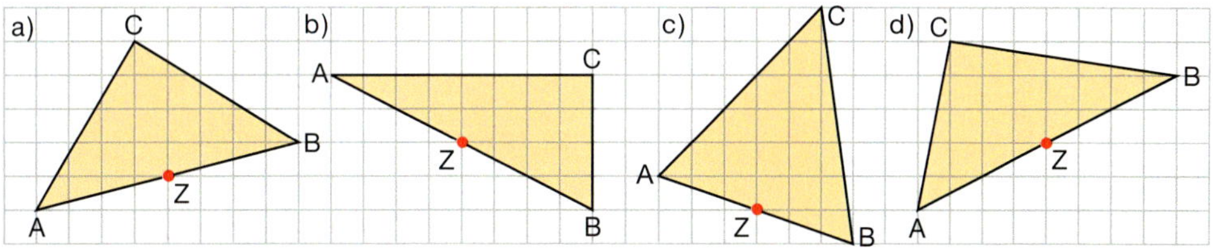

1 Überprüfe, ob die Achsenspiegelung richtig ausgeführt ist.

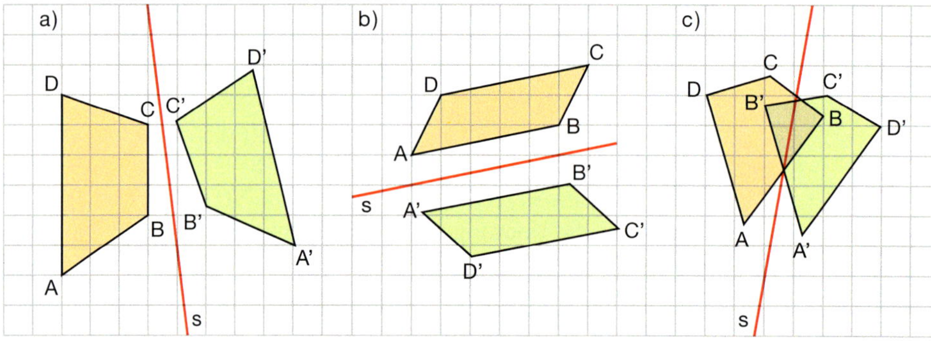

2 Übertrage die Figur in dein Heft und spiegele sie an der Geraden s. Achte auf die gefärbten Flächen.

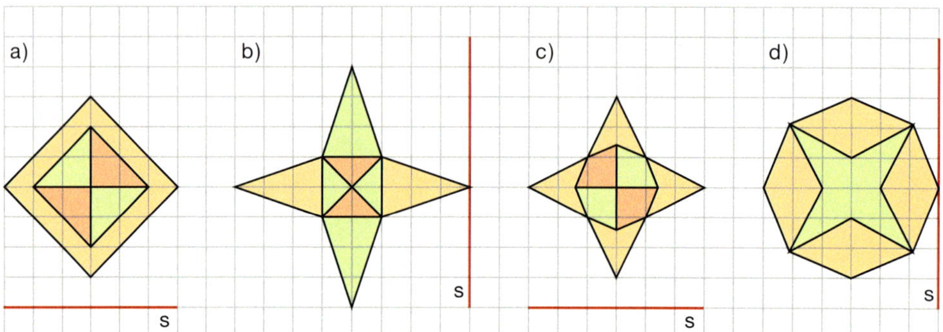

3 Übertrage die Figur und spiegele sie an der Geraden s.

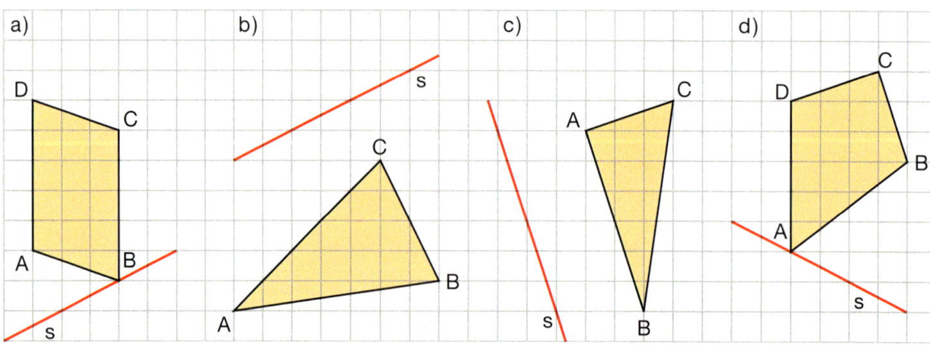

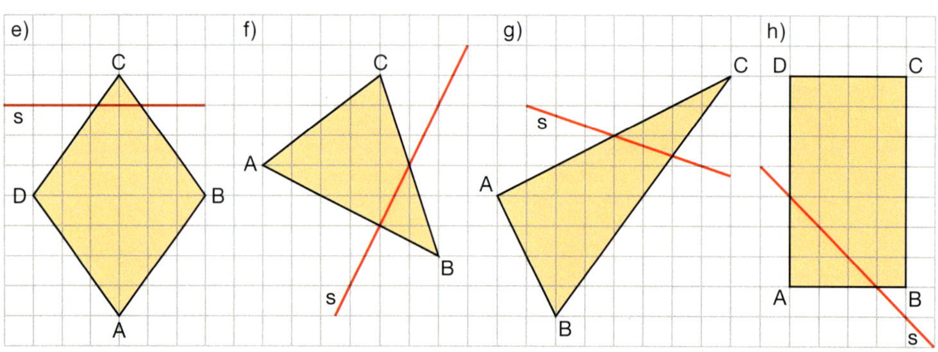

4 a) Übertrage das abgebildete Koordinatensystem in dein Heft. Spiegele das Dreieck ABC an s. Gib die Koordinaten der Bildpunkte an.

b) Zeichne das Viereck mit den Eckpunkten A (2|2), B (10|0), C (11|4) und D (1|5) in ein Koordinatensystem. Spiegele es an der Geraden durch die Punkte V (3|5) und W (12|5). Gib die Koordinaten der Bildpunkte an.

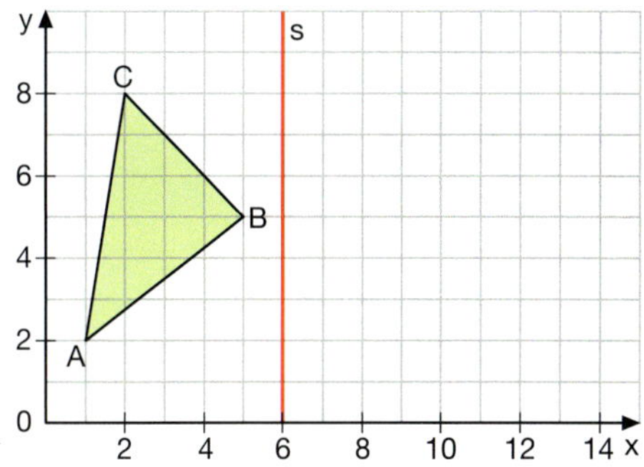

5 Verbinde die Punkte in einem Koordinatensystem (Einheit 0,5 cm) zur angegebenen Figur. Spiegele die Figur an der Geraden durch R (22|2) und S (2|12). Gib die Koordinaten der Bildpunkte an.

Quadrat	A (7|2), B (12|2)
	C (12|7), D (7|7)

Parallelogramm	A (1|5), B (5|3)
	C (5|8), D (1|10)

Dreieck	A (14|1), B (21|0)
	C (19|6)

6 a) Zeichne ein Viereck mit den Eckpunkten A (9|10), B (14|13), C (9|16) und D (4|13) in ein Koordinatensystem (Einheit 0,5 cm). Spiegele es an der Geraden durch die Punkte R (2|9) und S (17|9). Gib die Koordinaten der Bildpunkte an.

b) Zeichne ein Trapez mit den Eckpunkten A (3|9), B (13|14), C (8|19) und D (2|16) in ein Koordinatensystem (Einheit 0,5 cm). Spiegele es an der Geraden durch die Punkte R (2|6) und S (16|13). Gib die Koordinaten der Bildpunkte an.

7 Übertrage die Figur und den markierten Bildpunkt B′ in dein Heft. Konstruiere die zugehörige Spiegelachse s. Spiegele anschließend die Figur an s.

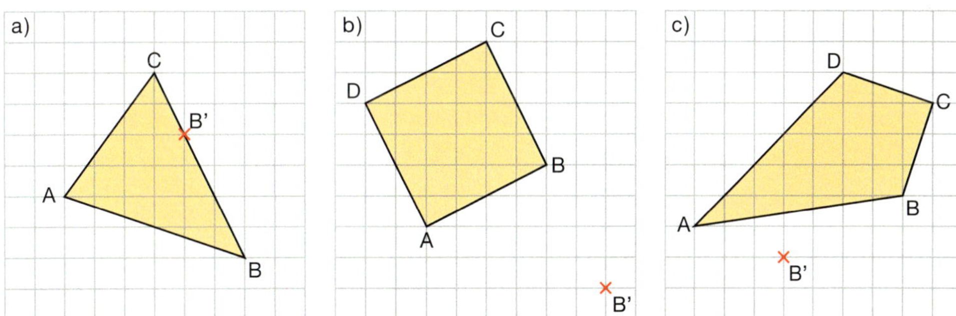

8 Zeichne Original- und Bildfigur in ein Koordinatensystem und trage die Spiegelachse s ein. Gib die fehlenden Koordinaten der Bildpunkte an.

a)

Original	Bild
A (5|7)	A′ (5|11)
B (12|1)	B′ (12|17)
C (19|7)	C′ (19|11)
D (12|5)	D′ (12|13)

b)

Original	Bild
A (3|6)	A′ (5|2)
B (11|0)	
C (21|5)	
D (13|11)	

c)

Original	Bild
A (7|6)	
B (13|2)	
C (18|3)	C′ (0|15)
D (17|8)	
E (11|12)	

9 Übertrage die Figur in dein Heft und verschiebe sie. Die Verschiebungsvorschrift wird durch den rot eingezeichneten Pfeil vorgegeben.

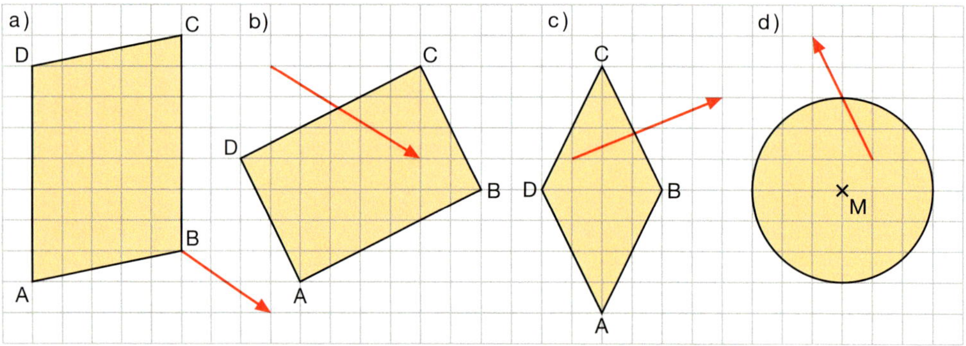

10 Übertrage in dein Heft und verschiebe jede Figur.
Gib die Koordinaten der Original- und Bildpunkte an.
Schreibe auch die Verschiebungsvorschrift auf.

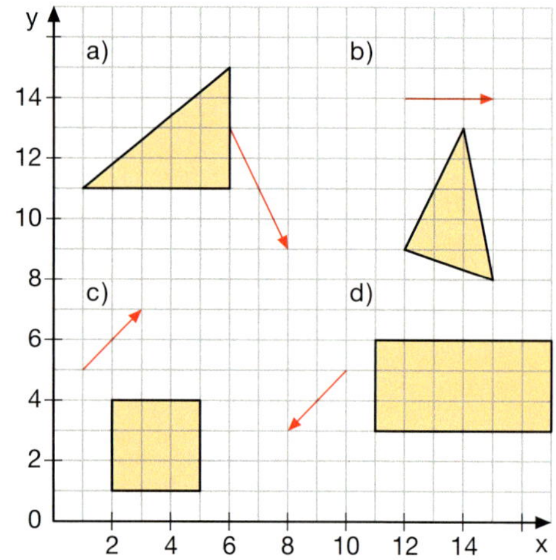

11 Das Dreieck ABC wird durch eine Verschiebung auf das Bilddreieck A′B′C′ abgebildet. Gib die fehlenden Koordinaten der Bildpunkte an.

a)

Originalfigur	Bildfigur
A(2|3)	
B(5|4)	B′(7|10)
C(3|8)	

b)

Originalfigur	Bildfigur
A(12|2)	A′(2|9)
B(18|7)	
C(15|13)	

c)

Originalfigur	Bildfigur
A(22|18)	
B(29|14)	
C(25|25)	C′(16|14)

12 Gib an, um welche Kongruenzabbildung es sich handelt. Überprüfe deine Lösung durch eine Zeichnung.

a)

Originalfigur	Bildfigur
A(1|1)	A′(7|6)
B(7|3)	B′(13|8)
C(2|5)	C′(8|10)

b)

Originalfigur	Bildfigur
A(2|5)	A′(16|5)
B(8|4)	B′(10|4)
C(7|10)	C′(11|10)

c)

Originalfigur	Bildfigur
A(2|6)	A′(12|2)
B(10|7)	B′(20|3)
C(7|12)	C′(17|8)

13 Übertrage die Figur in dein Heft und drehe sie mithilfe des Zirkels um den Punkt Z um 90° (180°, 270°).

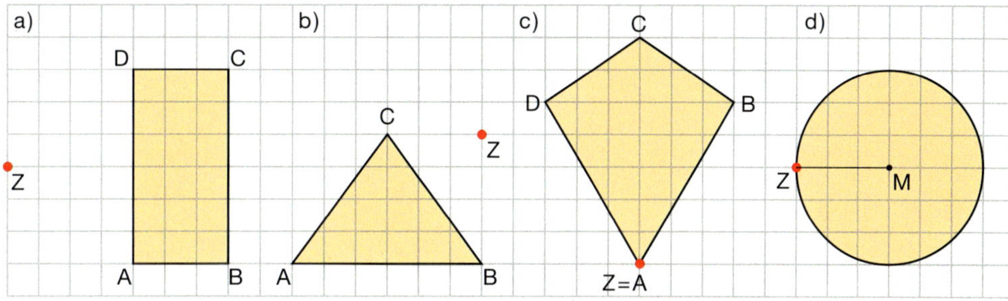

14 Der Rhombus ABCD ist durch eine Drehung auf A′B′C′D′abgebildet worden.

a) Übertrage die Figur in dein Heft und zeichne den Drehpunkt ein.

b) Bestimme die Größe des Drehwinkels.

c) Um wie viel Grad musst du die Raute ABCD drehen, damit Original- und Bildfigur genau zur Deckung kommen?

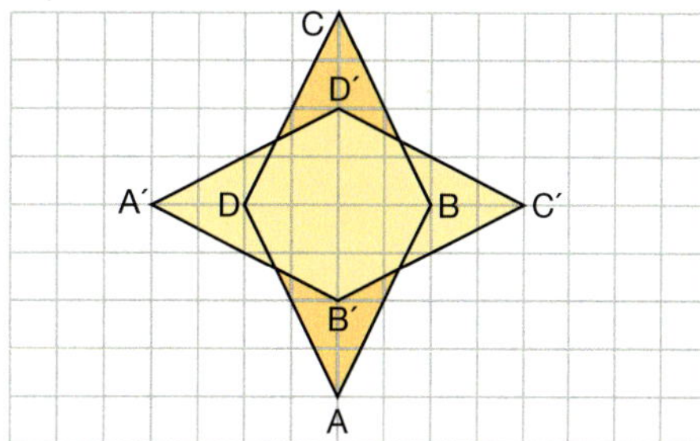

15 Zeichne ein Dreieck mit den Eckpunkten A (6 | 14), B (14 | 14) und C (10 | 18) in ein Koordinatensystem (Einheit 0,5 cm). Drehe das Dreieck um Z (10 | 10) um a) 90°, b) 180°, c) 270°. Gib die Koordinaten der Bildpunkte an.

16 Zeichne die Figur mit den angegebenen Eckpunkten in ein Koordinatensystem (Einheit 0,5 cm). Drehe die Figur, sodass die jeweiligen Originalpunkte auf die vorgegebenen Bildpunkte abgebildet werden. Bestimme die Koordinaten des Drehpunktes, der fehlenden Bildpunkte und gib die Größe des Drehwinkels an.

a)

Original-figur	Bild figur
A (15 | 1)	
B (18 | 6)	
C (15 | 11)	C′ (5 | 1)
D (12 | 6)	D′ (5 | 1)

b)

Original-figur	Bild figur
A (12 | 11)	A′ (12 | 11)
B (18 | 14)	
C (8 | 19)	C′ (4 | 7)
D (2 | 16)	

17 Übertrage die Figur und den Punkt Z in dein Heft. Drehe anschließend die Figur um Z um den angegebenen Drehwinkel α.

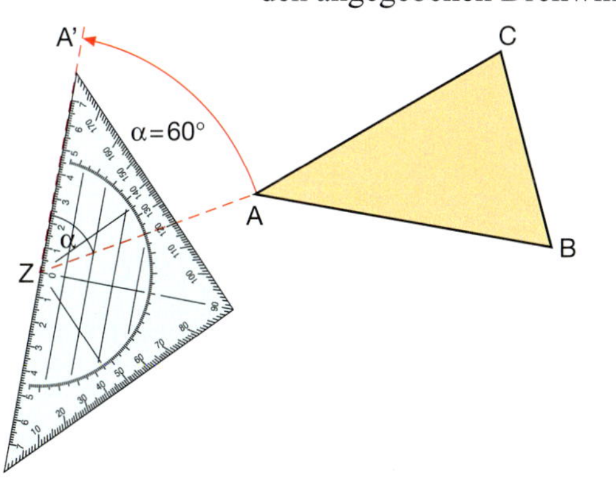

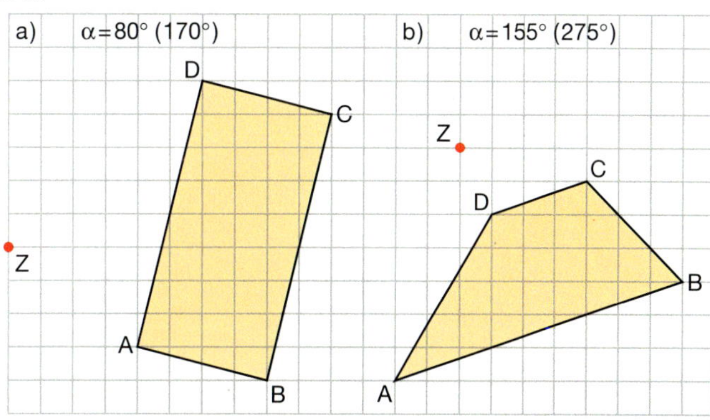

1 a) Die Dreiecke ABC und A″B″C″ sind zueinander kongruent.
Übertrage die Abbildung in dein Heft. Versuche, durch eine einzelne Achsenspiegelung, Verschiebung oder Drehung, das Dreieck ABC auf das Dreieck A″B″C″ abzubilden. Was stellst du fest?

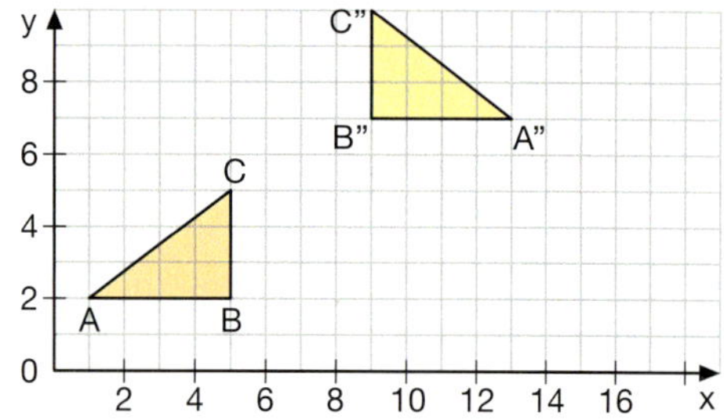

b) In den Zeichnungen wird durch eine Nacheinanderausführung von Spiegelung und Verschiebung oder von Verschiebung und Spiegelung das Dreieck ABC auf das Dreieck A″B″C″ abgebildet.

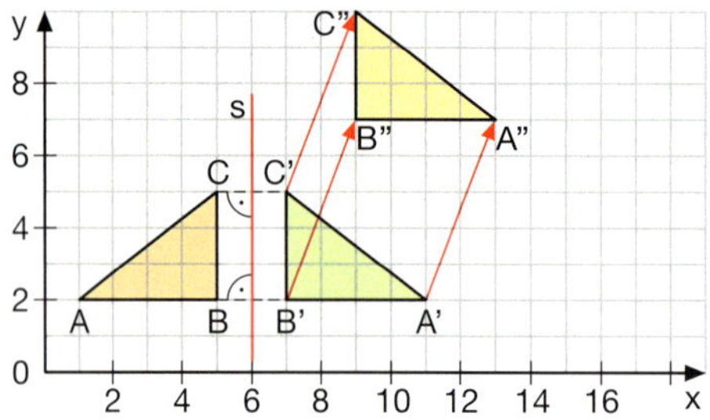

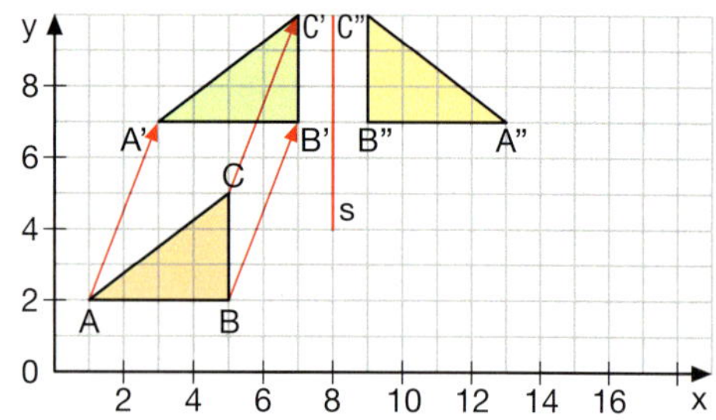

Zeichne ein Dreieck ABC mit A (11|1), B (17|1) und C (11|5) in ein Koordinatensystem (Einheit $\frac{1}{2}$ cm).
Spiegele das Dreieck ABC zunächst an der Geraden durch R (9|1) und S (9|5). Verschiebe anschließend die Bildfigur A′B′C′ um zwei Einheiten nach rechts und um sechs Einheiten nach oben. Du erhältst das Bilddreieck A″B″C″.
Bestimme jeweils die Koordinaten für die Eckpunkte der Dreiecke A′B′C′ und A″B″C″.

c) Verschiebe jetzt das Dreieck ABC zuerst nach der angegebenen Vorschrift und bilde danach die Bildfigur durch eine Spiegelung auf das Dreieck A″B″C″ ab. Gib zwei Punkte der Spiegelachse an.

2 Die Dreiecke ABC und A″B″C″ sind zueinander kongruent.
a) Übertrage die Abbildung in dein Heft.
b) Führe nacheinander die Spiegelung an s und eine Verschiebung aus, sodass das Dreieck ABC auf das Dreieck A″B″C″ abgebildet wird.
c) Zeige, dass durch eine Nacheinanderausführung von Verschiebung und Spiegelung das Dreieck ABC ebenfalls auf das Dreieck A″B″C″ abgebildet wird.

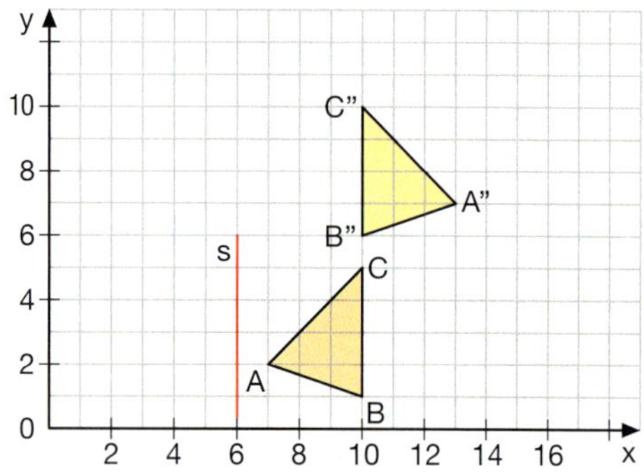

3 a) Zeichne das Dreieck ABC mit A (2|13), B (10|13) und C (5|18) in ein Koordinatensystem (Einheit $\frac{1}{2}$ cm). Führe nacheinander eine Spiegelung und Verschiebung aus, sodass der Punkt A auf A′ (2|5) und anschließend A′ auf A″ (12|11) abgebildet wird. Gib jeweils die Koordinaten für die Eckpunkte der Bildfiguren an.

b) Bilde durch eine Nacheinanderausführung von Verschiebung und Spiegelung das Dreieck ABC ebenfalls auf das Dreieck A″B″C″ ab.

4 Beschreibe, wie durch Nacheinanderausführen von Spiegelung, Verschiebung oder Drehung das Dreieck ABC auf das Dreieck A″B″C″ abgebildet wird. Gib, wenn möglich, Drehpunkt, Drehwinkel und Verschiebungsvorschrift an.

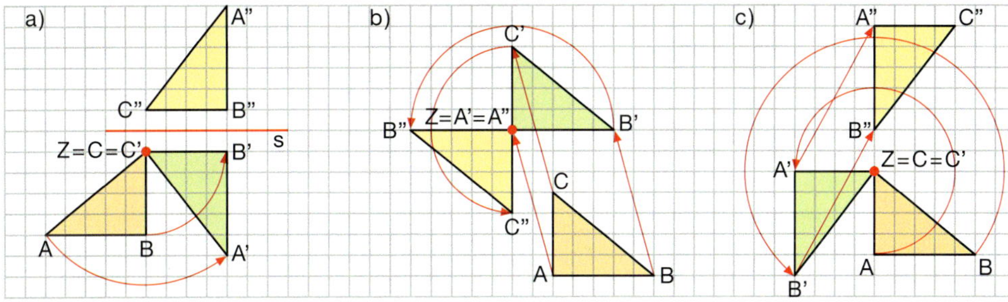

5 Zeichne das Dreieck ABC in ein Koordinatensystem (Einheit $\frac{1}{2}$ cm). Führe eine Achsenspiegelung und eine Drehung so nacheinander aus, dass du die vorgegebenen Bildpunkte erhältst.

a)

Originalfigur	1. Bildfigur	2. Bildfigur
A (1|1)	A′ (13|1)	
B (5|1)		B″ (15|7)
C (5|7)		

b)

Originalfigur	1. Bildfigur	2. Bildfigur
A (2|1)		A″ (12|15)
B (6|1)		
C (2|7)	C′ (12|7)	

Bestimme jeweils die fehlenden Koordinaten für die Eckpunkte der Bildfiguren.
Gib jeweils die Koordinaten des Drehpunktes und die Größe des Drehwinkels an.

6 Die Dreiecke ABC und A‴B‴C‴ sind zueinander kongruent.
Beschreibe, wie durch Nacheinanderausführung von Spiegelung, Verschiebung und Drehung das Dreieck ABC auf das Dreieck A‴B‴C‴ abgebildet wird.

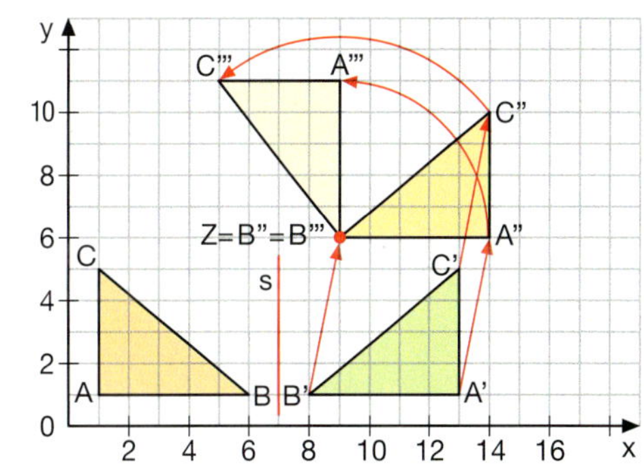

7 a) Zeichne die beiden zueinander kongruenten Dreiecke ABC mit A (1|3), B (11|3), C (3|7) und A‴B‴C‴ mit A‴ (25|12), B‴ (25|2), C‴ (21|10) in ein Koordinatensystem (Einheit $\frac{1}{2}$ cm).

b) Zeige durch eine Nacheinanderausführung von Drehung, Verschiebung und Spiegelung, dass sich das Dreieck ABC auf das Dreieck A‴B‴C‴ abbilden lässt.

c) Gib jeweils die Koordinaten für die Eckpunkte der Bilddreiecke A′B′C′ und A″B″C″ an.

Spiegelung, Verschiebung, Drehung und jede Nacheinanderausführung dieser Abbildungen sind Kongruenzabbildungen.
Zwei Figuren sind kongruent, wenn sie sich durch eine Spiegelung, Verschiebung, Drehung oder durch eine Nacheinanderausführung dieser Abbildungen aufeinander abbilden lassen.

1 

Viele Figuren, Bilder und Gegenstände in deiner Umgebung sind symmetrisch.

Welches Foto zeigt eine achsensymmetrische Figur?
Begründe deine Antwort.

2 Die abgebildete Figur ist symmetrisch. Durch eine Spiegelung an einer Geraden kommt sie nicht mit sich selbst zur Deckung.

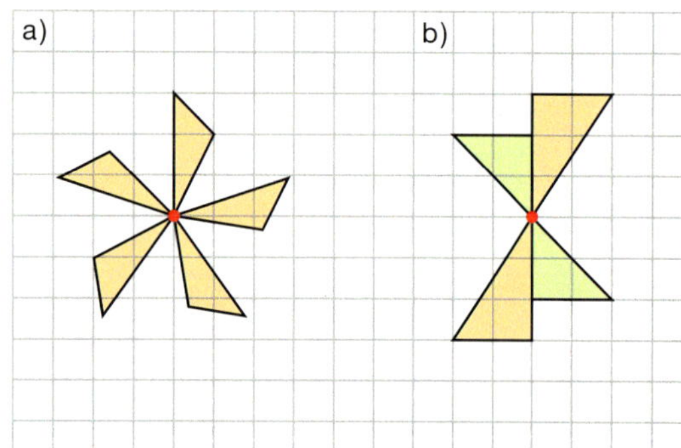

Um wie viel Grad musst du die Figur drehen, damit sie auf sich selbst abgebildet wird? Gib die Größe des kleinsten Drehwinkels an.

3 Kommt eine Figur nach einer Drehung um einen bestimmten Winkel (der kein Vollwinkel ist) mit sich selbst zur Deckung, so heißt sie **drehsymmetrisch.** Eine Figur, die sich nur bei einer Drehung um 180° auf sich selbst abbilden lässt, heißt **punktsymmetrisch.**
Überprüfe, ob die einzelnen Figuren achsen-, dreh- oder punktsymmetrisch sind.

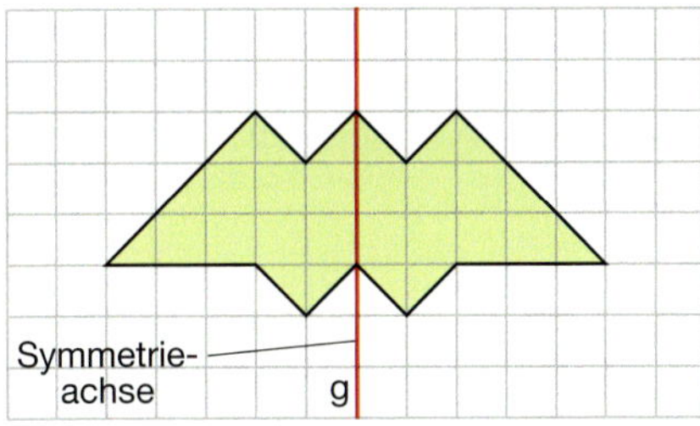

Eine Figur heißt **achsensymmetrisch** zu einer Geraden g, wenn sie bei einer Spiegelung an der Geraden g auf sich selbst abgebildet wird.

Die Gerade g ist **Symmetrieachse** der Figur.

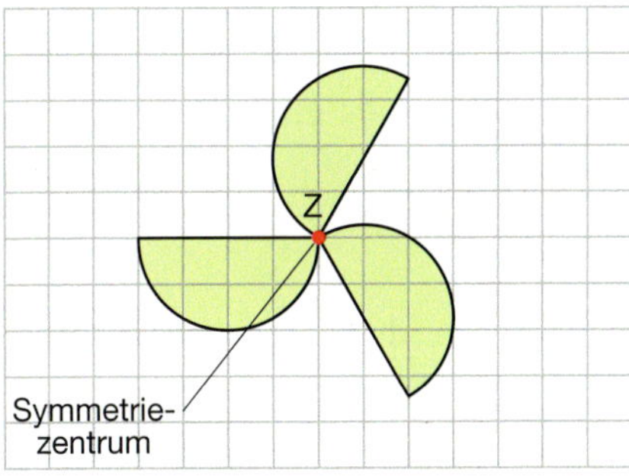

Eine Figur heißt **drehsymmetrisch,** wenn sie bei einer Drehung um einen Drehwinkel α ($0° < \alpha < 360°$) um einen Punkt Z auf sich selbst abgebildet wird.

Der Punkt Z ist **Symmetriezentrum** der Figur.

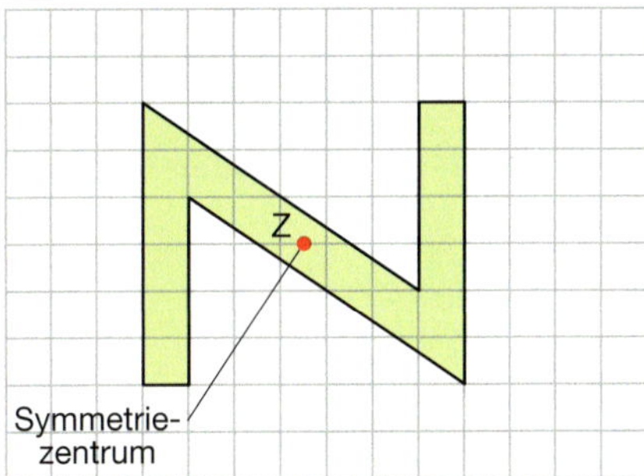

Eine Figur heißt **punktsymmetrisch** zu einem Punkt Z, wenn sie bei einer Punktspiegelung (Halbdrehung) an Z auf sich selbst abgebildet wird.

Der Punkt Z ist **Symmetriezentrum** der Figur.

4

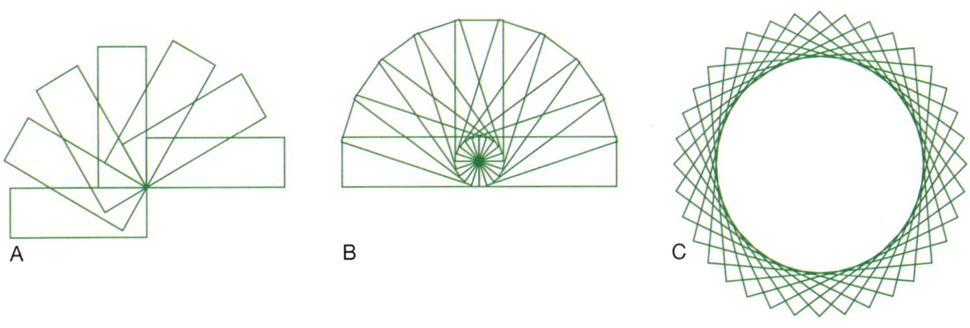

Diese Muster sind mit dem Computer gezeichnet worden. Sie bestehen aus einer Grundfigur, die mehrfach um einen Drehpunkt Z gedreht wurde.
Bestimme die jeweilige Grundfigur und gib die Lage des Drehpunktes, den Drehwinkel und die Anzahl der Drehungen an.

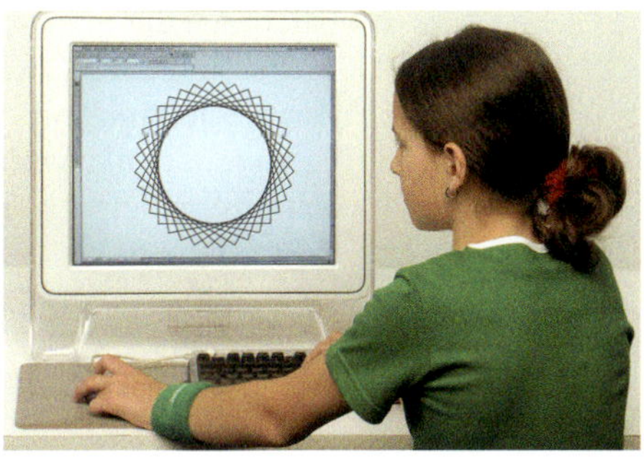

5 Übertrage die Figuren in dein Heft. Überprüfe, welche der Figuren punktsymmetrisch ist. Kennzeichne, wenn möglich, den Drehpunkt (das Symmetriezentrum) mit dem Buchstaben Z.
Welche der Figuren ist außerdem achsensymmetrisch? Zeichne gegebenenfalls die Symmetrieachsen ein.

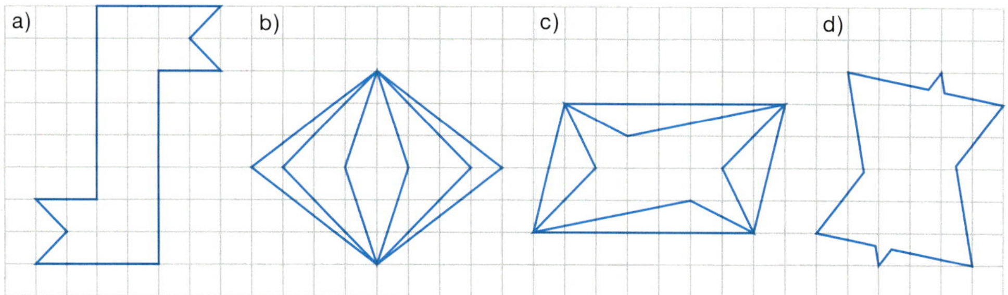

6 Gib an, ob die Figur achsensymmetrisch (drehsymmetrisch, punktsymmetrisch) ist.

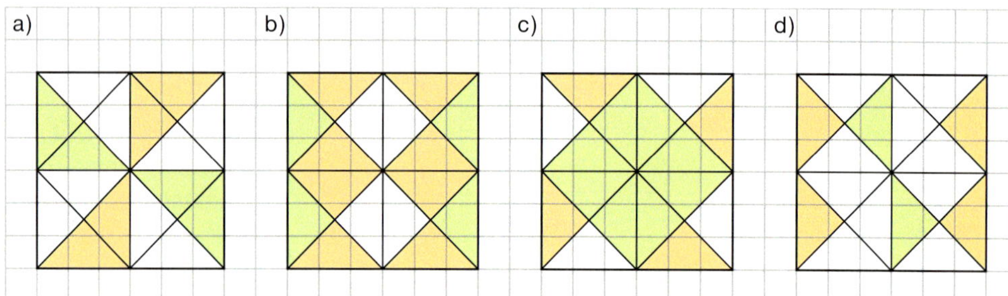

7 Übertrage die Figur in dein Heft. Färbe die Figur, sodass du sie durch eine Drehung um 180° um den Punkt Z mit sich selbst zur Deckung bringen kannst.

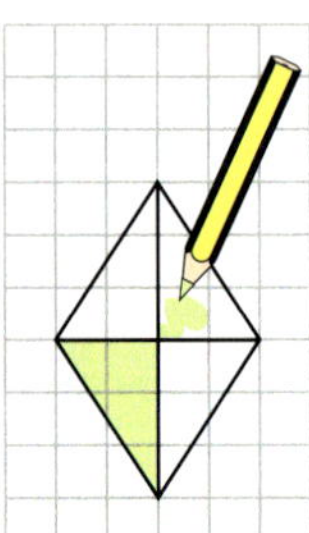

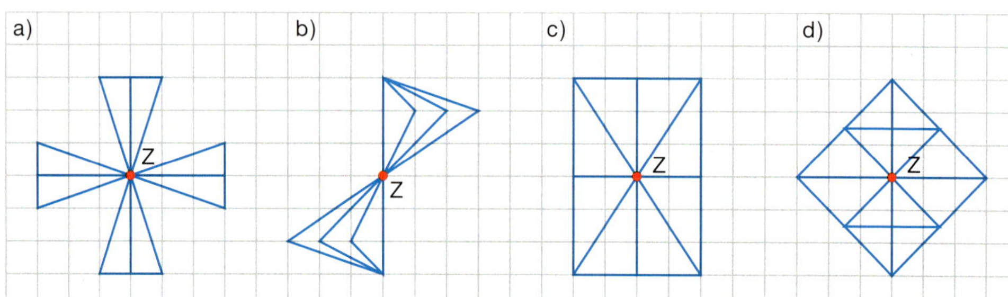

8 Übertrage die Figur in dein Heft.
Färbe einige Teilflächen, sodass die gefärbte Gesamtfigur nur achsensymmetrisch (nur punktsymmetrisch; punkt- und achsensymmetrisch) ist.

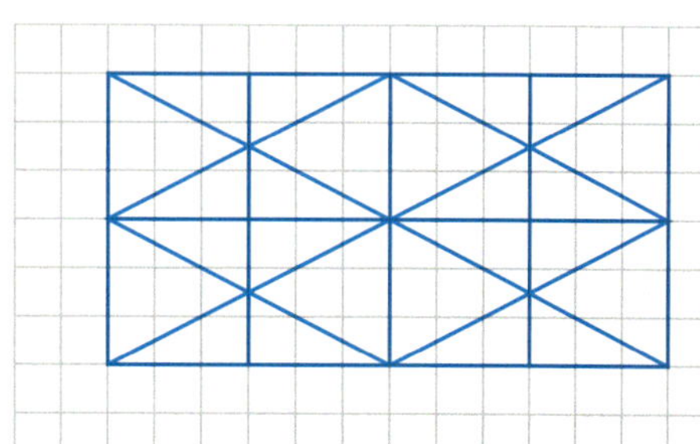

1 Das Dreieck ABC wird durch eine Drehung um 180° auf das Dreieck A′B′C′ abgebildet.
a) Welche Gesamtfigur ist durch die abgebildete Punktspiegelung entstanden?
b) Beschreibe jeweils die Lage des Drehpunktes in dem Dreieck ABC und in der Gesamtfigur.

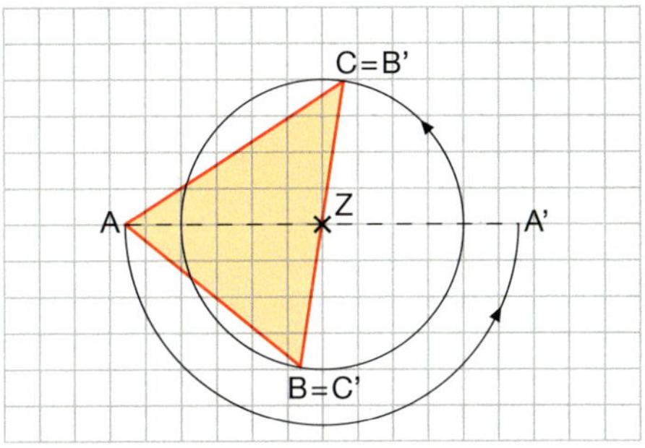

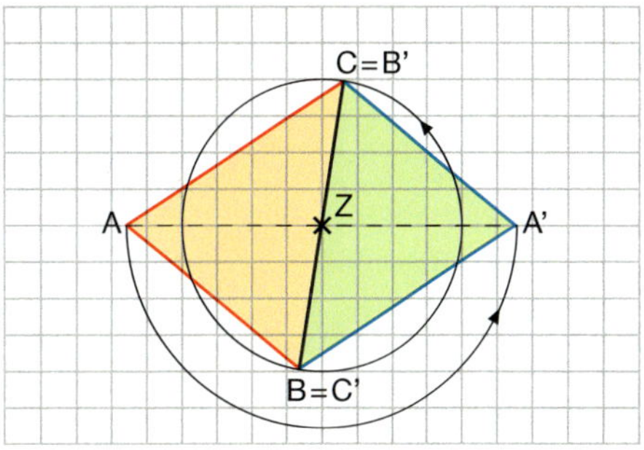

2 Übertrage das Dreieck ABC in dein Heft. Zähle dafür sorgfältig die Kästchen aus. Spiegele anschließend das Dreieck an dem rot markierten Punkt Z.
Beschreibe die Eigenschaften des entstandenen Vierecks. Zeichne in das Viereck alle Diagonalen und Symmetrieachsen ein. Was stellst du fest?

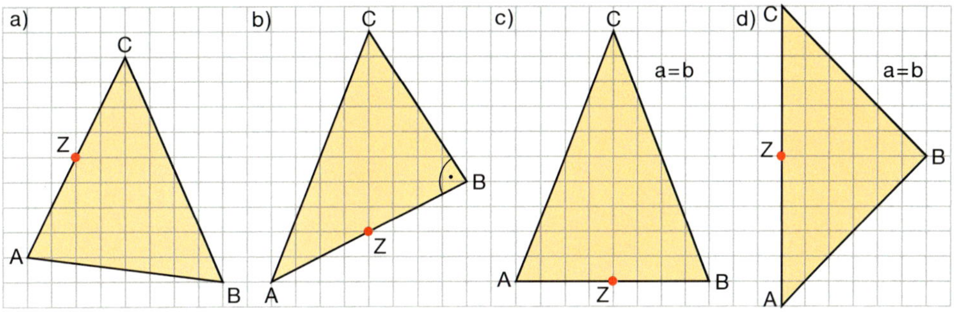

3 Aus einem gefalteten Blatt Papier kannst du wie abgebildet ein Drachenviereck ausschneiden.
Zeichne das Dreieck ABC mit A (1|1), B (6,5|2,5) und C (6|6) in ein Koordinatensystem (Einheit 1 cm).
Spiegele das Dreieck an der Geraden AC. Beschreibe die Eigenschaften der entstandenen Gesamtfigur.

4 Welche symmetrischen Vierecke haben
a) gleich lange Seiten und zwei Paar gleich große gegenüberliegende Winkel,
b) gleich lange gegenüberliegende Seiten und gleich große gegenüberliegende Winkel,
c) gleich lange Seiten und gleich große Winkel,
d) gleich lange gegenüberliegende Seiten und gleich große Winkel,
e) vier gleich große Winkel,
f) zwei Paar gleich lange Nachbarseiten und ein Paar gleichgroße gegenüberliegende Winkel?

2 Gebrochene Zahlen

1

a) Arne möchte zunächst ein Viertel von seiner Tafel Schokolade essen. Wie viele Stückchen sind das? Welchen Bruchteil behält er übrig?

b) Nicole möchte zwei Drittel von ihrer Tafel Schokolade übrig behalten. Wie viele Stückchen kann sie essen?

2 Nina, Isabel, Mirko und Wanja kaufen drei Pizzas beim Pizzabäcker.

a) Wie können die drei Pizzas unter den vier Kindern gleichmäßig aufgeteilt werden? Es gibt mehrere Möglichkeiten.

b) Wie viel Euro muss jedes Kind bezahlen?

3 Kristin, Viktoria, Stefan und Marcel haben zusammen 60 saure Pommes gekauft. Kristin hat ein Zehntel des Preises bezahlt, Viktoria zwei Zehntel, Stefan drei Zehntel und Marcel den Rest.

a) Welchen Bruchteil des Preises hat Marcel bezahlt?

b) Wie viele saure Pommes erhält jeder?

4 Überlege, wo dir im täglichen Leben Brüche begegnen. Nenne vier Beispiele.

Bruch
Zähler
Nenner

Die Brüche ein Halb $\left(\frac{1}{2}\right)$, zwei Drittel $\left(\frac{2}{3}\right)$, ein Viertel $\left(\frac{1}{4}\right)$, drei Fünftel $\left(\frac{3}{5}\right)$, ... sind Bezeichnungen für Bruchteile.

Der **Nenner** eines **Bruches** gibt an, in wie viele gleich große Teile das Ganze eingeteilt wurde.

Der **Zähler** gibt an, wie viele Teile genommen werden.

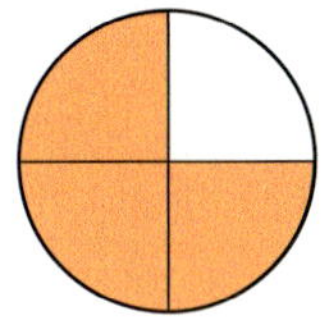

Bruch $\frac{3}{4}$ – Zähler (3), Bruchstrich, Nenner (4)

1 In wie viele gleich große Teile sind die folgenden Figuren eingeteilt? Welcher Bruchteil ist gefärbt (weiß)?

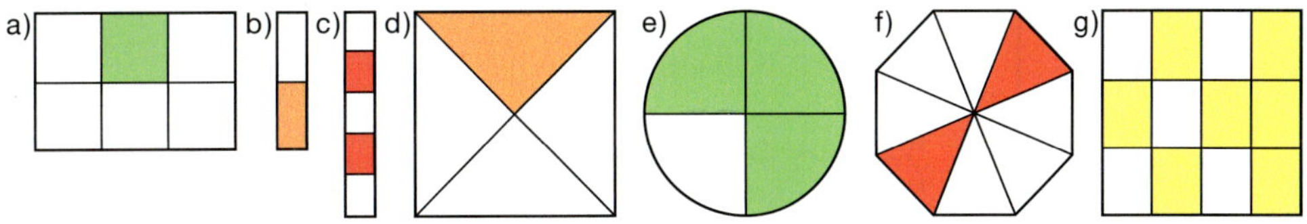

2 Welcher Bruchteil ist nicht gefärbt?

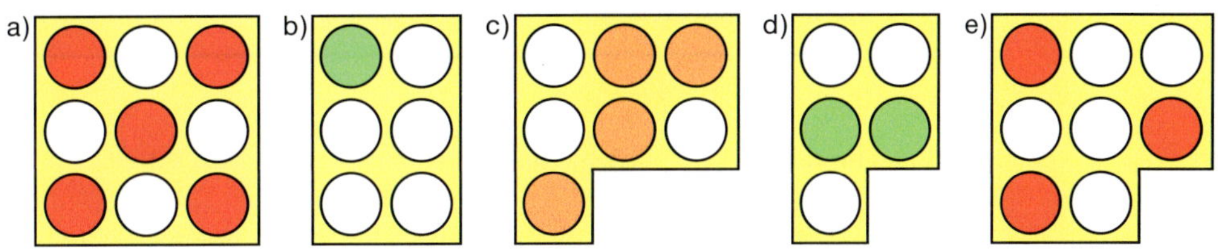

3 Welcher Bruchteil der Flächen ist grün (gelb, orange, rot)?

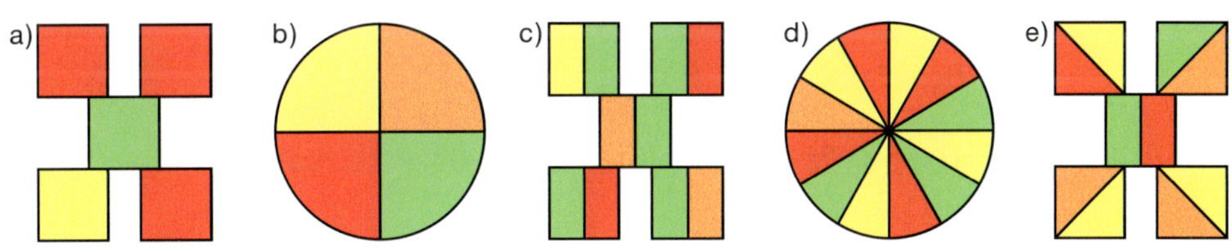

4 Zeichne zu jeder Aufgabe einen Kreis (r = 2 cm) und färbe den angegebenen Bruchteil.

a) $\frac{1}{2}$ b) $\frac{1}{4}$ c) $\frac{1}{8}$ d) $\frac{1}{3}$ e) $\frac{2}{3}$ f) $\frac{3}{4}$ g) $\frac{5}{8}$ h) $\frac{5}{6}$

5 a) Welcher Bruchteil der Buchstaben ist farbig (weiß)?

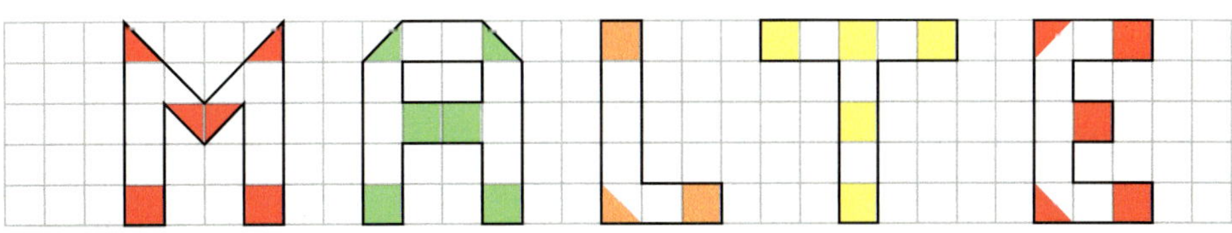

b) Schreibe deinen Vornamen. Unterteile die Buchstaben in gleich große Teile und färbe einen beliebigen Bruchteil ein. Gib diesen für jeden Buchstaben an.

1

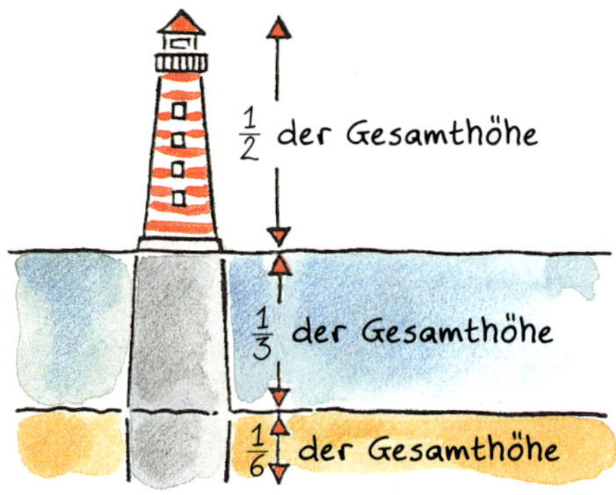

Der Leuchtturm hat mit Fundament eine Gesamthöhe von 60 m.
a) Wie hoch ragt er aus dem Wasser?
b) Wie tief steckt er im Meeresboden?
c) Wie tief ist das Wasser an seinem Standort?

2

1. Berechne ein **Fünftel** des Ganzen.
   Teile dazu 80 cm durch 5.
   Du erhältst 16 cm.

   80 cm : 5 = 16 cm

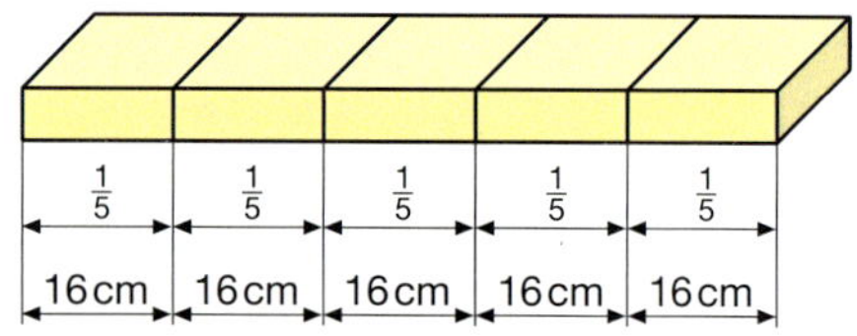

2. Bestimme **drei Fünftel** des Ganzen.
   Multipliziere dazu 16 cm mit 3.

   16 cm · 3 = 48 cm

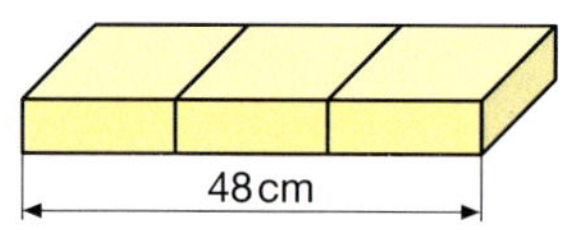

3. Schreibe die Aufgabe mit dem Ergebnis auf: **$\frac{3}{5}$ von 80 cm sind 48 cm.**

Berechne:

a)	b)	c)	d)
$\frac{1}{4}$ von 60 cm	$\frac{2}{3}$ von 240 €	$\frac{5}{6}$ von 90 m	$\frac{3}{10}$ von 1200 t
$\frac{2}{4}$ von 60 cm	$\frac{2}{5}$ von 50 kg	$\frac{3}{7}$ von 84 *l*	$\frac{5}{9}$ von 360 m
$\frac{3}{4}$ von 60 cm	$\frac{3}{8}$ von 80 km	$\frac{5}{12}$ von 36 min	$\frac{3}{11}$ von 770 g

3 Berechne. $\frac{11}{15}$ von 180 m sind: 180 m $\xrightarrow{:15}$ 12 m $\xrightarrow{\cdot 11}$ 132 m

a)	b)	c)	d)
$\frac{3}{5}$ von 75 ml	$\frac{7}{12}$ von 120 kg	$\frac{6}{7}$ von 42 m	$\frac{4}{15}$ von 90 min
$\frac{7}{15}$ von 300 ha	$\frac{5}{12}$ von 96 €	$\frac{7}{8}$ von 56 g	$\frac{3}{25}$ von 1000 g
$\frac{5}{9}$ von 540 m	$\frac{11}{12}$ von 144 g	$\frac{8}{9}$ von 72 ha	$\frac{11}{30}$ von 2400 m

Das Ganze bestimmen

4 Berechne das Ganze. $\frac{3}{4}$ des Geldes sind 30 €; 30 € $\xrightarrow{:3}$ 10 € $\xrightarrow{\cdot 4}$ 40 €

a)	b)	c)
$\frac{3}{4}$ der Strecke sind 12 km	$\frac{8}{10}$ des Geldes sind 24 €	$\frac{3}{5}$ der Menge sind 45 g
$\frac{3}{8}$ der Strecke sind 18 km	$\frac{6}{7}$ des Geldes sind 60 €	$\frac{5}{8}$ der Menge sind 450 g
$\frac{4}{9}$ der Strecke sind 28 km	$\frac{3}{10}$ des Geldes sind 51 €	$\frac{5}{6}$ der Menge sind 245 g

5 Ollie hat zwei Siebtel aller Elfmeter gehalten. Das waren im letzten Jahr vier gehaltene Elfmeter. Bei wie viel Elfmetern stand Ollie im letzten Jahr im Tor?

Erweitern

Kürzen

Erweitern

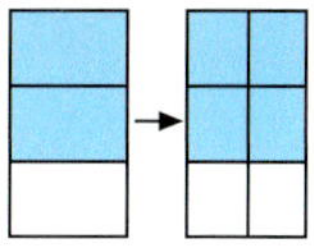

$\frac{2}{3}$ wird erweitert mit **2**

$\frac{2 \cdot 2}{3 \cdot 2} = \frac{4}{6}$

Zähler **und** Nenner werden mit **derselben** Zahl multipliziert.

Kürzen

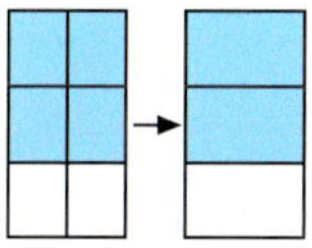

$\frac{4}{6}$ wird gekürzt durch **2**

$\frac{4 : 2}{6 : 2} = \frac{2}{3}$

Zähler **und** Nenner werden durch **dieselbe** Zahl dividiert.

1 Erweitere. $\frac{2 \cdot 5}{7 \cdot 5} = \frac{10}{35}$

										a)	b)	c)	d)
$\frac{2}{5}$	$\frac{1}{4}$	$\frac{3}{7}$	$\frac{4}{9}$	$\frac{4}{10}$	$\frac{5}{11}$	$\frac{6}{13}$	$\frac{7}{15}$	$\frac{8}{17}$	mit	5	7	9	11

2 Suche die Erweiterungszahl und berechne den Platzhalter.

a) $\frac{5}{6} = \frac{\square}{30}$ b) $\frac{11}{16} = \frac{55}{\square}$ c) $\frac{35}{80} = \frac{70}{\square}$ d) $\frac{6}{7} = \frac{\square}{21}$ e) $\frac{3}{4} = \frac{27}{\square}$ f) $\frac{5}{13} = \frac{\square}{65}$

g) $\frac{20}{47} = \frac{80}{\square}$ h) $\frac{21}{30} = \frac{\square}{150}$ i) $\frac{16}{20} = \frac{48}{\square}$ k) $\frac{4}{15} = \frac{16}{\square}$ l) $\frac{12}{18} = \frac{\square}{108}$ m) $\frac{7}{17} = \frac{42}{\square}$

3 Kürze. $\frac{10 : 2}{36 : 2} = \frac{5}{18}$

										a)	b)	c)
$\frac{6}{12}$	$\frac{6}{18}$	$\frac{12}{30}$	$\frac{18}{24}$	$\frac{30}{42}$	$\frac{36}{48}$	$\frac{48}{54}$	$\frac{42}{72}$	$\frac{60}{96}$	$\frac{54}{120}$	durch	2	3	6

4 Suche die Kürzungszahl und berechne den Platzhalter.

a) $\frac{15}{35} = \frac{\square}{7}$ b) $\frac{16}{20} = \frac{8}{\square}$ c) $\frac{21}{36} = \frac{7}{\square}$ d) $\frac{32}{48} = \frac{\square}{24}$ e) $\frac{26}{39} = \frac{\square}{3}$ f) $\frac{64}{96} = \frac{16}{\square}$

g) $\frac{44}{55} = \frac{\square}{5}$ h) $\frac{34}{51} = \frac{2}{\square}$ i) $\frac{14}{49} = \frac{\square}{7}$ k) $\frac{45}{60} = \frac{3}{\square}$ l) $\frac{36}{48} = \frac{\square}{4}$ m) $\frac{38}{114} = \frac{19}{\square}$

5 Kürze so weit wie möglich.

a) $\frac{180}{360}$ b) $\frac{440}{880}$ c) $\frac{150}{450}$ d) $\frac{360}{540}$ e) $\frac{100}{350}$ f) $\frac{168}{216}$ g) $\frac{176}{208}$ h) $\frac{324}{405}$

$\frac{90}{225}$ $\frac{36}{108}$ $\frac{35}{180}$ $\frac{72}{120}$ $\frac{130}{260}$ $\frac{125}{1000}$ $\frac{375}{1000}$ $\frac{56}{800}$

6 Welche Brüche wurden richtig erweitert oder gekürzt? Die Buchstaben ergeben hintereinander gelesen ein Lösungswort.

$\frac{3}{8} = \frac{18}{49}$ R	$\frac{3}{7} = \frac{15}{28}$ F	$\frac{2}{11} = \frac{14}{77}$ S	$\frac{2}{3} = \frac{18}{27}$ P	$\frac{16}{20} = \frac{4}{6}$ Ö	$\frac{20}{47} = \frac{60}{141}$ I
$\frac{32}{48} = \frac{4}{7}$ T	$\frac{30}{57} = \frac{10}{19}$ E	$\frac{6}{11} = \frac{72}{122}$ L	$\frac{20}{140} = \frac{2}{14}$ L	$\frac{54}{81} = \frac{6}{9}$ E	$\frac{51}{60} = \frac{15}{20}$ S

Einen Bruch mit dem Nenner 10, 100, 1000, … kann man als Dezimalbruch schreiben.		
$\frac{5}{10} = 0{,}5$	$\frac{56}{100} = 0{,}56$ $\quad \frac{3}{100} = 0{,}03$	$\frac{307}{1000} = 0{,}307$ $\quad \frac{8}{1000} = 0{,}008$
$1\frac{7}{10} = 1{,}7$ $\quad \frac{23}{10} = 2{,}3$	$2\frac{11}{100} = 2{,}11$ $\quad \frac{416}{100} = 4{,}16$	$2\frac{455}{1000} = 2{,}455$ $\quad \frac{3218}{1000} = 3{,}218$

1 Schreibe als Dezimalbruch

a) $\frac{5}{10}$ $\frac{4}{10}$ $\frac{6}{10}$ $\frac{1}{10}$ $\frac{12}{100}$ $\frac{63}{100}$ $\frac{41}{100}$

b) $\frac{7}{100}$ $\frac{99}{100}$ $\frac{30}{100}$ $\frac{3}{100}$ $\frac{11}{100}$ $\frac{7}{100}$ $\frac{80}{100}$

c) $1\frac{6}{10}$ $3\frac{2}{10}$ $5\frac{42}{100}$ $6\frac{5}{100}$ $\frac{49}{10}$ $\frac{27}{10}$ $\frac{256}{100}$

d) $11\frac{18}{100}$ $13\frac{5}{100}$ $\frac{957}{100}$ $\frac{405}{100}$ $21\frac{17}{100}$ $19\frac{3}{100}$

2 Schreibe als Bruch oder als gemischte Zahl. $4{,}07 = 4\frac{7}{100}$

a) 0,3 0,6 0,89 0,56 0,07 0,03 0,10

b) 2,3 5,7 1,56 5,04 3,32 12,04 1,05

c) 0,235 0,078 0,503 0,004 2,012

d) 0,809 2,907 11,207 10,006 0,090

e) 0,4678 0,8072 0,0906 0,0056 0,0003

f) 2,0059 11,0408 19,7 0,8005 2,0001

$0{,}6 = \frac{6}{10} = \frac{3}{5}$

$1{,}2 = 1\frac{2}{10} = 1\frac{1}{5}$

3 Schreibe als Bruch oder als gemischte Zahl. Kürze dann.

a) 0,8	b) 0,36	c) 0,04	d) 0,025	e) 1,25	f) 3,050	g) 9,008
0,02	0,44	0,12	0,225	4,75	6,625	8,405
0,070	0,375	0,055	0,875	1,025	7,075	0,008

4 Gib in Dezimalschreibweise an. $\frac{11}{20} = \frac{55}{100} = 0{,}55$

a) $\frac{3}{5}$	b) $\frac{7}{20}$	c) $\frac{11}{20}$	d) $\frac{19}{50}$	e) $\frac{31}{250}$	f) $\frac{3}{8}$	g) $\frac{11}{40}$
$\frac{3}{20}$	$\frac{14}{25}$	$\frac{17}{25}$	$\frac{18}{200}$	$\frac{101}{200}$	$\frac{5}{8}$	$\frac{19}{125}$

$\frac{1}{2} = \frac{5}{10} = 0{,}5$

$\frac{1}{4} = \frac{25}{100} = 0{,}25$

$\frac{1}{10} = 0{,}1$

$\frac{1}{20} = \frac{5}{100} = 0{,}05$

$\frac{1}{5} = \frac{2}{10} = 0{,}2$

$\frac{1}{8} = \frac{125}{1000} = 0{,}125$

5 Diese Brüche kannst du durch Kürzen und anschließendes Erweitern in einen Dezimalbruch umwandeln. $\frac{6}{8} = \frac{3}{4} = \frac{75}{100} = 0{,}75$

a) $\frac{4}{16}$	b) $\frac{12}{15}$	c) $\frac{28}{70}$	d) $\frac{45}{60}$	e) $\frac{18}{45}$	f) $\frac{51}{170}$	g) $\frac{27}{18}$
$\frac{3}{15}$	$\frac{6}{75}$	$\frac{17}{34}$	$\frac{8}{64}$	$\frac{12}{32}$	$\frac{28}{32}$	$\frac{81}{45}$

6 Schreibe die Zahlen als Bruch und vergleiche.

a) 0,3 0,30 0,300 0,3000 0,30000

b) 1,7 1,70 1,700 1,7000 1,70000

Erweitern
Kürzen

Erweitern	**Kürzen**
$0{,}7 = 0{,}70 = 0{,}700$	$0{,}300 = 0{,}30 = 0{,}3$
$\frac{7}{10} = \frac{70}{100} = \frac{700}{1000}$	$\frac{300}{1000} = \frac{30}{100} = \frac{3}{10}$

In Dezimalbrüchen dürfen Endnullen angehängt oder fortgelassen werden, der Wert ändert sich nicht.

Brüche und Dezimalbrüche, die auf dem Zahlenstrahl an der gleichen Stelle liegen, bezeichnen dieselbe **gebrochene Zahl.**

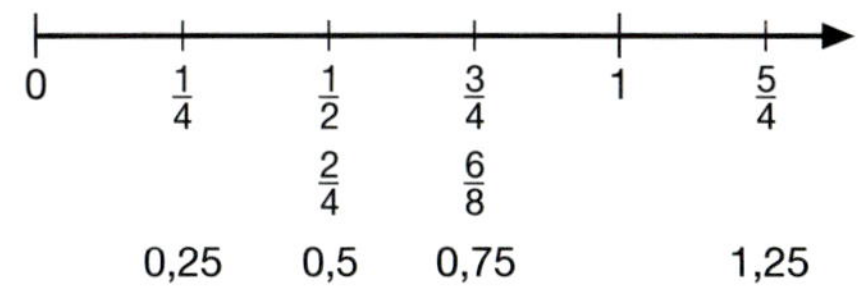

1 Zeichne einen Zahlenstrahl von 0 bis 2 (16 cm) und trage folgende gebrochenen Zahlen ein:

0,25; 1,5; $1\frac{1}{2}$; $\frac{7}{8}$; 0,75; $\frac{3}{8}$; $1\frac{3}{4}$; 1,125; $\frac{3}{4}$; 0,375; $1\frac{1}{8}$; $\frac{3}{2}$

Welche Brüche und Dezimalbrüche liegen auf dem Zahlenstrahl an der gleichen Stelle?

2 Gib jeweils eine gebrochene Zahl an, die zu der markierten Stelle gehört.

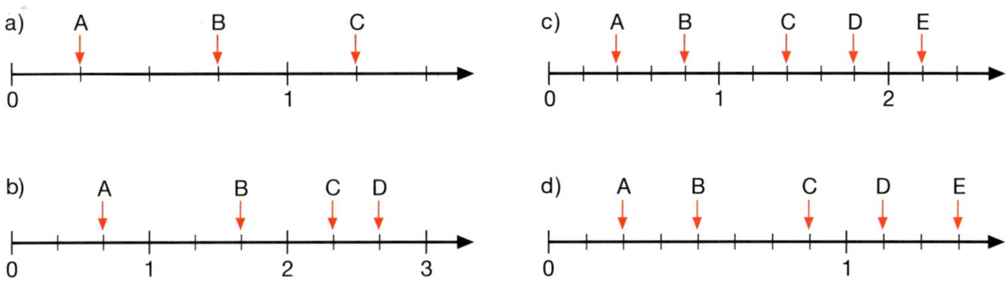

3 Ordne die angegebenen gebrochenen Zahlen den markierten Punkten zu.

0,25; 0,75; 2,75; 0,5; 3,25; $\frac{5}{2}$; $2\frac{3}{4}$; 6,25; $5\frac{1}{2}$; $\frac{7}{4}$; $1\frac{1}{4}$; $4\frac{1}{4}$

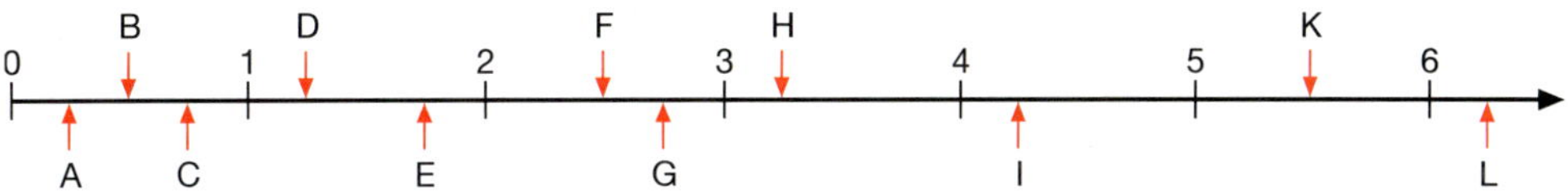

4 Erläutere die Abbildung.

…	E	z	h	t	zt	…
	3	6	2			
	3	6	0			

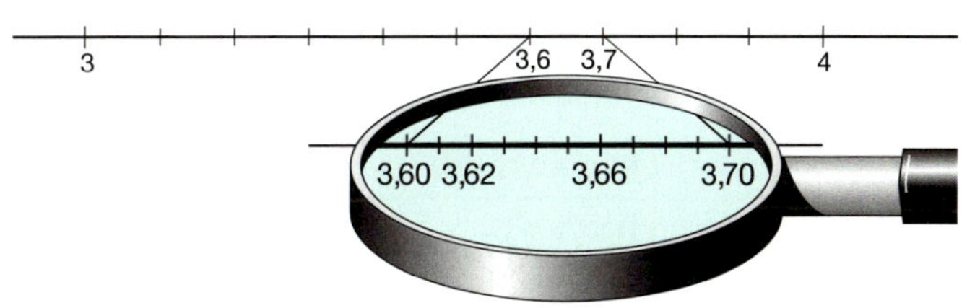

…	E	z	h	t	zt	…
	3	6	2	5		
	3	6	6	1		

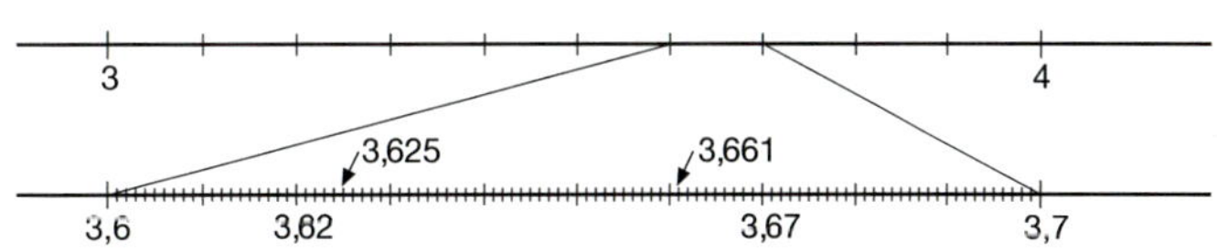

5 Nenne je drei Zahlen zwischen

a) 0,6 und 0,7
   0,343 und 0,35
   0 und 0,01

b) 0,9 und 1,0
   1,07 und 1,10
   5,99 und 6

c) 7,31 und 7,32
   14 und 14,1
   2,06 und 2,061

d) 17,25 und 17,251
   0,01 und 0,02
   2,01 und 2,011

Beim Runden eines Dezimalbruchs auf eine bestimmte Stelle kommt es nur auf die nachfolgende Stelle an.

Runde auf Hundertstel:

2,3657 ≈ 2,37

Steht auf der Tausendstel-Stelle die Ziffer 5, 6, 7, 8 oder 9, so wird aufgerundet. Die Restziffern fallen weg.

2,3639 ≈ 2,36

Steht auf der Tausendstel-Stelle die Ziffer 0, 1, 2, 3 oder 4, so wird abgerundet. Die Restziffern fallen weg.

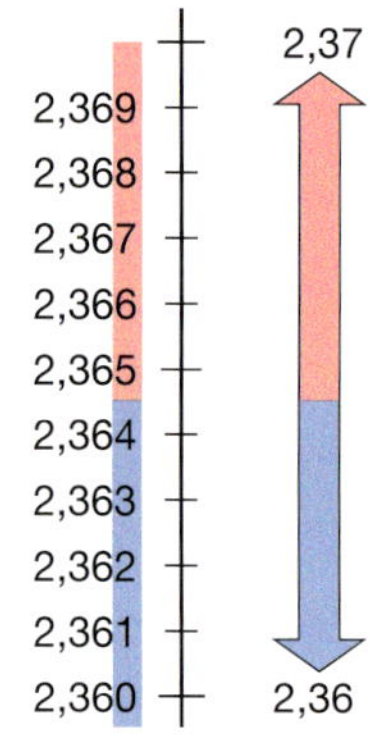

1 Runde auf

a) Hundertstel:	1,98503	12,7549	0,0986	2,90503	4,11501
b) Zehntel:	9,75	6,0987	0,9567	3,8098	2,9901
c) Tausendstel:	7,22665	17,00812	0,0274	1,00854	0,000489
d) Zehntausendstel:	4,00554	31,99849	1,99995	2,7532501	0,999949

2 Runde die Dezimalbrüche auf Zehntel (Hundertstel, Tausendstel, Einer).

a) 0,9567	13,09734	15,99991	0,091456	0,00028	10,0975453
b) 5,8970	11,090909	8,94759	0,090999	1,07709	13,77777
c) 9,98756	100,980921	33,0	8,12345	7,109208	6,949596

3 Bei welchen Angaben kannst du sinnvoll runden? Begründe.

a) Masse eines Apfels: 267,78 g
b) Preis für einen Liter Benzin: 1,189 €
c) Höhe eines Baumes: 12,567 m
d) Rundenzeit in der Formel 1: 2 min 1,56 s
e) Masse einer Münze: 3,75 g
f) Einwohnerzahl: 1,299 Millionen
g) Preis für einen Hamburger: 0,99 €
h) Masse eines Pkws: 1 236,785 kg

4 Gib die Einwohnerzahlen in Millionen mit zwei Stellen hinter dem Komma an und ordne sie der Größe nach. Beginne mit dem bevölkerungsreichsten Bundesland.
(Stand: 31. 12. 2002)

Baden-Württemberg	10661320	Bayern	12387351
Berlin	3392425	Brandenburg	2582379
Bremen	662098	Hamburg	1728806
Hessen	6091618	Mecklenburg-Vorpommern	1744624
Niedersachsen	7980472	Nordrhein-Westfalen	18076355
Rheinland-Pfalz	4057727	Saarland	1064988
Sachsen	4349059	Sachsen-Anhalt	2548911
Schleswig-Holstein	2816507	Thüringen	2392040

5 Simon denkt sich einen Dezimalbruch mit drei Nachkommastellen. Er rundet und erhält 0,76. Welche Zahl kann er sich gedacht haben? Es gibt zehn Möglichkeiten.

6 Gib fünf Zahlen an, die beim Runden auf die Zehntel-Stelle 12,0 (6,5; 7,9) ergeben.

Brüche mit dem gleichen Nenner heißen **gleichnamige Brüche.**
Gleichnamige Brüche werden verglichen, indem man **die Zähler** miteinander **vergleicht.**

$\frac{5}{11} < \frac{7}{11}$, denn $5 < 7$ $\qquad$ $\frac{20}{21} > \frac{12}{21}$, denn $20 > 12$

Brüche mit verschiedenen Nennern nennt man **ungleichnamige Brüche.**
Ungleichnamige Brüche werden durch Erweitern oder Kürzen gleichnamig gemacht.

Hauptnenner

Der kleinste gemeinsame Nenner ist der **Hauptnenner.**

$\frac{2}{3} \square \frac{5}{6}$	$\frac{2}{3} \square \frac{1}{2}$	$\frac{2}{5} \square \frac{6}{15}$
$\frac{4}{6} < \frac{5}{6}$	$\frac{4}{6} > \frac{3}{6}$	$\frac{2}{5} = \frac{2}{5}$
$\frac{2}{3} < \frac{5}{6}$	$\frac{2}{3} > \frac{1}{2}$	$\frac{2}{5} = \frac{6}{15}$

1 Vergleiche die Brüche. Setze kleiner, größer oder gleich (<, >, =) ein.

a)	b)	c)	d)	e)	f)
$\frac{3}{5} \square \frac{4}{5}$	$\frac{2}{3} \square \frac{5}{9}$	$\frac{3}{5} \square \frac{7}{10}$	$\frac{1}{3} \square \frac{2}{6}$	$\frac{4}{11} \square \frac{9}{33}$	$\frac{36}{39} \square \frac{12}{13}$
$\frac{5}{9} \square \frac{2}{9}$	$\frac{1}{3} \square \frac{3}{9}$	$\frac{4}{5} \square \frac{6}{10}$	$\frac{5}{12} \square \frac{3}{4}$	$\frac{15}{27} \square \frac{6}{9}$	$\frac{3}{5} \square \frac{10}{13}$
$\frac{8}{13} \square \frac{4}{13}$	$\frac{2}{3} \square \frac{7}{9}$	$\frac{2}{5} \square \frac{6}{15}$	$\frac{1}{7} \square \frac{3}{14}$	$\frac{14}{21} \square \frac{2}{3}$	$\frac{2}{7} \square \frac{3}{8}$

2 Bestimme den Hauptnenner und ordne die Brüche der Größe nach:

a) $\frac{5}{12}, \frac{3}{4}, \frac{2}{3}, \frac{11}{24}, \frac{5}{6}, \frac{1}{2}$ $\qquad$ b) $\frac{3}{10}, \frac{4}{5}, \frac{4}{20}, \frac{3}{15}, \frac{7}{30}, \frac{2}{15}$

3

So vergleichst du Dezimalbrüche: $\qquad$ 0,643 $\square$ 0,629 $\quad$ 3,345 $\square$ 3,347

1. Schreibe die Dezimalbrüche stellenrichtig untereinander. Ergänze, wenn nötig, Endnullen.
2. Vergleiche die Ziffern, die untereinanderstehen – von links nach rechts. Die erste Stelle, an der die Ziffern verschieden sind, entscheidet, welcher Dezimalbruch größer ist.

0, 6 4 3	3, 3 4 5
0, 6 2 9	3, 3 4 7
0,643 > 0,629	3,345 < 3,347

Vergleiche die Zahlen. Setze >, <, = ein.

a)	b)	c)	d)
7,78 $\square$ 7,87	0,050 $\square$ 0,051	6,432 $\square$ 6,423	12,230 $\square$ 12,23
0,90 $\square$ 0,88	6,130 $\square$ 6,031	13,101 $\square$ 13,201	15,05 $\square$ 15,50
0,3102 $\square$ 0,3012	12,1212 $\square$ 12,2112	8,108 $\square$ 8,180	1,070 $\square$ 1,07

4 Schreibe als Dezimalbruch und ordne der Größe nach.

a) 1,5; $1\frac{5}{100}$; 1,70; $1\frac{57}{100}$; 1,07; $1\frac{75}{100}$ $\qquad$ b)2,01; $2\frac{1}{1000}$; $2\frac{3}{10}$; 2,031; $2\frac{31}{100}$

c) $30\frac{12}{100}$; 30,125; 30,250; $30\frac{25}{1000}$ $\qquad$ d) 7,005; $7\frac{55}{1000}$; $7\frac{55}{100}$; 7,050; 7,500

1 Wie heißen die zugehörigen Additionsaufgaben?

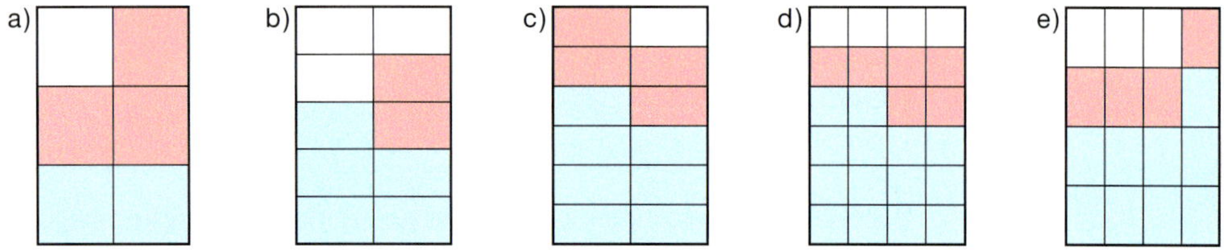

2 Welche Subtraktionsaufgaben sind dargestellt?

3 Stelle die Aufgabe durch Rechtecksflächen dar.

a) $\frac{5}{8} + \frac{1}{8}$ b) $\frac{5}{12} + \frac{2}{12}$ c) $\frac{3}{8} + \frac{2}{8}$ d) $\frac{7}{8} - \frac{3}{8}$ e) $\frac{11}{12} - \frac{5}{12}$ f) $\frac{7}{12} - \frac{1}{12}$

Addition gleichnamiger Brüche Die Zähler werden addiert. Der Nenner ändert sich nicht. $\frac{5}{12} + \frac{6}{12} = \frac{5+6}{12} = \frac{11}{12}$	**Subtraktion gleichnamiger Brüche** Die Zähler werden subtrahiert. Der Nenner ändert sich nicht. $\frac{7}{9} - \frac{5}{9} = \frac{7-5}{9} = \frac{2}{9}$

4 a) $\frac{3}{5} + \frac{1}{5}$ b) $\frac{3}{10} + \frac{4}{10}$ c) $\frac{3}{11} + \frac{6}{11}$ d) $\frac{5}{8} - \frac{2}{8}$ e) $\frac{10}{12} - \frac{3}{12}$ f) $\frac{7}{9} - \frac{2}{9}$

$\frac{2}{8} + \frac{3}{8}$ $\frac{5}{12} + \frac{6}{12}$ $\frac{6}{20} + \frac{11}{20}$ $\frac{8}{9} - \frac{1}{9}$ $\frac{8}{10} - \frac{5}{10}$ $\frac{9}{13} - \frac{6}{13}$

$\frac{12}{19} + \frac{5}{19}$ $\frac{3}{7} + \frac{1}{7}$ $\frac{14}{23} + \frac{9}{23}$ $\frac{11}{12} - \frac{7}{12}$ $\frac{17}{19} - \frac{11}{19}$ $\frac{9}{17} - \frac{7}{17}$

5 Berechne und kürze das Ergebnis soweit wie möglich.

a) $\frac{2}{14} + \frac{4}{14}$ b) $\frac{11}{21} + \frac{4}{21}$ c) $\frac{7}{18} + \frac{3}{18}$ d) $\frac{8}{27} + \frac{16}{27}$ e) $\frac{11}{22} + \frac{9}{22}$ f) $\frac{29}{36} - \frac{8}{36}$

$\frac{11}{14} - \frac{7}{14}$ $\frac{11}{35} - \frac{6}{35}$ $\frac{47}{90} + \frac{33}{90}$ $\frac{53}{81} + \frac{19}{81}$ $\frac{19}{44} - \frac{11}{44}$ $\frac{9}{48} - \frac{5}{48}$

L $\frac{1}{7}$; $\frac{2}{7}$; $\frac{3}{7}$; $\frac{5}{7}$; $\frac{5}{9}$; $\frac{8}{9}$; $\frac{8}{9}$; $\frac{8}{9}$; $\frac{2}{11}$; $\frac{10}{11}$; $\frac{1}{12}$; $\frac{7}{12}$

6 Berechne und kürze das Ergebnis soweit wie möglich.

a) $\frac{5}{18} + \frac{7}{18} + \frac{3}{18}$ b) $\frac{5}{9} + \frac{5}{9} - \frac{7}{9}$ c) $\frac{8}{21} + \frac{5}{21} + \frac{1}{21}$ d) $\frac{7}{13} - \frac{4}{13} + \frac{10}{13}$

$\frac{11}{24} + \frac{5}{24} + \frac{5}{24}$ $\frac{6}{35} + \frac{3}{35} + \frac{16}{35}$ $\frac{26}{45} - \frac{17}{45} - \frac{3}{45}$ $\frac{6}{11} + \frac{4}{11} - \frac{1}{11}$

L $\frac{2}{15}$; $\frac{1}{3}$; $\frac{2}{3}$; $\frac{5}{6}$; $\frac{5}{7}$; $\frac{7}{8}$; $\frac{9}{11}$; 1

$\frac{7}{8} + \frac{6}{8}$
$= \frac{13}{8}$
$= 1\frac{5}{8}$

7 Verwandle das Ergebnis, wenn möglich, in eine gemischte Zahl.

a) $\frac{10}{11} + \frac{6}{11}$ b) $\frac{9}{10} + \frac{12}{10}$ c) $\frac{17}{12} + \frac{11}{12}$ d) $\frac{31}{10} - \frac{12}{10}$ e) $\frac{83}{30} - \frac{14}{30}$

$\frac{4}{5} + \frac{4}{5}$ $\frac{6}{8} + \frac{3}{8}$ $\frac{33}{20} + \frac{28}{20}$ $\frac{35}{8} - \frac{19}{8}$ $\frac{73}{7} - \frac{23}{7}$

8 Kürze das Ergebnis, wenn es möglich ist.

a) $1\frac{1}{8} + \frac{3}{8}$ b) $2\frac{1}{4} + \frac{2}{4}$ c) $6\frac{13}{20} + \frac{2}{20}$ d) $2\frac{9}{10} - \frac{6}{10}$ e) $4\frac{23}{30} - \frac{11}{30}$

$1\frac{1}{12} + \frac{4}{12}$ $5\frac{3}{8} + \frac{2}{8}$ $3\frac{1}{9} + \frac{5}{9}$ $5\frac{8}{9} - \frac{4}{9}$ $5\frac{11}{16} - \frac{7}{16}$

9 Rechne wie im Beispiel: $4\frac{5}{8} + \frac{6}{8} = 4\frac{11}{8} = 5\frac{3}{8}$

a) $1\frac{6}{8} + \frac{7}{8}$ b) $3\frac{5}{7} + \frac{6}{7}$ c) $6\frac{4}{6} + \frac{3}{6}$ d) $3\frac{3}{10} + \frac{8}{10}$ e) $5\frac{10}{12} + \frac{9}{12}$

$4\frac{2}{3} + \frac{2}{3}$ $2\frac{2}{6} + \frac{4}{6}$ $5\frac{7}{9} + \frac{4}{9}$ $4\frac{5}{12} + \frac{7}{12}$ $4\frac{1}{5} + \frac{4}{5}$

$5\frac{6}{9} + 2\frac{5}{9}$
$= 7\frac{11}{9}$
$= 8\frac{2}{9}$

10 a) $2\frac{2}{4} + 6\frac{3}{4}$ b) $2\frac{2}{4} + 4\frac{3}{4}$ c) $6\frac{3}{7} + 2\frac{4}{7}$ d) $2\frac{4}{8} + 1\frac{7}{8}$ e) $8\frac{14}{20} + 2\frac{13}{20}$

$1\frac{3}{8} + 2\frac{6}{8}$ $5\frac{7}{10} + 4\frac{6}{10}$ $4\frac{11}{15} + 3\frac{8}{15}$ $3\frac{9}{12} + 2\frac{10}{12}$ $4\frac{3}{15} + 3\frac{12}{15}$

L $4\frac{1}{8}$; $4\frac{3}{8}$; $6\frac{7}{12}$; $7\frac{1}{4}$; $9\frac{1}{4}$; $10\frac{3}{10}$; $8\frac{4}{15}$; $11\frac{7}{20}$; 8, 9

11 a) $5 - \frac{4}{9}$ b) $10 - \frac{3}{4}$ c) $9 - \frac{3}{8}$ d) $5 - \frac{3}{10}$ e) $6 - \frac{7}{20}$ f) $3 - \frac{7}{10}$

$7 - \frac{1}{3}$ $8 - \frac{5}{7}$ $13 - \frac{8}{9}$ $11 - \frac{17}{25}$ $4 - \frac{5}{8}$ $9 - \frac{11}{12}$

12 Kürze das Ergebnis, wenn es möglich ist.

$7\frac{3}{8} - \frac{6}{8}$
$= 6\frac{11}{8} - \frac{6}{8}$
$= 6\frac{5}{8}$

a) $6\frac{1}{5} - \frac{2}{5}$ b) $7\frac{1}{6} - \frac{5}{6}$ c) $9\frac{8}{27} - \frac{11}{27}$ d) $3\frac{3}{20} - 1\frac{7}{20}$ e) $9\frac{7}{18} - 4\frac{11}{18}$

$9\frac{1}{9} - \frac{8}{9}$ $8\frac{1}{20} - \frac{15}{20}$ $6\frac{5}{20} - \frac{11}{20}$ $10\frac{3}{8} - 2\frac{7}{8}$ $5\frac{7}{15} - 1\frac{10}{15}$

$3\frac{1}{10} - \frac{9}{10}$ $5\frac{1}{12} - \frac{7}{12}$ $7\frac{1}{3} - \frac{2}{3}$ $8\frac{7}{30} - 3\frac{10}{30}$ $10\frac{3}{16} - 4\frac{5}{16}$

L $4\frac{7}{9}$; $3\frac{4}{5}$; $2\frac{7}{8}$; $5\frac{4}{5}$; $6\frac{1}{3}$; $8\frac{8}{9}$; $8\frac{2}{9}$; $1\frac{4}{5}$; $7\frac{3}{10}$; $5\frac{7}{10}$; $7\frac{1}{2}$; $2\frac{1}{5}$; $4\frac{1}{2}$; $6\frac{2}{3}$; $4\frac{9}{10}$

13 Für den Urlaub bekommt Janina 24 € Taschengeld. Davon hat sie bereits $\frac{2}{12}$ für Eis und $\frac{3}{12}$ für Getränke ausgegeben. Welchen Bruchteil hat sie noch zur Verfügung? Wie viel Euro sind das?

14 Tim, Marcel und Patrick wollen ausrechnen, wie viel Liter Mineralwasser sie zusammen an einem heißen Sommertag getrunken haben. Tim hat $2\frac{1}{4}$ Liter getrunken, Marcel $1\frac{3}{4}$ Liter und Patrick $2\frac{3}{4}$ Liter. Wie viel Liter bleiben von einer 12-Liter-Kiste übrig?

15 Am ersten Tag einer Reise wurde $\frac{5}{16}$ der gesamten Strecke zurückgelegt, am 2. Tag $\frac{7}{16}$. Welcher Bruchteil der Gesamtstrecke ist noch zu fahren?

Wir mixen kalte Getränke

1

Wir mixen kalte Drinks
Pfirsiche abspülen, halbieren, achteln, in Scheiben schneiden. Eisteegetränk mit der Orangenlimonade verrühren, Zitronenmelissenblätter abspülen, trocken tupfen, in Streifen schneiden. Alle Zutaten verrühren, gut gekühlt mit einigen Eiswürfeln servieren.

a) Wie viel Liter Flüssigkeit erhalten Sara und Maren, wenn sie aus den angegebenen Zutaten die Bowle zubereiten?

b) Sara und Maren erwarten zu einem kleinen Gartenfest vier Gäste. Wie viel Liter Eistee und wie viel Liter Orangenlimonade benötigen sie für die Pfirsichbowle? Sie rechnen damit, dass jede Person einen dreiviertel Liter Bowle trinkt.

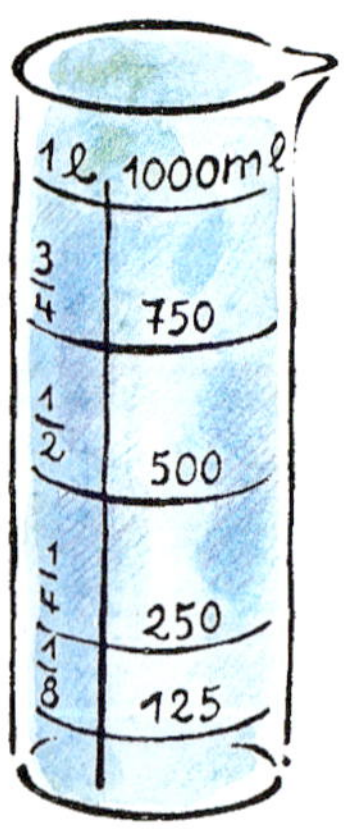

2

Maren möchte zur Begrüßung den Drink „Sommerduft" anbieten.

a) Wie viel Liter dieses Drinks kann sie aus den angegebenen Zutaten mixen?

b) Sie gießt das fertige Getränk in Gläser, die jeweils 125 ml Inhalt fassen. Wie viele Gläser kann sie füllen?

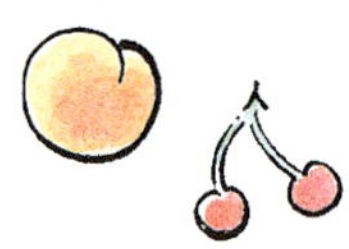

3

Für ein Gartenfest, für eine Geburtstagsfeier oder nur zum Durstlöschen könnt ihr erfrischende und vitaminreiche Getränke zubereiten. Berechnet vorher, wie viel Liter des Getränkes ihr jeweils aus den angegebenen Zutaten erhaltet.

4

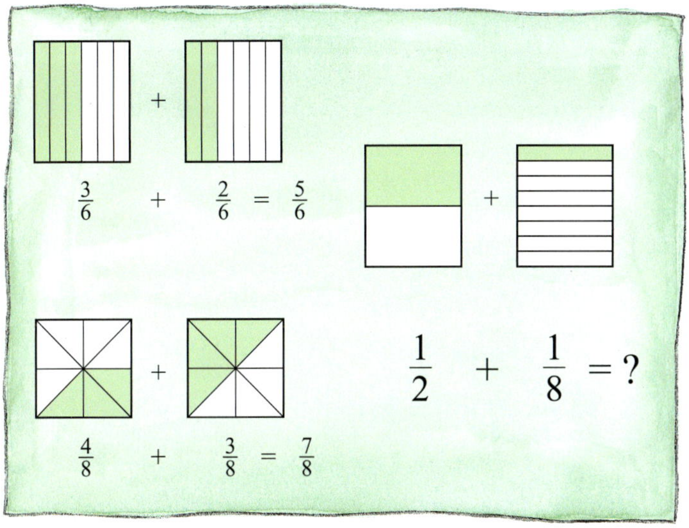

$\frac{3}{6} + \frac{2}{6} = \frac{5}{6}$

$\frac{4}{8} + \frac{3}{8} = \frac{7}{8}$

$\frac{1}{2} + \frac{1}{8} = ?$

Kannst du Laura beim Lösen dieser Aufgabe helfen?

5 Bestimme die Platzhalter mithilfe der Zeichnungen.

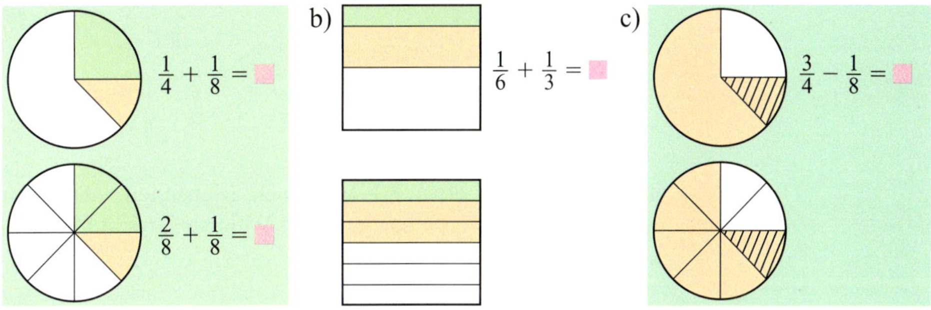

a) $\frac{1}{4} + \frac{1}{8} = \square$; $\frac{2}{8} + \frac{1}{8} = \square$

b) $\frac{1}{6} + \frac{1}{3} = \square$

c) $\frac{3}{4} - \frac{1}{8} = \square$

6 Bestimme die Platzhalter.

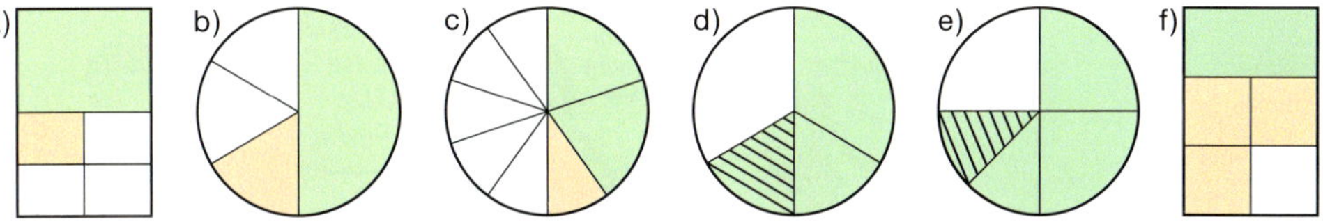

a) $\frac{1}{2} + \frac{1}{8} = \frac{\square}{8}$ b) $\frac{1}{2} + \frac{1}{6} = \frac{\square}{6}$ c) $\frac{2}{5} + \frac{1}{10} = \frac{\square}{10}$ d) $\frac{2}{3} - \frac{1}{6} = \frac{\square}{6}$ e) $\frac{3}{4} - \frac{1}{8} = \frac{\square}{8}$ f) $\frac{1}{3} + \frac{3}{6} = \frac{\square}{6}$

Addition und Subtraktion ungleichnamiger Brüche

1. Erweitere die Brüche so, dass sie den gleichen Nenner haben. Der kleinste gemeinsame Nenner heißt Hauptnenner.
2. Addiere oder subtrahiere die gleichnamigen Brüche.

$\frac{3}{4} + \frac{1}{8} = \frac{6}{8} + \frac{1}{8} = \frac{7}{8}$

$\frac{11}{12} - \frac{1}{3} = \frac{11}{12} - \frac{4}{12} = \frac{7}{12}$

1 Suche den Hauptnenner und addiere.

a)	b)	c)	d)	e)	f)
$\frac{1}{5}+\frac{1}{10}$	$\frac{4}{15}+\frac{1}{5}$	$\frac{4}{5}+\frac{3}{20}$	$\frac{13}{30}+\frac{1}{5}$	$\frac{3}{7}+\frac{3}{14}$	$\frac{1}{3}+\frac{2}{15}$
$\frac{2}{5}+\frac{3}{10}$	$\frac{1}{9}+\frac{2}{3}$	$\frac{1}{8}+\frac{3}{4}$	$\frac{8}{40}+\frac{1}{8}$	$\frac{4}{9}+\frac{1}{36}$	$\frac{1}{6}+\frac{5}{12}$
$\frac{3}{20}+\frac{2}{5}$	$\frac{2}{9}+\frac{1}{3}$	$\frac{1}{7}+\frac{9}{14}$	$\frac{2}{5}+\frac{13}{50}$	$\frac{3}{8}+\frac{1}{32}$	$\frac{7}{18}+\frac{2}{9}$

2 Suche den Hauptnenner und subtrahiere.

a)	b)	c)	d)	e)	f)
$\frac{3}{4}-\frac{1}{8}$	$\frac{3}{4}-\frac{2}{12}$	$\frac{11}{12}-\frac{2}{6}$	$\frac{11}{14}-\frac{3}{7}$	$\frac{41}{34}-\frac{19}{17}$	$\frac{29}{30}-\frac{1}{5}$
$\frac{4}{5}-\frac{5}{10}$	$\frac{8}{12}-\frac{1}{4}$	$\frac{5}{6}-\frac{4}{18}$	$\frac{13}{20}-\frac{3}{10}$	$\frac{27}{36}-\frac{5}{18}$	$\frac{19}{40}-\frac{3}{10}$
$\frac{13}{15}-\frac{2}{5}$	$\frac{15}{16}-\frac{3}{4}$	$\frac{23}{24}-\frac{1}{6}$	$\frac{4}{5}-\frac{9}{25}$	$\frac{26}{27}-\frac{5}{9}$	$\frac{37}{45}-\frac{11}{15}$

3 Kürze das Ergebnis, wenn möglich.

a)	b)	c)	d)	e)	f)
$\frac{1}{3}+\frac{5}{12}$	$\frac{1}{3}-\frac{1}{12}$	$\frac{1}{4}+\frac{1}{12}$	$\frac{1}{4}-\frac{1}{12}$	$\frac{3}{7}+\frac{2}{14}$	$\frac{29}{30}-\frac{7}{15}$
$\frac{1}{6}+\frac{1}{3}$	$\frac{3}{5}-\frac{4}{10}$	$\frac{7}{40}+\frac{1}{8}$	$\frac{15}{20}-\frac{3}{5}$	$\frac{1}{24}+\frac{5}{6}$	$\frac{47}{50}-\frac{11}{25}$
$\frac{2}{5}+\frac{1}{10}$	$\frac{29}{36}-\frac{5}{12}$	$\frac{3}{15}+\frac{1}{5}$	$\frac{5}{18}-\frac{1}{6}$	$\frac{3}{8}+\frac{1}{2}$	$\frac{3}{4}-\frac{11}{16}$

L $\frac{1}{2}$; $\frac{3}{4}$; $\frac{1}{2}$; $\frac{1}{3}$; $\frac{2}{5}$; $\frac{3}{10}$; $\frac{1}{6}$; $\frac{3}{20}$; $\frac{1}{9}$; $\frac{7}{8}$; $\frac{7}{8}$; $\frac{4}{7}$; $\frac{7}{18}$; $\frac{1}{4}$; $\frac{1}{5}$; $\frac{1}{16}$; $\frac{1}{2}$; $\frac{1}{2}$

4 In Deutschland leben etwa 80 Millionen Menschen. Davon sind ungefähr $\frac{1}{5}$ unter 15 Jahren und etwa $\frac{4}{25}$ über 65 Jahre alt. Welcher Bruchteil der Bevölkerung ist zwischen 15 und 65 Jahren?

5 Für eine Schulfeier malen die Schüler Bühnenbilder. Dazu mischen sie Farbe.

a) Wie viel Liter orange Farbe entsteht?
b) Die Schüler verbrauchen $\frac{3}{4}$ *l* der orangen Farbe. Welcher Bruchteil bleibt übrig?

6 Bestimme die Platzhalter.

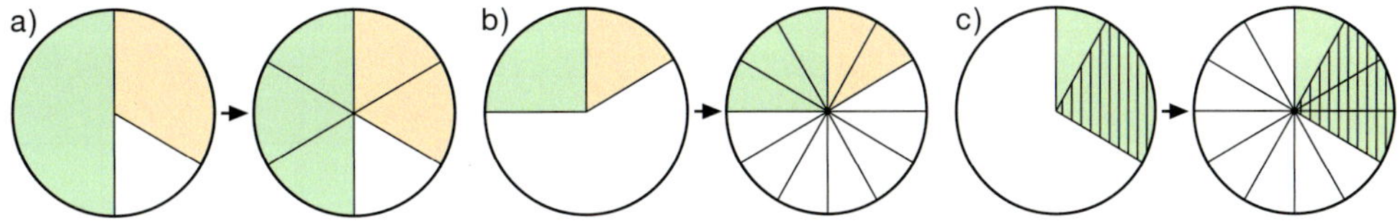

$\frac{1}{2} + \frac{1}{3} = \frac{\square}{6} + \frac{\square}{6} = \frac{\square}{6}$ $\qquad$ $\frac{1}{4} + \frac{1}{6} = \frac{\square}{12} + \frac{\square}{12} = \frac{\square}{12}$ $\qquad$ $\frac{1}{3} - \frac{1}{4} = \frac{\square}{12} - \frac{\square}{12} = \frac{\square}{12}$

7 Berechne.

a) $\frac{1}{5} + \frac{1}{3}$ b) $\frac{2}{3} + \frac{1}{5}$ c) $\frac{3}{4} + \frac{1}{5}$ d) $\frac{9}{8} - \frac{4}{5}$ e) $\frac{3}{4} - \frac{2}{15}$ f) $\frac{9}{10} - \frac{5}{7}$

$\frac{1}{5} + \frac{1}{2}$ $\quad$ $\frac{2}{5} + \frac{1}{7}$ $\quad$ $\frac{3}{4} + \frac{2}{9}$ $\quad$ $\frac{11}{10} - \frac{4}{7}$ $\quad$ $\frac{4}{5} - \frac{5}{12}$ $\quad$ $\frac{7}{5} - \frac{2}{3}$

L $\frac{19}{20}$; $\frac{35}{36}$; $\frac{8}{15}$; $\frac{7}{10}$; $\frac{13}{40}$; $\frac{37}{70}$; $\frac{13}{70}$; $\frac{11}{15}$; $\frac{13}{15}$; $\frac{19}{35}$; $\frac{37}{60}$; $\frac{23}{60}$

8 Jessica und Agnes addieren an der Tafel jeweils die Brüche $\frac{1}{8}$ und $\frac{1}{12}$.

Vergleiche die beiden Lösungswege miteinander. Was stellst du fest? Sie ist noch nicht fertig.

9 a) $\frac{1}{6} + \frac{3}{4}$ b) $\frac{5}{6} + \frac{1}{15}$ c) $\frac{1}{8} + \frac{1}{10}$ d) $\frac{9}{10} - \frac{4}{15}$ e) $\frac{11}{12} - \frac{11}{18}$ f) $\frac{1}{4} - \frac{1}{14}$

$\frac{3}{4} + \frac{1}{10}$ $\quad$ $\frac{1}{10} + \frac{5}{6}$ $\quad$ $\frac{1}{9} + \frac{3}{12}$ $\quad$ $\frac{5}{6} - \frac{5}{8}$ $\quad$ $\frac{27}{30} - \frac{17}{20}$ $\quad$ $\frac{2}{9} - \frac{1}{30}$

$\frac{3}{10} + \frac{5}{8}$ $\quad$ $\frac{7}{20} + \frac{3}{8}$ $\quad$ $\frac{2}{6} + \frac{2}{7}$ $\quad$ $\frac{7}{8} - \frac{5}{12}$ $\quad$ $\frac{4}{15} - \frac{3}{25}$ $\quad$ $\frac{11}{18} - \frac{5}{12}$

L $\frac{17}{20}$; $\frac{9}{10}$; $\frac{37}{40}$; $\frac{14}{15}$; $\frac{29}{40}$; $\frac{9}{40}$; $\frac{11}{12}$; $\frac{11}{24}$; $\frac{13}{36}$; $\frac{13}{21}$; $\frac{5}{24}$; $\frac{19}{30}$; $\frac{11}{75}$; $\frac{7}{36}$; $\frac{1}{20}$; $\frac{5}{28}$; $\frac{17}{90}$; $\frac{11}{36}$

$\frac{7}{12} + \frac{11}{15}$
$= \frac{35}{60} + \frac{44}{60}$
$= \frac{79}{60} = 1\frac{19}{60}$

10 Berechne und schreibe das Ergebnis als gemischte Zahl.

a) $\frac{4}{5} + \frac{5}{6}$ b) $\frac{3}{10} + \frac{8}{9}$ c) $\frac{5}{12} + \frac{3}{5}$ d) $\frac{11}{4} - \frac{1}{5}$ e) $\frac{22}{3} - \frac{1}{2}$ f) $\frac{31}{10} - \frac{4}{3}$

$\frac{7}{8} + \frac{5}{12}$ $\quad$ $\frac{3}{4} + \frac{5}{6}$ $\quad$ $\frac{7}{10} + \frac{8}{15}$ $\quad$ $\frac{11}{6} - \frac{5}{8}$ $\quad$ $\frac{15}{11} - \frac{1}{4}$ $\quad$ $\frac{71}{25} - \frac{3}{10}$

L $1\frac{7}{24}$; $1\frac{1}{60}$; $1\frac{7}{12}$; $2\frac{11}{20}$; $1\frac{7}{30}$; $6\frac{5}{6}$; $1\frac{5}{44}$; $1\frac{19}{30}$; $1\frac{17}{90}$; $1\frac{5}{24}$; $2\frac{27}{50}$; $1\frac{23}{30}$

11 Übertrage die Tabellen in dein Heft und berechne.

a)

$+$	$\frac{2}{3}$	$\frac{3}{10}$	$\frac{7}{12}$	$\frac{9}{20}$	$\frac{13}{30}$
$\frac{3}{4}$					
$\frac{11}{15}$					

b)

$-$	$\frac{1}{10}$	$\frac{4}{15}$	$\frac{5}{18}$	$\frac{11}{20}$	$\frac{13}{30}$
$\frac{3}{4}$					
$\frac{11}{12}$					

12 Säugling Frederik trinkt morgens $\frac{1}{4}$ *l* Milch mit Reisflocken, am Vormittag $\frac{1}{5}$ *l* Säuglingsmilchnahrung und in der zweiten Tageshälfte weitere $\frac{3}{5}$ *l*. Wie viel Liter trinkt Frederik am Tag?

13 Landwirt Deepe hat $\frac{3}{5}$ der Ackerfläche mit Roggen, $\frac{1}{4}$ mit Kartoffeln und den Rest mit Mais bebaut. Welcher Bruchteil der Ackerfläche entfällt auf den Mais?

14 Bauer Erdmann hat Wiesen, Äcker und Wald. $\frac{1}{12}$ seines Besitzes sind Wiesen, $\frac{3}{5}$ sind Ackerflächen. Welcher Bruchteil seines Landes entfällt auf den Wald?

15 Suche zuerst einen gemeinsamen Nenner für die drei Brüche und berechne dann.

a) $\frac{1}{2}+\frac{1}{4}+\frac{7}{8}$
$\frac{1}{3}+\frac{4}{9}+\frac{5}{6}$

b) $\frac{2}{5}+\frac{3}{10}+\frac{3}{4}$
$\frac{7}{10}+\frac{7}{20}+\frac{3}{5}$

c) $\frac{3}{4}+\frac{1}{12}+\frac{3}{8}$
$\frac{1}{6}+\frac{11}{15}+\frac{2}{3}$

d) $\frac{15}{18}+\frac{3}{4}+\frac{1}{2}$
$\frac{1}{3}+\frac{3}{5}+\frac{5}{6}$

16 Überprüfe die Ergebnisse. Die Kennbuchstaben ergeben ein Lösungswort, wenn du sie richtig zusammensetzt.

a)	richtig	falsch
$\frac{1}{2}+\frac{2}{3}+\frac{3}{4}=1\frac{11}{12}$	S	V
$\frac{5}{6}+\frac{2}{5}+\frac{1}{2}=1\frac{11}{15}$	E	O
$\frac{3}{4}+\frac{5}{6}-\frac{11}{12}=\frac{3}{4}$	T	A
$\frac{2}{5}+\frac{3}{4}-\frac{9}{10}=\frac{1}{4}$	N	H

b)	richtig	falsch
$\frac{5}{12}-\frac{1}{4}+\frac{5}{6}=1$	I	R
$\frac{2}{3}-\frac{8}{15}+\frac{1}{6}=\frac{4}{15}$	E	A
$\frac{7}{8}-\frac{1}{3}-\frac{1}{6}=\frac{3}{8}$	M	N
$\frac{8}{9}+\frac{2}{3}-\frac{1}{4}=1\frac{13}{36}$	D	S

17 Hier fehlen Brüche. Ergänze sie so, dass beim Addieren in den Spalten, in den Zeilen und in den Diagonalen immer die Summe 1 erreicht wird.

a)

$\frac{4}{15}$		
		$\frac{4}{15}$
		$\frac{2}{5}$

b)

		$\frac{1}{3}$
	$\frac{1}{3}$	$\frac{5}{9}$

c)

$\frac{8}{15}$		
	$\frac{1}{3}$	
$\frac{2}{5}$		

Typisch Tante Tina

Tante Tina verteilt an Petra, Dirk und Moni ein Geldgeschenk: Petra erhält die Hälfte des Betrages, Dirk die Hälfte vom Rest und Moni den übrig bleibenden Betrag von 10 €. Wie viel Euro erhält jeder?

1 Alexa mischt sich ein Fruchtsaftgetränk aus $\frac{2}{3}\,l$ Himbeersirup und $1\frac{1}{4}\,l$ Mineralwasser. Wie viel Liter Himbeersaft erhält Alexa?

2 Herr Schürmann streicht Türen und Fenster seines Hauses. Er verdünnt $1\frac{1}{2}\,l$ Hochglanzlack mit $\frac{3}{8}\,l$ Wasser. Wie viel Liter Farbe erhält er?

3 Kürze das Ergebnis, falls möglich.

a)	b)	c)	d)	e)
$2\frac{3}{4}+\frac{1}{6}$	$1\frac{1}{3}+\frac{1}{4}$	$\frac{5}{6}+3\frac{1}{8}$	$1\frac{7}{8}-\frac{7}{10}$	$3\frac{9}{10}-\frac{2}{3}$
$5\frac{4}{9}+\frac{1}{2}$	$5\frac{1}{2}+\frac{2}{5}$	$\frac{1}{12}+7\frac{3}{4}$	$4\frac{3}{4}-\frac{3}{9}$	$5\frac{6}{7}-\frac{1}{6}$
$6\frac{1}{3}+\frac{4}{9}$	$4\frac{1}{3}+\frac{3}{5}$	$\frac{1}{10}+5\frac{1}{3}$	$1\frac{8}{9}-\frac{1}{2}$	$7\frac{9}{10}-\frac{5}{6}$

$6\frac{4}{5}+1\frac{3}{8}$
$=6\frac{32}{40}+1\frac{15}{40}$
$=7\frac{47}{40}$
$=8\frac{7}{40}$

4 Bei richtiger Lösung erhältst du die Namen von drei großen Städten in Europa.

a)	b)	c)	d)	e)
$3\frac{3}{4}+\frac{3}{4}$	$3\frac{1}{2}+3\frac{1}{6}$	$7\frac{1}{2}-\frac{5}{6}$	$7\frac{1}{10}-\frac{2}{5}$	$1\frac{5}{8}+\frac{3}{4}$
$4\frac{6}{8}+\frac{1}{3}$	$6\frac{3}{5}-2\frac{3}{10}$	$2\frac{2}{5}+4\frac{1}{2}$	$3\frac{1}{5}+2\frac{5}{8}$	$6\frac{13}{15}-\frac{1}{5}$
$5-\frac{4}{10}$	$4\frac{7}{12}+\frac{3}{4}$	$3\frac{9}{12}+\frac{12}{16}$	$3\frac{1}{10}+1\frac{1}{5}$	$9\frac{8}{9}-5\frac{7}{18}$

$6\frac{2}{3}$ I	$4\frac{3}{5}$ F	$6\frac{7}{10}$ K	$5\frac{1}{3}$ M	$4\frac{3}{10}$ A
$5\frac{33}{40}$ P	$5\frac{1}{12}$ O	$2\frac{3}{8}$ R	$6\frac{9}{10}$ N	$4\frac{1}{2}$ S

$5\frac{7}{10}-1\frac{4}{5}$
$=5\frac{7}{10}-1\frac{8}{10}$
$=4\frac{17}{10}-1\frac{8}{10}$
$=3\frac{9}{10}$

5

a)	b)	c)	d)	e)
$3\frac{1}{4}+2\frac{7}{8}$	$5\frac{3}{5}+7\frac{7}{10}$	$15\frac{1}{5}-5\frac{2}{3}$	$12\frac{4}{5}-1\frac{17}{20}$	$32\frac{3}{8}-21\frac{2}{3}$
$8\frac{1}{3}+4\frac{7}{9}$	$6\frac{2}{3}+4\frac{5}{6}$	$30\frac{1}{6}-18\frac{9}{10}$	$18\frac{3}{8}-6\frac{5}{6}$	$8\frac{3}{5}-1\frac{3}{4}$
$7\frac{15}{26}+2\frac{8}{13}$	$4\frac{5}{9}+3\frac{19}{27}$	$22\frac{3}{10}-11\frac{3}{4}$	$20\frac{5}{9}-13\frac{9}{10}$	$14\frac{1}{3}-6\frac{5}{7}$

L $10\frac{5}{26}$, $11\frac{1}{2}$, $10\frac{11}{20}$, $6\frac{59}{90}$, $10\frac{17}{24}$, $6\frac{1}{8}$, $8\frac{7}{27}$, $11\frac{4}{15}$, $10\frac{19}{20}$, $6\frac{17}{20}$, $13\frac{1}{9}$, $13\frac{3}{10}$, $9\frac{8}{15}$, $11\frac{13}{24}$, $7\frac{13}{21}$

6 a) Addiere zu einer Zahl $\frac{1}{5}$, so erhältst du $1\frac{9}{10}$.
b) Von welcher Zahl muss man $1\frac{1}{4}$ subtrahieren, um $3\frac{7}{12}$ zu erhalten?
c) Wenn du $3\frac{1}{6}$ zu einer Zahl addierst, so erhältst du $5\frac{1}{2}$.

1 Ordne die Zahlenkärtchen passend.

1 3 4 6 7 12

$\frac{\square}{\square} + \frac{\square}{\square} = \frac{\square}{\square}$

2 Etwa $\frac{2}{3}$ des menschlichen Körpers ist Wasser, ungefähr $\frac{1}{10}$ des Körpers ist Fett. Welcher Bruchteil des Menschen besteht aus anderen Stoffen?

3 Zeichne die Tabellen in dein Heft. Fülle die freien Felder so aus, dass sich in jeder Spalte die Summe 1 ergibt.

a)

$\frac{8}{15}$		
$\frac{1}{5}$	$\frac{1}{3}$	
	$\frac{3}{5}$	

b)

$\frac{1}{8}$	$\frac{1}{4}$		
$\frac{3}{8}$	$\frac{1}{8}$	$\frac{1}{8}$	
		$\frac{1}{8}$	$\frac{3}{8}$
	$\frac{1}{2}$	$\frac{1}{4}$	

4

Alexandra ist erstaunt, als Sarah behauptet, dass ihr Pullover zu $\frac{2}{5}$ aus Viskose, zur Hälfte aus Wolle und zu $\frac{1}{5}$ aus anderen Fasern besteht. Kann das stimmen?

5 Rainer erhält ein Fahrrad für 696 €. Sein Vater zahlt $\frac{3}{4}$ des Preises, sein Onkel $\frac{1}{8}$, den Rest zahlt Rainer von seinen eigenen Ersparnissen.

6

Findest du die zwei Brüche, deren Differenz $\frac{2}{3}$ ist?

Die Summe der zwei Brüche ist 1.

Beispiel:
Der Bruch $\frac{6}{3}$ hat den Wert 2.

Ein Bruch wird gesucht!
Wird sein Zähler um 5 vermindert und sein Nenner um 2, so hat der Bruch den Wert $\frac{1}{5}$.

Suche den Bruch!
Wird sein Zähler um 9 vermehrt, so hat der Bruch den Wert 2.

Wird der Zähler um 5 vermehrt und sein Nenner um 6 vermindert, so hat der Bruch den Wert 2.

Subtrahierst du vom Zähler die Zahl 1, so hat der Bruch den Wert $\frac{3}{4}$.

Mögliche Lösungen:

$\frac{1}{4}$, $\frac{1}{6}$, $\frac{11}{12}$, $\frac{3}{4}$, $\frac{7}{8}$

$\frac{1}{3}$, $\frac{7}{12}$, $\frac{5}{6}$, $\frac{1}{2}$, $\frac{5}{8}$

Bruchzeichen der Ägypter

1 Vor 5000 Jahren benutzten die Menschen in Ägypten Bildzeichen, Hieroglyphen genannt, um Zahlen auszudrücken.

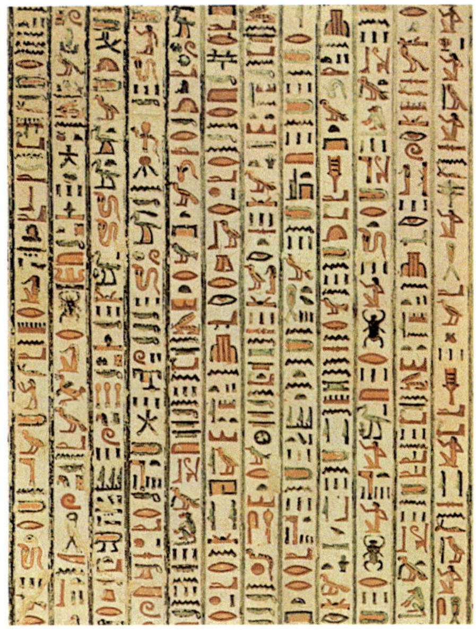

 = 1  = 10  = 100

Brüche schrieben die Ägypter mithilfe des Zeichens , das eigentlich „Mund“ bedeutet.

 $= \frac{1}{5}$  $= \frac{1}{10}$

 $= \frac{1}{12}$  $= \frac{1}{100}$

Für manche Brüche gab es besondere Zeichen:

 $= \frac{1}{2}$  $= \frac{2}{3}$

Welche Brüche sind hier dargestellt?

a) 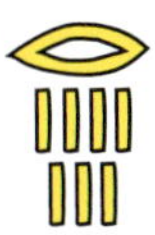 b)  c)  d) 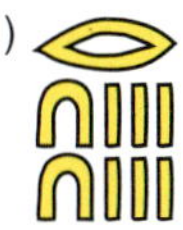 e) 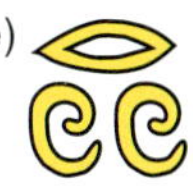

2 Schreibe die Brüche wie die Ägypter.

a) $\frac{1}{6}$ b) $\frac{1}{15}$ c) $\frac{1}{30}$ d) $\frac{1}{24}$ e) $\frac{1}{110}$

3 Mithilfe des Zeichens  konnten die Ägypter nur Brüche mit dem Zähler 1 schreiben. Brüche mit anderen Zahlen drückten sie als Summe aus.
Dabei benutzten sie niemals Zerlegungen wie $\frac{2}{5} = \frac{1}{5} + \frac{1}{5}$, sondern wählten bei den einzelnen Summanden immer verschiedene Nenner.

$\frac{2}{5}$ schrieben sie so: 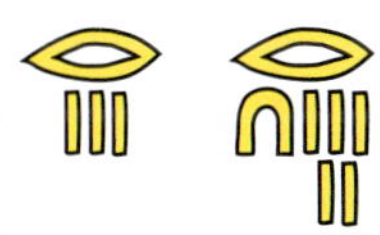

das bedeutet: $\frac{1}{3} + \frac{1}{15}$

$= \frac{5}{15} + \frac{1}{15} = \frac{6}{15} = \frac{2}{5}$

Welche Brüche sind hier dargestellt?

a)  b) 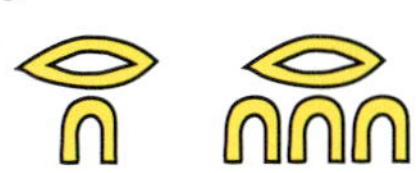 c) 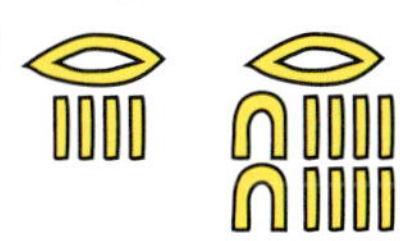

4 Kannst du auch diese Hyroglyphen entziffern?

a) 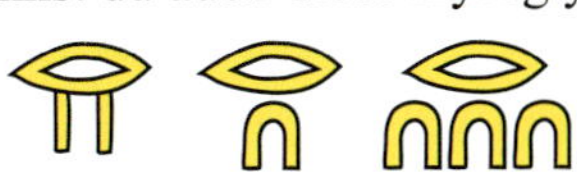 b) 

Auf dem Klassenfest

1 a) Janina und Vanessa besorgen Getränke für ein Klassenfest. Sie kaufen 15 Flaschen Cola und 8 Flaschen Apfelsaft. Wie viel Liter Cola (Apfelsaft) sind das?

b) Beim Klassenfest werden die Getränke in Gläser gefüllt. Ein Glas fasst $\frac{1}{5}$ *l*. Wie viele Gläser kann Janina aus einer Colaflasche füllen? Wie viele Gläser aus allen 15 Flaschen?

c) Daniel holt für seine Tischgruppe vier Gläser Apfelsaft. Reicht eine Flasche aus, um alle vier Gläser zu füllen?

d) Am Ende des Festes sind drei Colaflaschen noch zu einem Viertel voll. Wie viele Liter Cola sind in allen drei Flaschen zusammen?

e) Eine Apfelsaftflasche ist noch zu drei Vierteln voll. „Das ist mehr als ein halber Liter", sagt Vanessa. Hat sie Recht?

1

Marion und Günay kaufen für ein Klassenfest ein. Sie wollen das günstigste Angebot wählen. Wie wird Günay wohl rechnen?

2 Bestimme die Platzhalter.

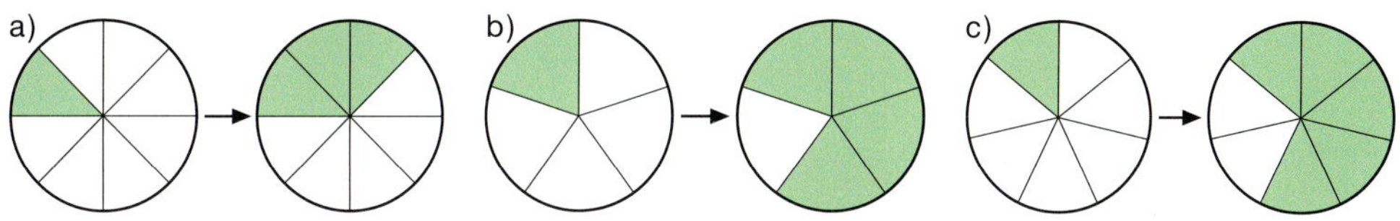

a) $\frac{1}{8} \cdot 3 = \frac{\square}{8}$ b) $\frac{1}{5} \cdot 4 = \frac{\square}{\square}$ c) $\frac{1}{7} \cdot \square = \frac{\square}{\square}$

3 Gib jeweils die entsprechende Multiplikationsaufgabe an.

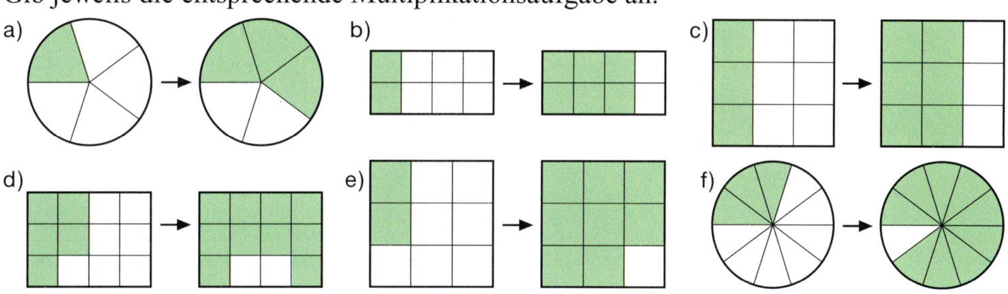

4 Berechne.

a) $3 \cdot \frac{1}{7}$ b) $5 \cdot \frac{2}{11}$ c) $5 \cdot \frac{1}{7}$ d) $\frac{2}{13} \cdot 6$ e) $\frac{2}{17} \cdot 3$ f) $\frac{4}{19} \cdot 4$

> Ein Bruch wird mit einer natürlichen Zahl multipliziert, indem man den Zähler des Bruches mit der natürlichen Zahl multipliziert und den Nenner unverändert lässt.
>
> $\frac{2}{5} \cdot 3 = \frac{2 \cdot 3}{5} = \frac{6}{5}$

5 Berechne.

a) $3 \cdot \frac{1}{4}$	b) $7 \cdot \frac{1}{10}$	c) $2 \cdot \frac{2}{5}$	d) $\frac{2}{13} \cdot 4$	e) $\frac{3}{17} \cdot 5$	f) $\frac{6}{19} \cdot 3$
$4 \cdot \frac{1}{7}$	$3 \cdot \frac{1}{8}$	$3 \cdot \frac{1}{7}$	$\frac{3}{10} \cdot 3$	$\frac{5}{21} \cdot 4$	$\frac{6}{27} \cdot 4$

6 Bestimme die Platzhalter.

a) $\frac{2}{11} \cdot \square = \frac{10}{11}$ b) $\frac{2}{15} \cdot \square = \frac{14}{15}$ c) $\frac{2}{\square} \cdot \square = \frac{8}{9}$ d) $\frac{\square}{\square} \cdot 3 = \frac{6}{7}$ e) $\frac{2}{13} \cdot \square = \frac{10}{\square}$

1 a) 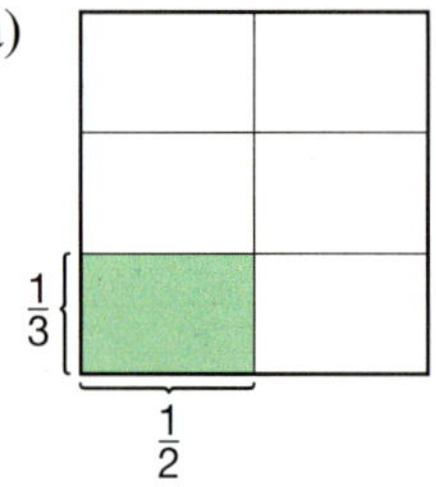

Die Länge des grünen Rechtecks ist die Hälfte der Quadratseite. Die Breite des grünen Rechtecks ist ein Drittel der Quadratseite. Welcher Bruchteil der Quadratfläche ist grün?

b) 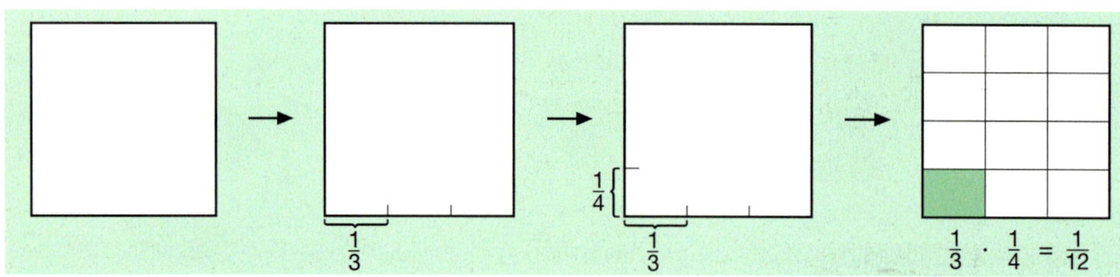

Bestimme jeweils die Platzhalter.

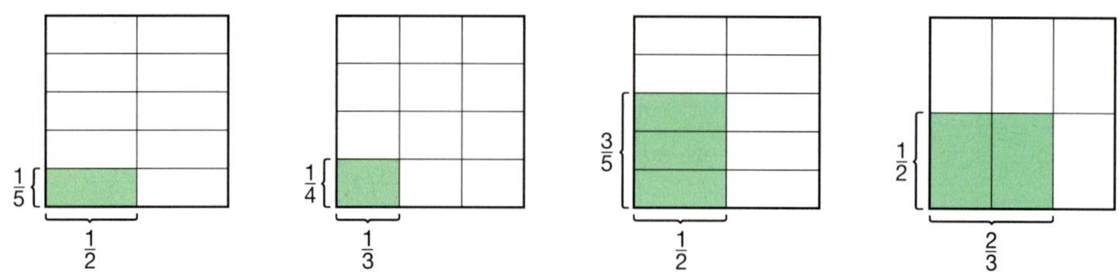

$\frac{1}{2} \cdot \frac{1}{5} = \frac{\square}{\square}$ $\qquad \frac{1}{3} \cdot \frac{1}{4} = \frac{\square}{\square}$ $\qquad \frac{1}{2} \cdot \frac{3}{5} = \frac{\square}{\square}$ $\qquad \frac{2}{3} \cdot \frac{1}{2} = \frac{\square}{\square}$

c) Gib jeweils die entsprechende Multiplikationsaufgabe an.

d) Zeichne zu jeder Multiplikationsaufgabe ein Quadrat mit der Seitenlänge 4 cm und teile es richtig ein.

$\frac{1}{2} \cdot \frac{1}{4}$ $\qquad \frac{1}{4} \cdot \frac{3}{4}$ $\qquad \frac{1}{2} \cdot \frac{7}{8}$ $\qquad \frac{5}{8} \cdot \frac{3}{4}$

> Zwei Brüche werden multipliziert, indem man Zähler mit Zähler und Nenner mit Nenner multipliziert. $\frac{2}{3} \cdot \frac{4}{5} = \frac{2 \cdot 4}{3 \cdot 5} = \frac{8}{15}$

2 Multipliziere.

a) $\frac{4}{5} \cdot \frac{3}{7}$	b) $\frac{3}{4} \cdot \frac{3}{5}$	c) $\frac{4}{5} \cdot \frac{3}{20}$	d) $\frac{3}{5} \cdot \frac{6}{7}$	e) $\frac{6}{7} \cdot \frac{4}{13}$	f) $\frac{7}{11} \cdot \frac{9}{4}$
$\frac{1}{2} \cdot \frac{5}{9}$	$\frac{2}{7} \cdot \frac{5}{11}$	$\frac{3}{8} \cdot \frac{5}{16}$	$\frac{5}{8} \cdot \frac{3}{7}$	$\frac{11}{13} \cdot \frac{3}{4}$	$\frac{14}{15} \cdot \frac{4}{3}$

3 Multipliziere die Brüche und kürze. Dabei gibt es zwei Möglichkeiten.

$\frac{6}{7} \cdot \frac{3}{4} = \frac{18}{28} = \frac{9}{14}$

oder

$\frac{6}{7} \cdot \frac{3}{4} = \frac{{}^{3}\cancel{6} \cdot 3}{7 \cdot \cancel{4}_{2}} = \frac{9}{14}$

a)	b)	c)	d)
$\frac{3}{4} \cdot \frac{2}{5}$	$\frac{7}{8} \cdot \frac{4}{3}$	$\frac{4}{7} \cdot \frac{3}{4}$	$\frac{3}{4} \cdot \frac{2}{9}$
$\frac{2}{3} \cdot \frac{5}{4}$	$\frac{5}{2} \cdot \frac{3}{10}$	$\frac{5}{3} \cdot \frac{7}{10}$	$\frac{7}{6} \cdot \frac{4}{3}$
$\frac{2}{11} \cdot \frac{3}{4}$	$\frac{4}{7} \cdot \frac{7}{3}$	$\frac{1}{8} \cdot \frac{4}{11}$	$\frac{11}{10} \cdot \frac{9}{22}$

4 Berechne. Beachte beim Kürzen die Teilbarkeitsregeln.

a)	b)	c)	d)	e)	f)
$\frac{1}{9} \cdot \frac{3}{8}$	$\frac{3}{7} \cdot \frac{5}{6}$	$\frac{4}{9} \cdot \frac{3}{7}$	$\frac{3}{2} \cdot \frac{13}{18}$	$\frac{6}{5} \cdot \frac{8}{15}$	$\frac{9}{50} \cdot \frac{5}{6}$
$\frac{3}{11} \cdot \frac{2}{3}$	$\frac{8}{9} \cdot \frac{3}{5}$	$\frac{5}{6} \cdot \frac{9}{8}$	$\frac{3}{4} \cdot \frac{11}{12}$	$\frac{9}{8} \cdot \frac{7}{12}$	$\frac{5}{3} \cdot \frac{12}{25}$

$\frac{7}{15} \cdot \frac{9}{14} = \frac{{}^{1}\cancel{7} \cdot \cancel{9}^{3}}{{}_{5}\cancel{15} \cdot \cancel{14}_{2}} = \frac{3}{10}$

5 Multipliziere, kürze zuerst.

a)	b)	c)	d)	e)	f)
$\frac{8}{15} \cdot \frac{25}{16}$	$\frac{9}{28} \cdot \frac{7}{12}$	$\frac{7}{15} \cdot \frac{6}{35}$	$\frac{14}{23} \cdot \frac{46}{42}$	$\frac{12}{17} \cdot \frac{34}{21}$	$\frac{11}{20} \cdot \frac{4}{33}$
$\frac{5}{7} \cdot \frac{21}{20}$	$\frac{22}{25} \cdot \frac{5}{33}$	$\frac{13}{25} \cdot \frac{15}{39}$	$\frac{17}{60} \cdot \frac{15}{68}$	$\frac{25}{48} \cdot \frac{16}{75}$	$\frac{24}{25} \cdot \frac{15}{16}$
$\frac{5}{11} \cdot \frac{22}{35}$	$\frac{7}{18} \cdot \frac{9}{49}$	$\frac{21}{19} \cdot \frac{38}{49}$	$\frac{81}{52} \cdot \frac{26}{27}$	$\frac{35}{81} \cdot \frac{45}{49}$	$\frac{27}{28} \cdot \frac{7}{36}$

6 Übertrage die Multiplikationstürme in dein Heft und vervollständige sie.

Turm 1: Spitze $\frac{1}{25}$; unterste Reihe: $\frac{3}{4}$, $\frac{2}{3}$, $\frac{3}{5}$, $\frac{5}{6}$

Turm 2: Spitze $\frac{1}{80}$; unterste Reihe: $\frac{9}{10}$, $\frac{4}{9}$, $\frac{9}{16}$, $\frac{8}{9}$

Turm 3: Spitze 1; unterste Reihe: 4, $\frac{2}{3}$, $\frac{3}{4}$, 2

7 Kürze vor dem Ausrechnen.

a)	b)	c)	d)
$\frac{4}{5} \cdot \frac{2}{3} \cdot \frac{5}{2}$	$\frac{9}{8} \cdot \frac{5}{6} \cdot \frac{2}{3}$	$\frac{16}{11} \cdot \frac{5}{12} \cdot \frac{3}{4}$	$\frac{16}{27} \cdot \frac{12}{25} \cdot \frac{15}{32}$
$\frac{9}{7} \cdot \frac{4}{3} \cdot \frac{5}{4}$	$\frac{6}{7} \cdot \frac{2}{9} \cdot \frac{7}{4}$	$\frac{4}{15} \cdot \frac{5}{14} \cdot \frac{7}{2}$	$\frac{49}{30} \cdot \frac{25}{21} \cdot \frac{18}{35}$

L $\frac{1}{3}$, $\frac{5}{8}$, $\frac{5}{11}$, $\frac{1}{3}$, $\frac{2}{15}$, $\frac{4}{3}$, $\frac{15}{7}$, 1

8 Wandle die gemischte Zahl zuerst in einen Bruch um. Multipliziere dann.

$2\frac{1}{3} \cdot \frac{1}{4} = \frac{7}{3} \cdot \frac{1}{4} = \frac{7}{12}$

a)	b)	c)	d)	e)
$1\frac{1}{5} \cdot \frac{1}{7}$	$4\frac{1}{2} \cdot \frac{1}{11}$	$2\frac{2}{3} \cdot \frac{3}{4}$	$1\frac{3}{4} \cdot \frac{3}{7}$	$3\frac{1}{7} \cdot \frac{7}{11}$
$2\frac{3}{16} \cdot \frac{4}{7}$	$\frac{19}{21} \cdot 1\frac{4}{38}$	$1\frac{8}{69} \cdot \frac{23}{77}$	$2\frac{4}{7} \cdot \frac{14}{15}$	$3\frac{3}{4} \cdot \frac{2}{5}$
$1\frac{13}{27} \cdot \frac{3}{5}$	$\frac{16}{17} \cdot 1\frac{2}{32}$	$2\frac{8}{58} \cdot \frac{29}{31}$	$\frac{12}{42} \cdot 4\frac{2}{3}$	$\frac{18}{19} \cdot 8\frac{4}{9}$
$6\frac{6}{7} \cdot \frac{21}{24}$	$\frac{3}{7} \cdot 9\frac{4}{5}$	$18\frac{2}{3} \cdot \frac{5}{14}$	$7\frac{3}{5} \cdot \frac{10}{19}$	$3\frac{5}{9} \cdot \frac{3}{16}$

1 Markus, Anne und Rabea teilen sich eine halbe Pizza. Welchen Bruchteil der Pizza erhält jeder?

2 Bestimme jeweils die Platzhalter.

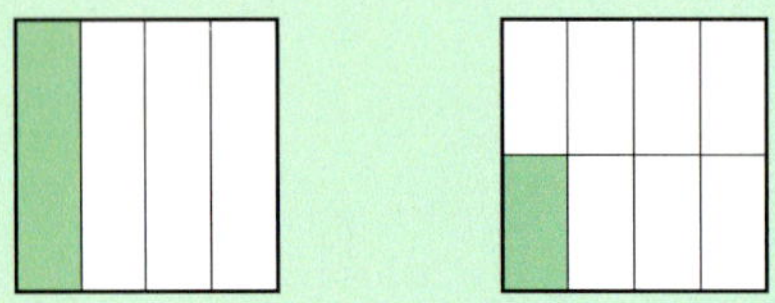

$\frac{1}{4} : 2 = \frac{1}{8}$

a) 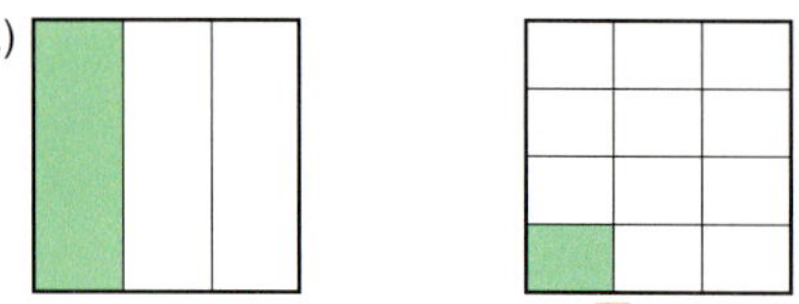

$\frac{1}{3} : 4 = \frac{\square}{\square}$

b) 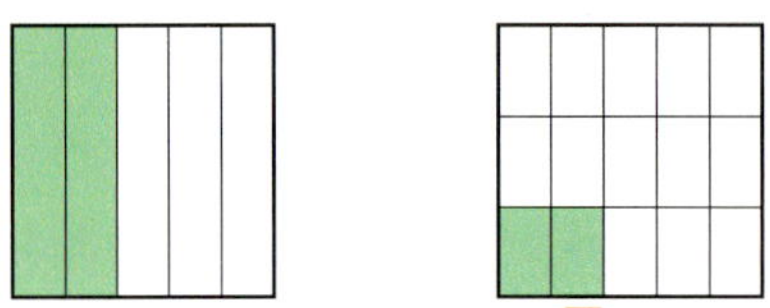

$\frac{2}{5} : 3 = \frac{\square}{\square}$

c) 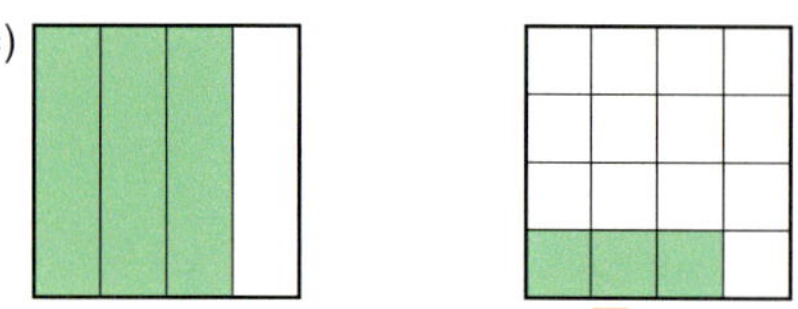

$\frac{3}{4} : \square = \frac{\square}{\square}$

3 Gib jeweils die entsprechende Divisionsaufgabe an.

a) 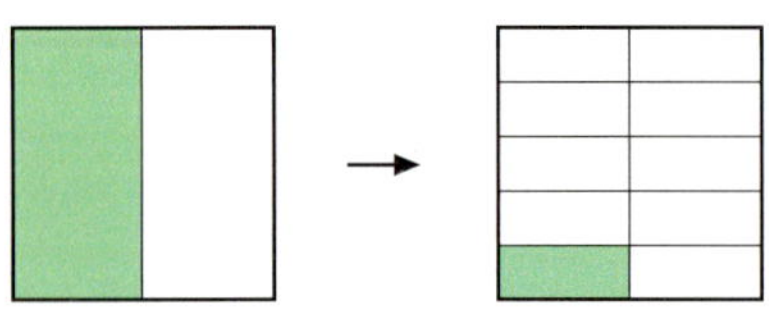

b) 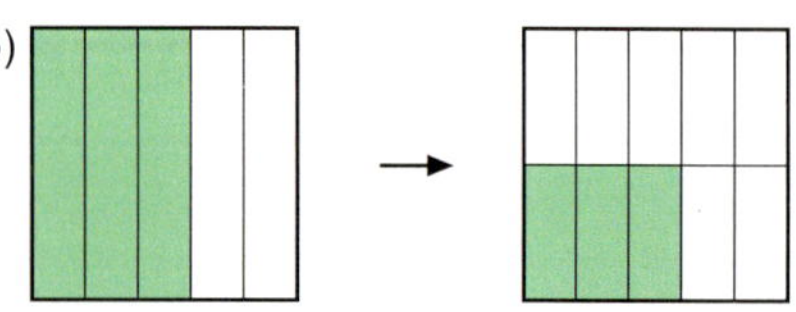

c) 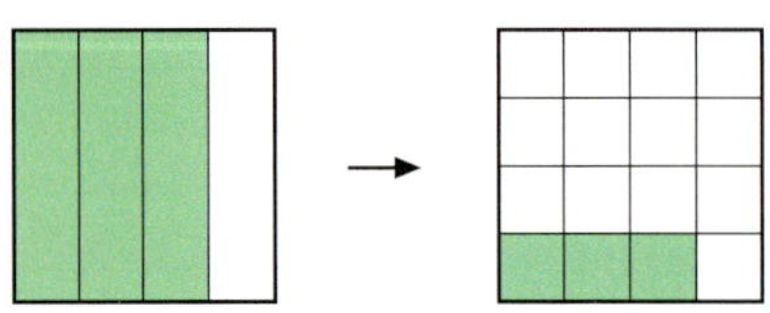

d) 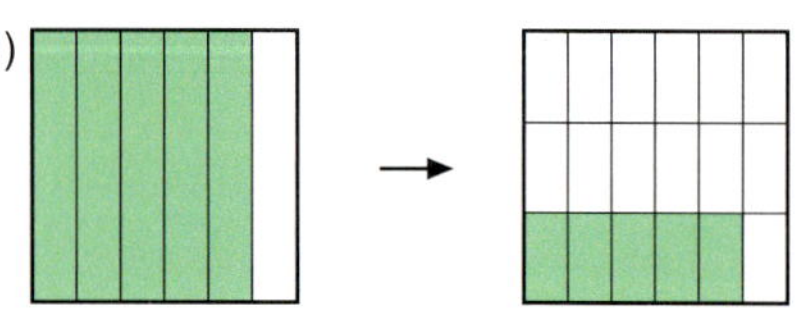

Ein Bruch wird durch eine natürliche Zahl dividiert, indem man den Nenner des Bruches mit der natürlichen Zahl multipliziert und den Zähler unverändert lässt.

$\frac{2}{3} : 5 = \frac{2}{3 \cdot 5} = \frac{2}{15}$

$\frac{12}{13} : 4$
$= \frac{\cancel{12}^{3}}{13 \cdot \cancel{4}_{1}}$
$= \frac{3}{13}$

4 Berechne. Kürze, wenn möglich.

a)	b)	c)	d)	e)	f)
$\frac{3}{4} : 2$	$\frac{4}{5} : 5$	$\frac{3}{4} : 9$	$\frac{10}{11} : 5$	$\frac{14}{15} : 7$	$\frac{10}{11} : 15$
$\frac{2}{5} : 3$	$\frac{1}{3} : 2$	$\frac{3}{10} : 6$	$\frac{15}{16} : 3$	$\frac{27}{32} : 9$	$\frac{16}{9} : 12$
$\frac{2}{3} : 3$	$\frac{6}{7} : 4$	$\frac{4}{7} : 8$	$\frac{12}{17} : 4$	$\frac{9}{10} : 6$	$\frac{15}{17} : 10$

1 a) Orangensaft wird aus einer Flasche in Gläser gegossen. Jedes Glas fasst $\frac{1}{5}$ *l*. Wie viele Gläser werden gefüllt?
b) Wie viele Gläser könntest du aus einer 2-*l*-Flasche füllen?

2 Bestimme die Platzhalter und vergleiche. Bei der Divisionsaufgabe hilft dir die Zeichnung.

a)
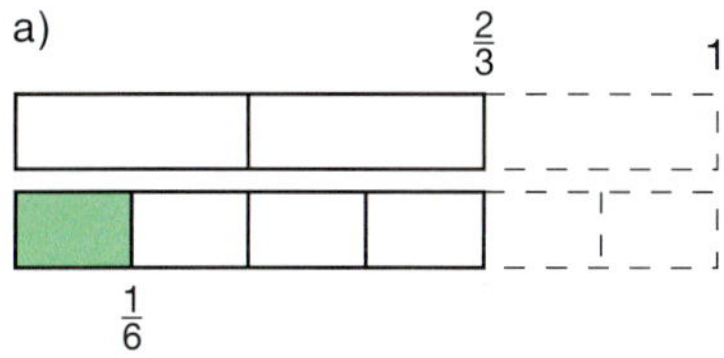

$\frac{2}{3} : \frac{1}{6} = \square$ $\frac{2}{3} \cdot \frac{6}{1} = \square$

b)
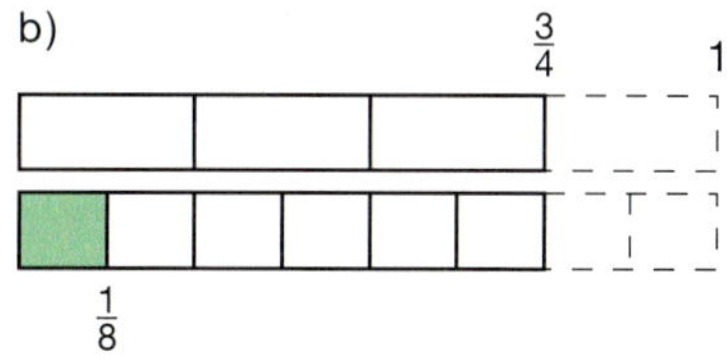

$\frac{3}{4} : \frac{1}{8} = \square$ $\frac{3}{4} \cdot \frac{8}{1} = \square$

c)
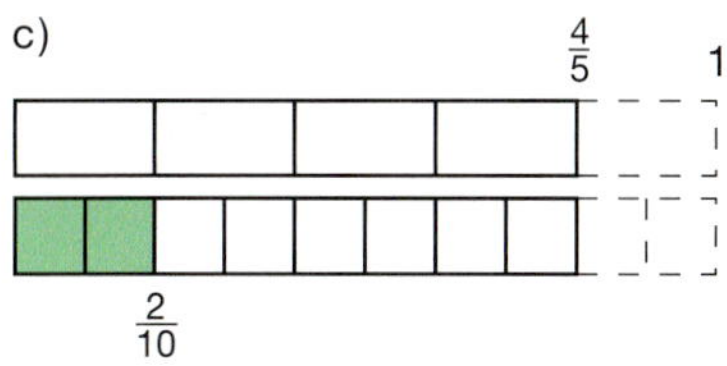

$\frac{4}{5} : \frac{2}{10} = \square$ $\frac{4}{5} \cdot \frac{10}{2} = \square$

d)
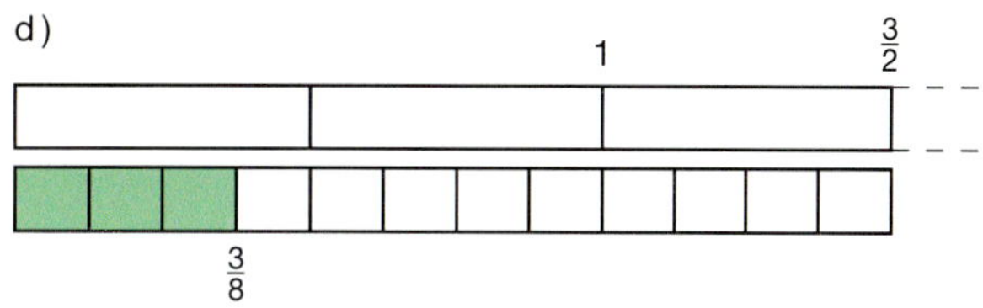

$\frac{3}{2} : \frac{3}{8} = \square$ $\frac{3}{2} \cdot \frac{8}{3} = \square$

e)
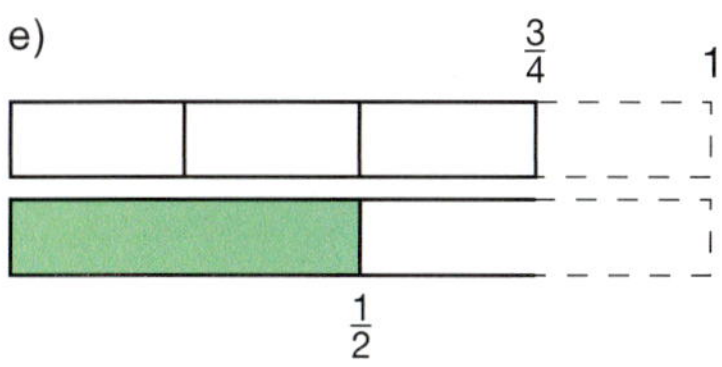

$\frac{3}{4} : \frac{1}{2} = 1\frac{1}{2} = \frac{\square}{2}$ $\frac{3}{4} \cdot \frac{2}{1} = \frac{\square}{\square}$

f)
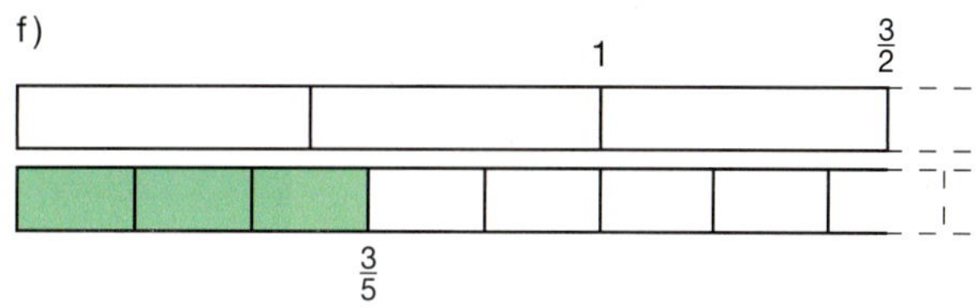

$\frac{3}{2} : \frac{3}{5} = 2\frac{1}{2} = \frac{\square}{2}$ $\frac{3}{2} \cdot \frac{5}{3} = \frac{\square}{\square}$

> Wir dividieren durch einen Bruch, indem wir mit seinem Kehrwert multiplizieren.
>
> $\frac{3}{5} : \frac{1}{2} = \frac{3}{5} \cdot \frac{2}{1} = \frac{6}{5}$ $\frac{2}{7} : \frac{3}{4} = \frac{2}{7} \cdot \frac{4}{3} = \frac{8}{21}$
>
> Der Kehrwert von $\frac{1}{2}$ ist $\frac{2}{1}$. Der Kehrwert von $\frac{3}{4}$ ist $\frac{4}{3}$.

3 Bestimme die Platzhalter.

a) $\frac{4}{7} : \frac{1}{3} = \frac{4}{7} \cdot \frac{\square}{\square} = \frac{\square}{\square}$ b) $\frac{3}{8} : \frac{2}{5} = \frac{3}{8} \cdot \frac{\square}{\square} = \frac{\square}{\square}$ c) $\frac{5}{11} : \frac{2}{3} = \frac{5}{11} \cdot \frac{\square}{\square} = \frac{\square}{\square}$

4 Berechne.

a)	b)	c)	d)	e)	f)
$\frac{3}{7} : \frac{1}{2}$	$\frac{3}{5} : \frac{2}{3}$	$\frac{5}{9} : \frac{2}{7}$	$\frac{7}{13} : \frac{2}{5}$	$9 : \frac{5}{7}$	$\frac{11}{13} : \frac{5}{3}$
$\frac{2}{11} : \frac{1}{4}$	$\frac{1}{7} : \frac{4}{11}$	$\frac{3}{5} : \frac{3}{8}$	$\frac{9}{11} : \frac{4}{5}$	$6 : \frac{7}{9}$	$\frac{7}{12} : \frac{5}{7}$
$\frac{2}{15} : \frac{1}{7}$	$\frac{3}{10} : \frac{4}{9}$	$\frac{4}{9} : \frac{5}{8}$	$\frac{2}{13} : \frac{4}{3}$	$7 : \frac{3}{4}$	$\frac{9}{16} : \frac{4}{9}$

5 Dividiere. Kürze, wenn möglich.

a)	b)	c)	d)	e)	f)
$25 : \frac{5}{4}$	$\frac{3}{8} : \frac{1}{2}$	$\frac{7}{2} : \frac{3}{8}$	$\frac{3}{8} : \frac{5}{16}$	$\frac{3}{8} : \frac{3}{4}$	$\frac{5}{9} : \frac{10}{3}$
$32 : \frac{8}{9}$	$\frac{6}{7} : \frac{1}{3}$	$\frac{11}{3} : \frac{5}{6}$	$\frac{2}{7} : \frac{3}{14}$	$\frac{5}{4} : \frac{15}{2}$	$\frac{4}{21} : \frac{2}{7}$
$12 : \frac{4}{5}$	$\frac{4}{9} : \frac{1}{6}$	$\frac{2}{9} : \frac{5}{12}$	$\frac{5}{6} : \frac{3}{4}$	$\frac{6}{7} : \frac{3}{14}$	$\frac{2}{9} : \frac{4}{15}$
$36 : \frac{4}{7}$	$\frac{3}{5} : \frac{1}{10}$	$\frac{3}{5} : \frac{7}{10}$	$\frac{5}{7} : \frac{5}{3}$	$\frac{8}{9} : \frac{2}{3}$	$\frac{5}{6} : \frac{10}{3}$

$\frac{5}{6} : \frac{10}{9}$
$= \frac{5}{6} \cdot \frac{9}{10}$
$= \frac{{}^1\cancel{5} \cdot \cancel{9}^3}{{}_2\cancel{6} \cdot \cancel{10}_2}$
$= \frac{3}{4}$

6 Kürze vor dem Ausrechnen.

a)	b)	c)	d)	e)	f)
$\frac{4}{9} : \frac{2}{3}$	$\frac{11}{13} : \frac{33}{7}$	$\frac{7}{12} : \frac{11}{6}$	$\frac{7}{6} : \frac{14}{3}$	$\frac{27}{4} : \frac{18}{5}$	$\frac{7}{15} : \frac{28}{45}$
$\frac{3}{4} : \frac{9}{16}$	$\frac{28}{5} : \frac{7}{6}$	$\frac{7}{22} : \frac{8}{11}$	$\frac{5}{7} : \frac{40}{49}$	$\frac{10}{9} : \frac{5}{18}$	$\frac{6}{11} : \frac{21}{44}$
$\frac{5}{9} : \frac{5}{18}$	$\frac{8}{15} : \frac{9}{25}$	$\frac{7}{30} : \frac{5}{18}$	$\frac{4}{9} : \frac{20}{27}$	$\frac{5}{9} : \frac{35}{36}$	$\frac{18}{13} : \frac{12}{39}$
$\frac{7}{9} : \frac{14}{3}$	$\frac{7}{26} : \frac{5}{13}$	$\frac{8}{9} : \frac{12}{5}$	$\frac{7}{12} : \frac{21}{16}$	$\frac{6}{55} : \frac{9}{22}$	$\frac{10}{19} : \frac{25}{38}$

L $\frac{9}{2}$; $\frac{2}{3}$; $\frac{4}{3}$; $\frac{1}{4}$; $\frac{3}{4}$; $\frac{3}{5}$; $\frac{4}{5}$; $\frac{24}{5}$; $\frac{1}{6}$; $\frac{4}{7}$; $\frac{8}{7}$; $\frac{7}{8}$; $\frac{15}{8}$; $\frac{4}{9}$; $\frac{7}{10}$; $\frac{4}{15}$; $\frac{7}{16}$; $\frac{7}{22}$; $\frac{21}{25}$; $\frac{10}{27}$; $\frac{40}{27}$; $\frac{7}{39}$; 2; 4

7 In einem Teegeschäft werden 5 kg Tee in gleich viele $\frac{1}{4}$-kg-Tüten ($\frac{1}{8}$-kg-Tüten) verpackt.
Wie viele Tüten sind es jeweils?

8 Bestimme die Platzhalter.

a) $\frac{\square}{\square} : \frac{1}{2} = \frac{4}{9}$ b) $\frac{3}{5} : \frac{\square}{\square} = \frac{6}{5}$ c) $\frac{\square}{\square} : \frac{2}{3} = \frac{9}{10}$ d) $\frac{4}{9} : \frac{\square}{\square} = \frac{8}{27}$

9

$\frac{\frac{2}{3}}{\frac{5}{7}}$ ist ein Doppelbruch.

Einen Doppelbruch kannst du als Division schreiben und dann berechnen.

$\frac{\frac{2}{3}}{\frac{5}{7}} = \frac{2}{3} : \frac{5}{7} = \frac{2}{3} \cdot \frac{7}{5} = \frac{14}{15}$

a)	b)	c)	d)
$\frac{\frac{3}{4}}{\frac{2}{5}}$	$\frac{\frac{2}{7}}{\frac{4}{5}}$	$\frac{\frac{9}{20}}{\frac{3}{5}}$	$\frac{\frac{17}{81}}{\frac{34}{9}}$
$\frac{\frac{6}{7}}{\frac{5}{2}}$	$\frac{\frac{4}{9}}{\frac{8}{9}}$	$\frac{\frac{7}{12}}{\frac{14}{3}}$	$\frac{\frac{13}{15}}{\frac{26}{5}}$
$\frac{\frac{8}{3}}{\frac{3}{4}}$	$\frac{\frac{4}{7}}{\frac{2}{21}}$	$\frac{\frac{8}{15}}{\frac{4}{5}}$	$\frac{\frac{5}{46}}{\frac{10}{23}}$

Brüder und Schwestern

Carsten sagt: „Ich habe genau so viele Brüder wie Schwestern!“ Carstens Schwester Heike dagegen behauptet: „Ich habe doppelt so viele Brüder wie Schwestern!“ Hat da nicht einer von beiden gelogen?

1 Bei einer Umfrage wurden 2500 Jugendliche im Alter von 6 bis 17 Jahren auch gefragt, wie viel Geld sie im Monat zur Verfügung haben. Die Ergebnisse sind in der Tabelle zusammengefasst.

Verfügbare Geldmenge	1–19 €	20–29 €	30–49 €	50–74 €	75 € und mehr	kein Geld
Anteil der Befragten	$\frac{12}{25}$	$\frac{1}{5}$	$\frac{3}{25}$	$\frac{1}{10}$	$\frac{2}{25}$	$\frac{1}{50}$

Lilly und Alexander berechnen die Anzahl der Befragten, die nur 1 bis 19 € zur Verfügung haben.

a) Vergleiche ihre Rechenwege. Was fällt dir auf?

b) Berechne auch zu den anderen angegebenen Geldbeträgen die zugehörigen Anzahlen.

Lillys Rechenweg:

$2500 \xrightarrow{:25} 100 \xrightarrow{\cdot 12} 1200$

Alexanders Rechenweg:

$\frac{12}{25} \cdot 2500 = \frac{12 \cdot \overset{100}{\cancel{2500}}}{\underset{1}{\cancel{25}}} = 1200$

$\frac{12}{25}$ von 2500 sind 1200.

2 Berechne, indem du mit dem Bruch multiplizierst.

a) $\frac{4}{5}$ von 90 cm; $\frac{7}{8}$ von 400 m

b) $\frac{2}{3}$ von 120 kg; $\frac{3}{16}$ von 320 t

c) $\frac{3}{5}$ von 1500 €; $\frac{7}{12}$ von 960 €

d) $\frac{5}{9}$ von 54 min; $\frac{8}{15}$ von 90 min

3 a) Vergleiche die Rechenwege. Was fällt dir auf?

b) Schreibe als Multiplikationsaufgabe und berechne.

$\frac{1}{3}$ von $\frac{5}{8}$ | $\frac{1}{8}$ von $\frac{3}{5}$ | $\frac{3}{4}$ von $\frac{1}{7}$

$\frac{2}{3}$ von $\frac{3}{9}$ | $\frac{3}{4}$ von $\frac{5}{11}$ | $\frac{3}{8}$ von $\frac{5}{7}$

$\frac{1}{5}$ von $\frac{3}{4}$ | $\frac{2}{9}$ von $\frac{3}{5}$ | $\frac{4}{7}$ von $\frac{3}{8}$

$\frac{1}{4}$ von 5 | $\frac{4}{15}$ von 20 | $\frac{5}{12}$ von 30

$\frac{2}{3}$ von $\frac{4}{5}$ sind ▢

1. Rechenweg:

$\frac{4}{5} \xrightarrow{:3} \frac{4}{5 \cdot 3} \xrightarrow{\cdot 2} \frac{4 \cdot 2}{5 \cdot 3} = \frac{8}{15}$

2. Rechenweg:

$\frac{4}{5} \cdot \frac{2}{3} = \frac{4 \cdot 2}{5 \cdot 3} = \frac{8}{15}$

$\frac{2}{3}$ von $\frac{4}{5}$ sind $\frac{8}{15}$

4 Aus einem Rezept für einen gedeckten Apfelkuchen: „Man nehme $\frac{3}{4}$ kg Mürbeteig. Davon lege man ein Drittel für die Decke zurück. Von dem Rest rolle man zwei Drittel als Kuchenboden aus und forme aus einem Drittel den Kuchenrand." Wie viel Kilogramm wiegt die Decke (der Boden, der Rand) des Apfelkuchens?

Das Ganze bestimmen

5 Berechne das Ganze, indem du durch den Bruch dividierst.

$\frac{5}{8}$ der Strecke sind 25 km

$25 : \frac{5}{8} = 25 \cdot \frac{8}{5} = \frac{\overset{5}{\cancel{25}} \cdot 8}{\underset{1}{\cancel{5}}}$

Die Strecke ist 40 km lang.

a) $\frac{6}{7}$ der Strecke sind 12 km

$\frac{9}{10}$ der Strecke sind 18 km

$\frac{7}{8}$ der Strecke sind 28 km

b) $\frac{6}{11}$ des Geldes sind 24 €

$\frac{15}{16}$ des Geldes sind 60 €

$\frac{17}{30}$ des Geldes sind 51 €

1 Multipliziere. Kürze vor dem Ausrechnen, falls möglich.

a) $3 \cdot \frac{4}{13}$ b) $40 \cdot \frac{3}{5}$ c) $\frac{3}{25} \cdot \frac{5}{7}$ d) $\frac{5}{12} \cdot \frac{7}{10}$ e) $\frac{8}{9} \cdot \frac{3}{4}$ f) $\frac{8}{15} \cdot \frac{9}{16}$

$\frac{7}{9} \cdot 4$ $\frac{3}{8} \cdot 12$ $\frac{5}{6} \cdot \frac{4}{7}$ $\frac{8}{15} \cdot \frac{10}{13}$ $\frac{7}{8} \cdot \frac{4}{7}$ $\frac{16}{25} \cdot \frac{5}{12}$

L $24;\ 4\frac{1}{2};\ \frac{10}{21};\ \frac{3}{35};\ 3\frac{1}{9};\ \frac{12}{13};\ \frac{16}{39};\ \frac{7}{24};\ \frac{4}{15};\ \frac{3}{10};\ \frac{1}{2};\ \frac{2}{3}$

2 Schreibe die gemischten Zahlen zuerst als Bruch und multipliziere dann.

a) $2\frac{1}{2} \cdot \frac{3}{5}$ b) $6\frac{2}{3} \cdot \frac{4}{5}$ c) $\frac{2}{3} \cdot 3\frac{3}{4}$ d) $\frac{5}{7} \cdot 6\frac{1}{8}$ e) $4\frac{1}{2} \cdot 2\frac{2}{3}$ f) $2\frac{1}{3} \cdot 2\frac{4}{7}$

$1\frac{1}{3} \cdot \frac{1}{2}$ $4\frac{2}{5} \cdot \frac{5}{6}$ $\frac{4}{5} \cdot 3\frac{1}{3}$ $\frac{6}{11} \cdot 2\frac{4}{9}$ $2\frac{2}{5} \cdot 5\frac{5}{6}$ $3\frac{3}{4} \cdot 1\frac{3}{5}$

L $5\frac{1}{3};\ 1\frac{1}{2};\ 3\frac{2}{3};\ \frac{2}{3};\ 2\frac{1}{2};\ 2\frac{2}{3};\ 1\frac{1}{3};\ 4\frac{3}{8};\ 14;\ 6;\ 6;\ 12$

3 Schreibe als Multiplikationsaufgabe und berechne.

a) $\frac{2}{3}$ von 21 b) $\frac{5}{21}$ von 28 c) $\frac{5}{12}$ von $\frac{9}{10}$ d) $\frac{6}{7}$ von $4\frac{2}{3}$ e) $\frac{4}{5}$ von $3\frac{3}{4}$

$\frac{3}{7}$ von 56 $\frac{8}{45}$ von 60 $\frac{8}{15}$ von $\frac{9}{16}$ $\frac{8}{9}$ von $6\frac{3}{4}$ $\frac{5}{9}$ von $3\frac{3}{5}$

L $24;\ 10\frac{2}{3};\ \frac{3}{10};\ 6;\ 2;\ 14;\ 6\frac{2}{3};\ \frac{3}{8};\ 4;\ 3$

4 Dividiere.

a) $\frac{8}{15} : 4$ b) $\frac{20}{21} : 10$ c) $8 : \frac{5}{6}$ d) $\frac{5}{8} : \frac{5}{9}$ e) $\frac{5}{7} : \frac{11}{14}$ f) $\frac{5}{8} : \frac{3}{14}$

$\frac{12}{17} : 6$ $4 : \frac{1}{3}$ $\frac{13}{14} : 3$ $\frac{7}{9} : \frac{7}{4}$ $\frac{7}{12} : \frac{7}{5}$ $\frac{3}{7} : \frac{13}{21}$

L $\frac{2}{15};\ \frac{2}{21};\ 9\frac{3}{5};\ 1\frac{1}{8};\ \frac{10}{11};\ \frac{2}{17};\ 12;\ \frac{13}{42};\ \frac{4}{9};\ \frac{5}{12};\ \frac{9}{13};\ 2\frac{11}{12}$

5 Schreibe die gemischten Zahlen als Bruch und dividiere dann.

a) $\frac{5}{8} : 2\frac{1}{2}$ b) $\frac{11}{12} : 8\frac{1}{4}$ c) $6 : 2\frac{1}{4}$ d) $3\frac{1}{3} : 4$ e) $2\frac{3}{5} : 2\frac{1}{6}$ f) $6\frac{6}{7} : 5\frac{1}{3}$

$\frac{5}{6} : 6\frac{3}{7}$ $\frac{1}{2} : 4\frac{2}{3}$ $5 : 6\frac{2}{3}$ $2\frac{2}{7} : 6$ $4\frac{1}{2} : 3\frac{3}{8}$ $5\frac{4}{7} : 2\frac{3}{5}$

L $\frac{1}{4};\ \frac{1}{9};\ 2\frac{2}{3};\ \frac{5}{6};\ \frac{7}{54};\ \frac{3}{28};\ \frac{3}{4};\ \frac{8}{21};\ 2\frac{1}{7};\ 1\frac{1}{5};\ 1\frac{2}{7};\ 1\frac{1}{3}$

6 Ein Spiel für zwei!

Jeder Spieler würfelt zweimal nacheinander: der rote Würfel ergibt den Zähler eines Bruches, der blaue den Nenner.
Multipliziert die beiden Brüche miteinander. Einen Punkt erhält derjenige, der das größere Ergebnis hat.

7 Immer zwei Karten haben das gleiche Ergebnis.

$3\frac{1}{2} : 2$	$2\frac{1}{2} \cdot 1\frac{1}{5}$	$2\frac{2}{7} \cdot 4\frac{1}{5}$	$3\frac{2}{11} \cdot 1\frac{8}{25}$	$1\frac{5}{8} \cdot \frac{2}{3}$
$3\frac{5}{7} : 3\frac{3}{7}$	$6 : 1\frac{3}{7}$	$1\frac{1}{4} \cdot 2\frac{2}{5}$	$\frac{7}{6} : \frac{2}{3}$	$9 : \frac{15}{16}$

8 Berechne im Kopf. Ersetze den Platzhalter durch eine natürliche Zahl.

a) $\frac{1}{3} : \square = \frac{1}{12}$ $\frac{4}{5} : \square = \frac{4}{15}$

b) $\frac{7}{8} : \square = \frac{7}{24}$ $\frac{6}{7} : \square = \frac{6}{35}$

c) $\frac{3}{4} : \square = \frac{3}{20}$ $\frac{3}{\square} : 3 = \frac{3}{15}$

d) $\frac{3}{\square} : 7 = \frac{3}{35}$ $\frac{7}{\square} : 5 = \frac{7}{45}$

9 Kürze erst, berechne dann.

a) $\frac{45}{72} \cdot \frac{24}{17} \cdot \frac{51}{225}$ $\frac{18}{57} \cdot \frac{7}{5} \cdot \frac{19}{126}$

b) $\frac{25}{28} \cdot \frac{16}{33} \cdot \frac{21}{100}$ $\frac{17}{19} \cdot \frac{75}{51} \cdot \frac{76}{50}$

c) $\frac{9}{14} \cdot \frac{36}{15} \cdot \frac{35}{48} \cdot \frac{7}{6}$ $\frac{25}{27} \cdot \frac{33}{16} \cdot \frac{64}{55} \cdot \frac{9}{4}$

L 5; 2; $1\frac{5}{16}$; $\frac{1}{5}$; $\frac{1}{11}$; $\frac{1}{15}$

10 Wandle um, kürze und berechne.

a) $4\frac{3}{8} \cdot 2\frac{2}{7} \cdot \frac{9}{100}$ $7\frac{2}{9} \cdot 8\frac{8}{15} \cdot \frac{27}{64}$

b) $\frac{16}{17} \cdot \frac{34}{23} \cdot 8\frac{5}{8}$ $\frac{27}{35} \cdot 8\frac{1}{13} \cdot 4\frac{6}{18}$

c) $3\frac{9}{17} \cdot 3\frac{6}{15} \cdot \frac{78}{169}$ $3\frac{6}{19} \cdot 1\frac{5}{27} \cdot 8\frac{1}{7}$

L $\frac{9}{10}$; $5\frac{7}{13}$; 12; 26; 27; 32

11 a) Eine Regentonne fasst 136 *l* Wasser. Wie viele Eimer mit einem Fassungsvermögen von $8\frac{1}{2}$ *l* lassen sich füllen?
b) Die Tonne ist nur zu drei Viertel gefüllt. Wie viel volle Eimer enthält sie?

12 a) Wie viele Flaschen Kirschsaft von $\frac{3}{4}$ *l* können aus einem 120-*l*-Fass abgefüllt werden?
b) Beim Abfüllen gehen $3\frac{3}{4}$ *l* und beim Verladen noch einmal 11 Flaschen verloren. Welcher Bruchteil des Saftes wird insgesamt verschüttet?

Drei Kisten wiegen zusammen 42 kg.
Die zweite Kiste ist doppelt so schwer wie die erste.
Die dritte ist doppelt so schwer wie die zweite.
Wie schwer ist jede Kiste?

13

$$\left(\tfrac{2}{3}+\tfrac{3}{4}\right)\cdot\tfrac{1}{6} = \left(\tfrac{8}{12}+\tfrac{9}{12}\right)\cdot\tfrac{1}{6} = \tfrac{17\cdot 1}{12\cdot 6} = \tfrac{17}{72}$$

a) $\frac{3}{5}\cdot\left(\frac{2}{3}+\frac{5}{9}\right)$ $\quad$ $\frac{7}{8}\cdot\left(1\frac{1}{2}+\frac{1}{7}\right)$ $\quad$ $\left(1\frac{5}{9}-\frac{3}{4}\right)\cdot\frac{2}{7}$

b) $1\frac{2}{3}\cdot\left(4\frac{1}{2}-3\frac{1}{7}\right)$ $\quad$ $\left(\frac{3}{4}+\frac{2}{5}\right)\cdot\frac{2}{3}$ $\quad$ $\frac{1}{4}\cdot\left(\frac{3}{11}-\frac{1}{33}\right)$

c) $\left(\frac{2}{3}+\frac{1}{4}\right):\frac{4}{5}$ $\quad$ $\frac{1}{12}:\left(\frac{3}{8}-\frac{1}{12}\right)$ $\quad$ $\left(\frac{11}{12}-\frac{1}{4}\right):\frac{1}{3}$

L $\frac{2}{7}$; $\frac{2}{33}$; $\frac{11}{15}$; $\frac{29}{126}$; $\frac{23}{30}$; $1\frac{7}{48}$; $1\frac{7}{16}$; 2; $2\frac{11}{42}$

14 a) $\frac{2}{5}\cdot\frac{4}{5}+\frac{3}{5}$ $\quad$ b) $\frac{1}{3}+\frac{3}{8}\cdot\frac{4}{9}$ $\quad$ c) $\frac{3}{4}\cdot 6+5\frac{1}{2}$ $\quad$ d) $1\frac{1}{3}+\frac{5}{9}\cdot\frac{21}{10}$

e) $\frac{3}{8}+\frac{2}{3}-\frac{1}{8}$ $\quad$ f) $\frac{5}{18}-\frac{7}{15}\cdot\frac{5}{21}$ $\quad$ g) $\frac{1}{3}+\frac{7}{9}:\frac{14}{15}$ $\quad$ h) $2\frac{1}{2}-2\frac{1}{2}:3\frac{3}{4}$

15 Berechne.

a) $\frac{2}{3}\cdot\frac{1}{4}+\frac{1}{2}\cdot\frac{5}{6}$ $\quad$ $\frac{1}{8}\cdot\frac{4}{3}+\frac{5}{6}\cdot\frac{1}{4}$

b) $\frac{3}{4}\cdot\frac{3}{5}-\frac{3}{2}\cdot\frac{1}{10}$ $\quad$ $\frac{3}{2}\cdot\frac{4}{9}-\frac{2}{3}\cdot\frac{1}{6}$

c) $\frac{1}{2}:\frac{5}{3}+\frac{2}{5}:\frac{1}{3}$ $\quad$ $\frac{4}{5}:\frac{1}{3}-\frac{2}{3}:\frac{5}{8}$

d) $\frac{5}{2}\cdot\frac{1}{3}+\frac{2}{3}\cdot\frac{7}{5}$ $\quad$ $\frac{3}{4}:\frac{5}{3}-\frac{1}{5}:\frac{6}{7}$

L $\frac{3}{10}$; $\frac{13}{60}$; $\frac{3}{8}$; $\frac{5}{9}$; $\frac{7}{12}$; $\frac{4}{3}$; $\frac{3}{2}$; $\frac{53}{30}$

16 Berechne zuerst die Klammern und multipliziere dann.

a) $\left(\frac{1}{3}+\frac{1}{6}\right)\cdot\left(\frac{3}{5}+\frac{1}{10}\right)$ $\quad$ $\left(\frac{2}{3}-\frac{1}{6}\right)\cdot\left(\frac{1}{2}-\frac{4}{9}\right)$ $\quad$ $\left(\frac{5}{7}-\frac{1}{14}\right)\cdot\left(\frac{2}{9}+\frac{1}{6}\right)$

b) $\left(\frac{1}{2}+\frac{1}{4}\right)\cdot\left(\frac{1}{3}+\frac{1}{5}\right)$ $\quad$ $\left(\frac{2}{5}+\frac{1}{2}\right)\cdot\left(\frac{1}{2}+\frac{5}{6}\right)$ $\quad$ $\left(\frac{1}{4}+\frac{3}{8}\right)\cdot\left(\frac{2}{3}+\frac{2}{15}\right)$

c) $\left(\frac{3}{8}-\frac{1}{4}\right)\cdot\left(\frac{1}{3}-\frac{1}{7}\right)$ $\quad$ $\left(\frac{2}{7}+\frac{2}{21}\right)\cdot\left(\frac{3}{4}-\frac{5}{16}\right)$ $\quad$ $\left(\frac{7}{8}-\frac{1}{3}\right)\cdot\left(\frac{1}{2}-\frac{2}{13}\right)$

L $\frac{1}{36}$; $\frac{1}{42}$; $\frac{1}{6}$; $\frac{1}{4}$; $\frac{3}{16}$; $\frac{2}{5}$; $\frac{1}{2}$; $\frac{7}{20}$; $\frac{6}{5}$

17 Um den Drink „Sommerduft" zu mixen, benötigt man pro Person $\frac{1}{4}$ *l* Kirschsaft, $\frac{1}{2}$ *l* Pfirsichsaft und $\frac{1}{4}$ *l* Tonicwater sowie etwas Zucker. Zu ihrem Gartenfest erwartet Sandra 14 Personen. Wie viel Liter „Sommerduft" muss sie zubereiten?

18 a) $\left(6\frac{4}{11}\cdot 2\frac{1}{3}\right)+\left(5\frac{1}{4}:\frac{7}{24}\right)$ $\quad$ b) $\left(15\frac{1}{3}:\frac{1}{6}\right)+\left(3\frac{7}{9}\cdot 6\frac{6}{17}\right)$ $\quad$ c) $\left(9\frac{3}{10}-7\frac{7}{15}\right)\cdot\left(1\frac{1}{2}:\frac{1}{4}\right)$

d) $\left(6\frac{2}{5}+2\frac{3}{4}\right):\left(3\frac{1}{3}\cdot\frac{9}{10}\right)$ $\quad$ e) $\left(\frac{13}{18}+3\frac{1}{3}-1\frac{5}{9}\right)\cdot\frac{3}{5}$ $\quad$ f) $\left(9\frac{1}{2}-4\frac{5}{6}\right):\left(4\frac{4}{5}-1\frac{1}{3}\right)$

L 116; $3\frac{1}{20}$; $1\frac{9}{26}$; 11; $32\frac{28}{33}$; $1\frac{1}{2}$

Textaufgaben

1 Eine Schule hat 1200 Schülerinnen und Schüler.

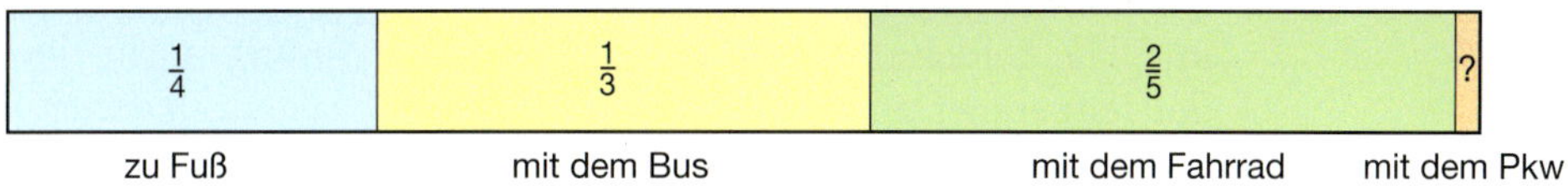

Wie viele Schülerinnen und Schüler kommen zu Fuß, mit dem Bus, mit dem Fahrrad und dem Pkw zur Schule?

2 In einer Klasse mit 30 Schülerinnen und Schülern haben bei einer Klassenarbeit $\frac{1}{10}$ eine eins, $\frac{1}{5}$ eine zwei, $\frac{1}{3}$ eine drei, $\frac{1}{3}$ eine vier und der Rest eine fünf geschrieben. Wie viele Schülerinnen und Schüler waren das jeweils?

3 Von den 180 Schülerinnen und Schülern des 7. Jahrgangs hat $\frac{1}{5}$ Arbeitslehre als Wahlpflichtfach gewählt, $\frac{1}{3}$ Naturwissenschaften, $\frac{1}{6}$ Latein und $\frac{3}{10}$ Französisch. Wie viele Schülerinnen und Schüler sind das jeweils?

4 Die Klasse 6a hat 28 Schülerinnen und Schüler. Davon sind $\frac{9}{14}$ Jungen. Von den 30 Schülerinnen und Schülern der Klasse 6b sind $\frac{3}{5}$ Jungen. In welcher Klasse sind mehr Mädchen?

5 $\frac{9}{20}$ des 6. Jahrgangs sind Mädchen, $\frac{11}{20}$ sind Jungen. $\frac{2}{3}$ der Mädchen und $\frac{4}{7}$ der Jungen haben freiwillig eine Arbeitsgemeinschaft gewählt. Nehmen an den Arbeitsgemeinschaften mehr Mädchen oder mehr Jungen teil?

6

Hat Melanie Recht?

7 Franz Sparfuchs hinterlässt seiner Frau, Sohn und Tochter sowie den Enkeln eines schon verstorbenes Sohnes ein Vermögen von 270 000 €. Berechne die Erbteile nach der gesetzlichen Erbfolge.

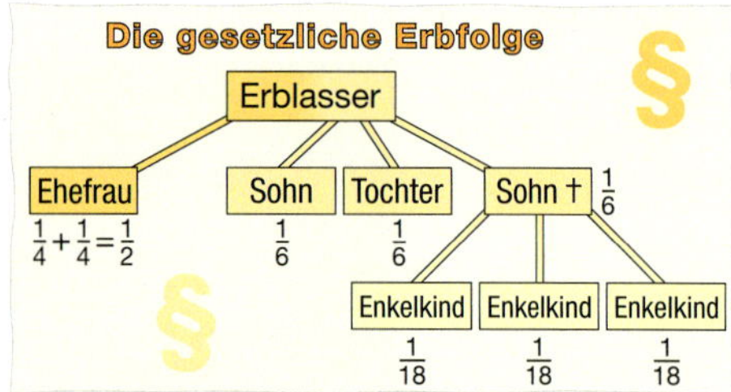

8

Neustädter Zeitung vom 18. 04. 2000

Bruchrechnung – Die Alarmglocken läuten

Bei einem Eignungstest der Industrie- und Handelskammer versagten 61 % der Teilnehmer mit Fachoberschulreife bei der simplen Aufgabe: Drei $\frac{4}{8}$ geteilt durch ein $\frac{3}{4}$ (Ergebnis 2).

Neustädter Zeitung vom 19. 04. 2000

Bruchrechnung – Die Folgen

Die Telefone standen nach der Veröffentlichung einer Aufgabe zur Bruchrechnung nicht mehr still. Unsere Redakteure können wirklich rechnen, denn 3 mal $\frac{4}{8}$ geteilt durch 1 mal $\frac{3}{4}$ ergibt 2. Die Schreibweise in der gestrigen Ausgabe war aber missverständlich: Drei $\frac{4}{8}$ geteilt durch ein $\frac{3}{4}$. Schön, dass unsere Leser so gern rechnen.

a) Gib die mathematische Schreibweise für die im Zeitungsartikel vom 18. 4. formulierte Aufgabe an.
b) Im Artikel vom 19. 4. wird die Aufgabe so formuliert, wie sie ursprünglich gemeint war. Formuliere die Aufgabe ebenfalls in mathematischer Schreibweise.
c) Löse beide Aufgaben, was stellst du fest?

9

Dichtes Auffahren	Geldbuße in €	Punkte	Dichtes Auffahren	Geldbuße in €	Punkte
bei bis zu 80 km/h	25				
bei mehr als 80 km/h			bei mehr als 130 km/h		
betrug Abstand weniger als			betrug Abstand weniger als:		
– halber Tachowert	35		– $\frac{5}{10}$ des halben Tachowerts	50	2
– $\frac{5}{10}$ des halben Tachowerts	40	1	– $\frac{4}{10}$ des halben Tachowerts	75	3
– $\frac{4}{10}$ des halben Tachowerts	50	2	– $\frac{3}{10}$ des halben Tachowerts	100	4
– $\frac{3}{10}$ des halben Tachowerts	75	3	– $\frac{2}{10}$ des halben Tachowerts	125	4
– $\frac{2}{10}$ des halben Tachowerts	100	4	– $\frac{1}{10}$ des halben Tachowerts	150	4
– $\frac{1}{10}$ des halben Tachowerts	125	4			

Michael Bleifuß fährt mit 180 $\frac{\text{km}}{\text{h}}$ über die Autobahn. Er nähert sich einem Pkw und muss auf 160 $\frac{\text{km}}{\text{h}}$ abbremsen. Mit einem Abstand von 15 m fährt er hinter dem Fahrzeug her.
a) Sind bei diesem Abstand eine Geldbuße und Punkte im Verkehrszentralregister in Flensburg fällig? Wenn ja, berechne die entsprechenden Werte.
b) Berechne den Mindestabstand der bei dieser Geschwindigkeit unbedingt einzuhalten ist.
c) Gib einen Bereich für den Abstand bei einem Tempo von 110 $\frac{\text{km}}{\text{h}}$ an, bei dem 3 „Punkte in Flensburg“ fällig sind.
d) Überlege, warum die Einhaltung eines Sicherheitsabstandes notwendig ist.

1

Simon gießt aus einer vollen Flasche (1 *l*) drei Gläser (jeweils 0,2 *l*) Orangensaft genau bis zum Eichstrich ein.

a) Wie viel Liter Orangensaft werden eingeschenkt, wie viel Liter verbleiben in der Flasche?

b) Simon benutzt anstatt der abgebildeten Gläser 0,1-*l*-Gläser (0,25-*l*-Gläser). Wie viel Liter werden dann eingeschenkt, verbleiben dann in der Flasche?

2 Lauras Eltern lassen in ihrem Garten einen neuen Weg anlegen.

a) Der Weg soll 13,5 m lang werden und auf beiden Seiten durch Rasenkantensteine begrenzt werden. Ein Kantenstein ist 0,75 m lang. Wie viele Kantsteine müssen bestellt werden?

b) Der Weg soll mit Gehwegplatten ausgelegt werden. Wie viel Quadratmeter Gehwegplatten werden bei einer Wegbreite von 1,20 m benötigt?

c) Ein Rasenkantenstein kostet 7,80 €, ein Quadratmeter Gehwegplatten 26,70 €. Berechne die Gesamtkosten.

3 Der Große Preis von Deutschland wird in der Formel 1 auf dem Hockenheimring ausgetragen.

Der Hockenheimring wird mit einer Länge von 4,574 km angegeben. Das Rennen geht über 67 Runden. Die schnellste Rundenzeit im Training wurde 2003 mit 1 min 16,074 s gefahren.

a) Berechne die Länge der Fahrstrecke, die während eines Rennens zurückgelegt werden muss.

b) Wie lange dauert das Rennen, wenn man die oben angegebene Rundenzeit zugrunde legt?

c) Kannst du die Durchschnittsgeschwindigkeit berechnen?

d) Informiere dich über die aktuellen Rundenzeiten.

4 Überlege, wo dir im täglichen Leben Dezimalbrüche begegnen. Nenne vier Beispiele.

Addition und Subtraktion von Dezimalbrüchen
Schreibe die Dezimalbrüche so untereinander, dass Komma unter Komma steht, und rechne:
4728,134 + 31,401 + 127,6 + 0,41 = ■   3245,86 − 724,15 − 89,7 − 0,047 = ■

$$\begin{array}{r} 4728{,}134 \\ +\ \ 31{,}401 \\ +\ 127{,}600 \\ +\ \ \ 0{,}410 \\ \hline 4887{,}545 \end{array} \qquad \begin{array}{r} 3245{,}860 \\ -\ 724{,}150 \\ -\ \ 89{,}700 \\ -\ \ \ 0{,}047 \\ \hline 2431{,}963 \end{array}$$

1 a) 134,768 + 21,040 + 1,312 b) 6071,581 + 107,400 + 6,320 c) 542,5 + 16,103 + 5,76 d) 736,18 + 11,07 + 342,1 e) 97,85 + 5,9 + 19,08

2 a) 287,436 − 31,460 − 112,500 b) 785,771 − 387,500 − 1,230 c) 1087,63 − 58,6 − 726,43 d) 988,4 − 68,032 − 624,12 e) 77,55 − 3,1 − 24,06

3 Schreibe untereinander und berechne.
a) 45,069 + 186,472 b) 14,028 + 86,79 c) 5,9 + 46,325
d) 84,054 − 6,368 e) 98,25 − 27,647 f) 152,5 − 68,514

4 a) 86,49 + 75,523 + 6,4 + 0,892 b) 76,02 + 49 + 0,499 + 9,31
c) 18,4 + 5,006 + 98,7 + 435 d) 27,8 + 9,042 + 89,68 + 32,6
e) 10,21 + 0,9 + 100,53 + 1,004 f) 180,7 + 132,52 + 44,786 + 6,9

5 a) 9,7 − 3,625 − 5,185 − 0,45 b) 80,09 − 29,8 − 11,32 − 4,786
c) 10,001 − 0,76 − 3,086 − 5,107 d) 119,375 − 48,4 − 12 − 0,33

L von Nr. 4 und Nr. 5: 0,44; 1,048; 34,184; 58,645; 112,644; 134,829; 159,122; 169,305; 364,906; 557,106

6 a) 123,456 + 10030,8 − 9876,543 b) 0,5437 + 0,00875 − 0,3007 − 0,09
c) 14,1 − 10,97 − 0,598 + 8,765 − 0,7 d) 0,008 + 8 − 0,08 + 0,808 − 8,0808

7 a) (3,87 + 6,94) − (2,76 + 6,03) b) (132,036 − 49,78) + (576,36 − 7,08)
c) (1357,67 − 698,1) − (79,67 + 137,4) d) (7685,67 − 1384) + (10687,5 − 98,37)

L von Nr. 6 und Nr. 7: 0,16175; 0,6552; 2,02; 10,597; 277,713; 442,5; 651,536; 16890,8

8 Frau Berger kauft ein Kleid für 89,90 € und ein Paar Stiefel, das sie in der Auslage eines Schuhgeschäftes gesehen hat.
Als sie nach Hause kommt, hat sie noch 40,60 €.
Wie viel Euro hat sie für ihre Einkäufe mitgenommen?

Multiplikation von Dezimalbrüchen

5;671 · 2,12 = ▢

```
Überschlag: 6 · 2 = 12

 3 Stellen   2 Stellen
5,671 · 2,12
   11342
    5671
  1 1 1342
  12,02252
   5 Stellen
```

Das Ergebnis hat so viele Stellen nach dem Komma, wie die beiden Faktoren zusammen Stellen nach dem Komma haben.

1 a) 8,5 · 4,2 b) 5,6 · 9,5 c) 4,8 · 0,4 d) 8,6 · 9,9 e) 1,8 · 7,6
0,4 · 6,8 9,4 · 5,3 8,7 · 0,9 9,3 · 0.8 0,6 · 7,5

2 a) 3,2 · 5,04 b) 13,65 · 0,8 c) 0,09 · 9,01 d) 0,7 · 0,8 e) 8,06 · 9,02
4,23 · 2,34 25,46 · 0,05 0,53 · 7,08 0,6 · 0,06 8,71 · 6,005

L 0,8109; 0,56; 72,7012; 0,036; 3,7524; 16,128; 1,273; 52,30355; 9,8982; 10,92

3

	a)	b)	c)	d)	e)	f)	g)	h)	i)	k)
·	5,8	0,19	23,5	91	101	25	8,1301	427,056	0,07065	0,003
7,6										
0,342										
15,21										

4 a) 0,6 · 3,71 · 41,5 b) 86,3 · 4,07 · 122,4 c) 1024,3 · 101,5 · 8,777
d) 1051,03 · 0,4 · 310,1 e) 4,36 · 1,3 · 4068,123 f) 1,765 · 0,02 · 1,401

Multiplikation mit 10, 100, 1000 …

Multiplikation von Dezimalbrüchen mit 10, 100, 1000 …

5,86 · 10 = 58,6
17,8 · 100 = 1780
2,5867 · 1000 = 2586,7
0,0378 · 10000 = 378

Das Komma rückt um 1, 2, 3, … Stellen nach rechts. Für fehlende Ziffern werden Nullen geschrieben.

5 a) 0,7 · 10 b) 0,07 · 100 c) 2,3 · 100 d) 3,245 · 1000 e) 0,9 · 1000
3,1 · 10 0,04 · 100 0,6 · 100 4,68 · 1000 0,04 · 1000

6 Herr Becker kauft 2 kg Tomaten, 200 g Kochschinken, 400 g Käse, 4 Tafeln Schokolade, 6 Flaschen Orangensaft und 1,5 kg Kalbsbrust.
Wie viel Euro muss er insgesamt bezahlen?

Division von Dezimalbrüchen durch natürliche Zahlen

27,82 : 13 = ▢

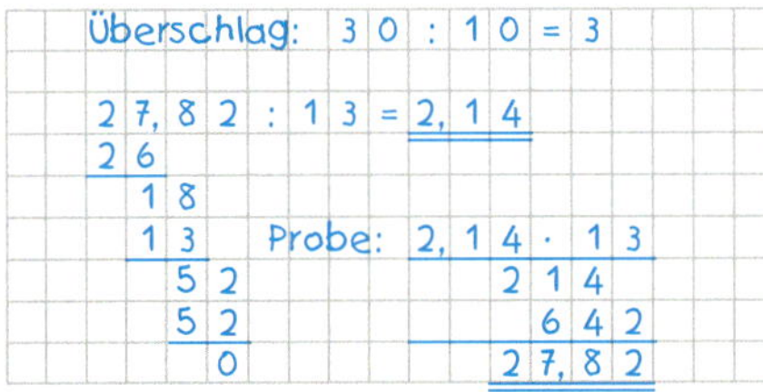

Beim Überschreiten des Kommas wird auch im Ergebnis ein Komma gesetzt.

1 a) 9,2 : 4 | 7,8 : 3 b) 4,95 : 3 | 12,25 : 5 c) 18,36 : 3 | 21,24 : 6 d) 817,2 : 9 | 9,456 : 8 e) 7,742 : 7 | 7,224 : 6

2 a) 19,2 : 16 | 26,6 : 19 | 75,6 : 21 b) 72 : 15 | 78,2 : 17 | 106,2 : 18 c) 190,4 : 28 | 259,2 : 36 | 266,8 : 23 d) 526,5 : 45 | 371,36 : 22 | 871,2 : 88 e) 666,4 : 35 | 168,48 : 48 | 1219,68 : 72

L 9,9; 6,8; 5,9; 4,6; 7,2; 4,8; 1,4; 1,2; 3,6; 3,51; 11,7; 11,6; 16,88; 19,04; 16,94

3 Rechne wie im Beispiel und führe die Probe durch.

a) 10,92 : 12 | 11,76 : 14 | 13,76 : 16 | 14,44 : 19 | 9,72 : 18 | 8,32 : 13

b) 0,192 : 6 | 0,469 : 7 | 0,784 : 14 | 1,032 : 12 | 2,314 : 26 | 1,891 : 31

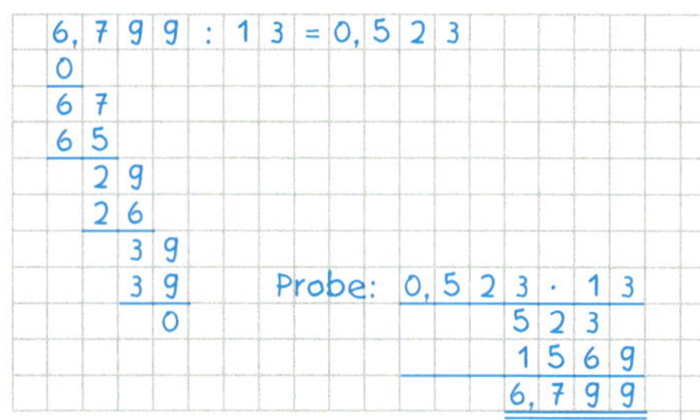

Division durch 10, 100, 1000 …

Division von Dezimalbrüchen durch 10, 100, 1000 …

23,5 : 10 = 2,35

3,7 : 100 = 0,037

140,26 : 1000 = 0,14026

Das Komma rückt um 1, 2, 3, … Stellen nach links. Für fehlende Ziffern werden Nullen geschrieben.

4 a) 5,6 : 10 | 3,7 : 10 | 10,6 : 10 b) 0,3 : 10 | 0,7 : 10 | 0,04 : 10 c) 112,4 : 100 | 198 : 100 | 83 : 100 d) 7,4 : 100 | 8,9 : 100 | 0,4 : 100 e) 124,5 : 1000 | 388 : 1000 | 4,6 : 1000

5 a) Wie viel Euro entfallen für die einzelnen Positionen auf jeden Schüler?

b) Gib die Gesamtkosten für jeden Teilnehmer an.

Wanderfahrt der Klasse 7c

Abrechnung für 28 Teilnehmer

	Gesamtkosten
Busfahrt	340,00 €
Übernachtung	504,00 €
Verpflegung	733,60 €
Eintritt (Freizeitpark)	112,00 €
Eintritt (Schwimmbad)	30,80 €
Summe	

1 In Banken werden die Münzen nicht abgezählt. Ihre Anzahl wird durch Auswiegen festgestellt.
Ein 5-Cent-Stück wiegt etwa 3,9 g.

2 Berechne durch Umwandeln.
a) 22,55 € : 5,50 €
b) 154,70 € : 3,50 €
c) 13,92 m : 2,4 m
d) 11,61 km : 1,80 m
e) 15 kg : 1,6 kg
f) 2 kg : 0,4 kg
g) 1,8 t : 0,125 t
h) 32,612 t : 6,2 t

Berechnung durch Umwandeln in eine kleinere Einheit:
179,55 m : 2,85 m =
17955 cm : 285 cm = 63

oder durch Umwandeln in Brüche:

$\frac{17\,955}{100}$ m : $\frac{285}{100}$ m =

$\frac{17\,955}{100} \cdot \frac{100}{285} = \frac{17\,955}{285} = 63$

3 Berechne wie in den Beispielen.

$0{,}6 : 0{,}12 = \frac{6}{10} : \frac{12}{100} = \frac{6}{1\cancel{0}} \cdot \frac{10\cancel{0}}{12} = 60 : 12 = 5$

$0{,}6 : 1{,}2 = \frac{6}{10} : \frac{12}{10} = \frac{6}{1\cancel{0}} \cdot \frac{1\cancel{0}}{12} = 6 : 12 = 0{,}5$

$0{,}06 : 1{,}2 = \frac{6}{100} : \frac{12}{10} = \frac{6}{10\cancel{0}} \cdot \frac{1\cancel{0}}{12} = 0{,}6 : 12 = 0{,}05$

a) 0,84 : 0,07
7,8 : 1,3
16,9 : 0,13
8,1 : 0,09
19,6 : 0,14

b) 3,24 : 0,9
1,44 : 1,2
5,12 : 0,8
1,024 : 0,4
2,25 : 7,5

Man dividiert durch einen Dezimalbruch, indem man zuerst **beide** Zahlen mit 10, 100, 1000, … multipliziert, sodass der Divisor eine ganze Zahl wird.

13,92 : 2,4 = 139,2 : 24 = ▢

Überschlag: 150 : 25 = 6

```
139,2 : 24 = 5,8
120
 192
 192
   0    Probe: 5,8 · 2,4
                 116
                  232
                 13,92
13,92 : 2,4 = 5,8
```

9,5 : 0,76 = 950 : 76 = ▢

Überschlag: 960 : 80 = 12

```
950 : 76 = 12,5
76
190          Probe:
152          12,5 · 0,76
 380                00
 380                875
   0                 750
                   9,500
9,5 : 0,76 = 12,5
```

4 a) 3,6 : 0,4
6,3 : 0,9
5,4 : 0,6

b) 52 : 0,4
63 : 0,6
38 : 0,2

c) 0,8 : 0,16
0,9 : 0,15
3,6 : 0,03

d) 2,88 : 1,2
2,5 : 0,25
468 : 0,12

e) 45,9 : 2,7
133 : 0,19
126 : 1,8

5 a) 0,84 : 0,14
0,78 : 0,13
0,361 : 0,19

b) 26 : 0,16
2,25 : 7,5
0,2025 : 4,5

c) 0,602 : 0,43
6,018 : 0,51
27,665 : 0,25

d) 0,40032 : 0,48
0,0527 : 0,62
10,764 : 2,3

1 Verwandle in einen Dezimalbruch.

a) $\frac{1}{10}$, $\frac{23}{10}$, $\frac{3}{1000}$, $\frac{17}{100}$, $\frac{111}{10\,000}$, $\frac{321}{100}$

b) $1\frac{13}{100}$, $97\frac{9}{10}$, $3\frac{1}{1000}$, $\frac{89}{10}$, $\frac{571}{100}$, $\frac{4308}{1000}$

2 Ordne jedem Bruch die zugehörige Dezimalzahl zu.

$\frac{2}{5}$, $\frac{5}{4}$, $\frac{7}{10}$, $\frac{3}{2}$, $\frac{3}{4}$, $\frac{11}{10}$, $\frac{7}{20}$, $\frac{26}{20}$, $\frac{3}{5}$, $\frac{11}{8}$, $\frac{4}{25}$, $\frac{1}{8}$

0,7; 0,6; 1,1; 0,125; 0,35; 0,4; 0,75; 1,3; 0,16; 1,25; 1,5; 1,375

3 Ordne der Größe nach. Beginne mit der größten Zahl.

a) 17,003 17,030 17,041 17,033 17,401

b) 13,64 13,064 13,604 13,641 13,406

c) 9,004 9,408 9,804 9,480 9,040 9,9

d) 4,01 4,011 4,001 4,110 4,101 4,1

4 Berechne.

a) 119 + 1,245 + 3,68 + 14,1
9,456 + 0,86 + 5,5 + 17,82

b) 13 + 1,14 + 0,737 + 2,4 + 0,023
400 + 0,01 + 18,232 + 14,86 + 2,509

c) 300 − 0,08 − 2,64 − 8,003
35,64 − 20 − 4,708 − 3,5

d) 37,6 − 0,9 − 21,11 − 0,001 − 1,0002
8,008 − 0,8008 − 0,08008 − 0,8

L 138,025; 289,277; 33,636; 7,432; 435,611; 14,5888; 17,3; 6,32712

5 a) 23,24 − (18,71 + 1,87)
35,99 + (46,38 − 30,15)

b) 20,347 − (9,095 + 3,816)
40,408 − (28,912 − 7,084)

c) 103,41 + (78,097 − 61,405)
954,72 − (259 + 502,5)

L 120,102; 7,436; 2,66; 52,22; 18,58; 193,22

6 Berechne im Kopf

a)	b)	c)	d)	e)
2,45 · 10	27,5 : 10	0,9 : 0,3	6 + 3 · 1,1	2,5 + 4,5 : 5
8,11 · 100	41,1 : 100	1,2 : 0,4	7 − 5 · 1,2	2,3 + 4,9 : 7
3,8 · 100	0,19 : 10	6,3 : 7	8 + 1,4 · 5	6,8 − 5,6 : 8
0,7 · 1000	56 : 100	3,2 : 0,08	6,1 + 1,3 · 3	7,3 − 2,4 : 6

7 Bei richtiger Lösung erhältst du ein Lösungswort.

4,291 : 0,7	0,6543 : 0,09
19,44 : 0,3	64,08 : 1,2
0,3654 : 0,06	4,752 : 0,06
21,36 : 0,4	0,7997 : 0,11
34,3 : 0,7	2,7 : 0,0003
4,008 : 0,08	57,28 : 0,8

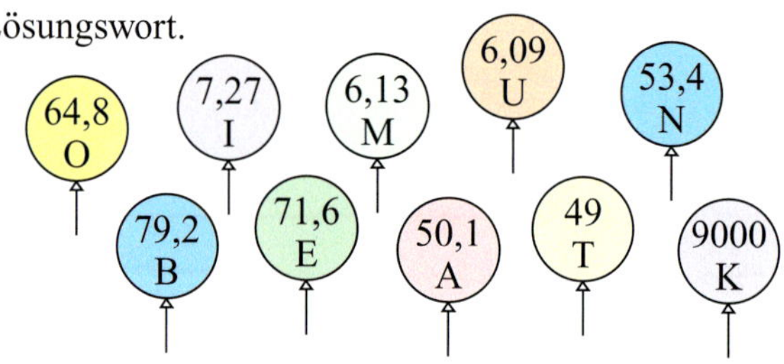

8 a) 8,45 · 5,7
55 · 0,026

b) 0,03 · 56,2
47,1 · 0,34

c) 30,4 · 35,7
67,1 · 4,59

d) 20,7 · 2,09
0,06 · 52,8

e) 85 · 0,04
0,43 · 61,05

L 26,2515; 3,4; 1,43; 16,014; 1,686; 43,263; 1085,28; 307,989; 48,165; 3,168

9

a) Auf einer Tour de France-Etappe fuhr der Sieger 189 Kilometer in 4,5 Stunden. Wie viel Kilometer legte er im Durchschnitt pro Stunde zurück?

b) Auf einer anderen Etappe brauchte der Sieger bei einer Durchschnittsgeschwindigkeit von 48,5 km pro Stunde für die Strecke 5,2 Stunden. Berechne die Länge der Etappe.

10 Für einen Klassenausflug betragen die Kosten 222,50 €. Wie viel Euro muss jeder der 25 Schüler bezahlen?

11 Verwandle die Brüche in Dezimalbrüche und berechne.

a) $29{,}83 + 3\frac{1}{10}$ b) $4\frac{11}{100} \cdot 0{,}6$ c) $94{,}7 - 61\frac{1}{4}$ d) $\frac{3}{4} : 0{,}25$ e) $7\frac{7}{10} - 0{,}419$

12 Wandle die Dezimalbrüche in Brüche um und berechne.

a) $0{,}9 - \frac{1}{3}$ b) $\frac{4}{9} : 0{,}5$ c) $\frac{5}{12} + 0{,}25$ d) $\frac{1}{6} \cdot 0{,}6$ e) $\frac{2}{3} : 0{,}48$

13 a) $\frac{0{,}9}{4{,}5}$ b) $\frac{1{,}7 + 1{,}8}{7}$ c) $\frac{7{,}8 - 6}{1{,}39 + 3{,}11}$ d) $\frac{3{,}75 + 0{,}5}{2{,}5}$ e) $\frac{0{,}8 + 7{,}6}{8 \cdot 1{,}4}$

$\frac{0{,}15}{0{,}6}$ $\frac{4 \cdot 1{,}8}{9}$ $\frac{0{,}32 : 0{,}8}{0{,}05}$ $\frac{4 \cdot 4{,}6}{4{,}6 : 0{,}4}$ $\frac{2{,}1 \cdot 1{,}6}{1{,}5 : 0{,}5}$

L 0,5; 8; 1,7; 0,2; 0,25; 0,8; 1,12; 0,75; 1,6; 0,4

14 Beachte die Klammern.

a) $3{,}2 \cdot (4{,}3 + 1{,}9)$
$(7{,}3 + 8{,}2) \cdot 1{,}4$
$0{,}9 \cdot (5{,}1 + 3{,}6)$

b) $(3{,}64 + 0{,}776) : 8$
$10 : (3{,}15 - 0{,}65)$
$25{,}5 : (7{,}8 - 2{,}7)$

c) $(78{,}4 - 32{,}8) : (0{,}94 - 0{,}54)$
$(25{,}6 - 2{,}34) \cdot (21{,}8 - 12{,}3)$
$(9{,}1 + 1{,}38) - (6{,}5 + 0{,}979)$

L 220,97; 4; 21,7; 3,001; 7,83; 5; 114; 0,552; 19,84

15 a) $6{,}7 + 0{,}5 \cdot 2{,}4$
$16 \cdot 0{,}55 - 3{,}5$
$0{,}85 \cdot 20{,}4 - 9{,}34$

b) $6{,}75 + 7 \cdot 0{,}75$
$187{,}5 - 52{,}5 : 0{,}3$
$28{,}9 + 2{,}31 : 0{,}7$

c) $0{,}75 : 0{,}025 - 2{,}25 \cdot 8{,}6$
$5 \cdot 0{,}04 + 0{,}15 \cdot 800$
$7 \cdot 0{,}09 - 0{,}3033 : 0{,}09$

L 12,5; 5,3; 120,2; 4; 32,2; 8; 10,65; 12; 7,9

a) Welche Zahl ist um 1,5 größer als die Hälfte der Zahl?

b) Welche Zahl ist um 2,5 kleiner als das Dreifache der Zahl?

1 

Sara möchte an die Tafel eine 2 m breite Tabelle mit drei Spalten zeichnen.
Jede Spalte soll gleich breit sein. Ist das möglich?

2 a) Beschreibe, wie in den Beispielen die einzelnen Brüche in einen Dezimalbruch umgewandelt werden.

b) Versuche die folgenden Brüche jeweils in einen Dezimalbruch umzuformen. Welche Brüche lassen sich nicht so einfach umwandeln?

$\frac{33}{150}$; $\frac{47}{50}$; $\frac{2}{9}$; $\frac{54}{90}$; $\frac{3}{8}$; $\frac{1}{3}$; $\frac{18}{20}$

$\frac{13}{50} = \frac{26}{100} = 0{,}26$

$\frac{14}{70} = \frac{2}{10} = 0{,}2$

$\frac{21}{28} = \frac{3}{4} = \frac{75}{100} = 0{,}75$

c) In den Beispielen wird jeweils ein Bruch in einen Dezimalbruch umgewandelt. Dazu wird der Zähler des Bruches durch den Nenner dividiert.

$\frac{5}{8} = \square$	$\frac{1}{3} = \square$	$\frac{2}{11} = \square$
5 : 8 = 0,625	1 : 3 = 0,[3]33...	2 : 11 = 0,[18]18....
0 50 48 20 16 40 40 0	0 10 9 10 9 10 9 1 …	0 20 11 90 88 20 11 90 88 2 …
Die Division bricht ab.	Die Ziffer 3 wiederholt sich immer wieder.	Die Ziffern-gruppe 18 wiederholt sich immer wieder.
$\frac{5}{8} = 0{,}625$	$\frac{1}{3} = 0{,}333\ldots = 0{,}\overline{3}$	$\frac{2}{11} = 0{,}1818\ldots = 0{,}\overline{18}$

Periode

Die Ziffer oder die Zifferngruppe, die sich im Ergebnis immer wiederholt, heißt **Periode.**
Die Periode wird durch einen waagerechten Strich gekennzeichnet.

3 Dividiere den Zähler durch den Nenner und gib den zugehörigen Dezimalbruch an.

a) $\frac{7}{8}$ b) $\frac{2}{3}$ c) $\frac{3}{5}$ d) $\frac{5}{9}$ e) $\frac{4}{11}$ f) $\frac{22}{9}$ g) $\frac{15}{11}$ h) $\frac{17}{33}$ i) $\frac{8}{27}$

Einen Bruch kann man in einen Dezimalbruch umwandeln, indem man den Zähler durch den Nenner dividiert.
Dabei entsteht ein **abbrechender Dezimalbruch** oder ein **periodischer Dezimalbruch.**

Abbrechender Dezimalbruch:

$\frac{3}{8} = 3 : 8 = 0{,}375$

$\frac{3}{8} = 0{,}375$

Periodischer Dezimalbruch:

$\frac{5}{11} = 5 : 11 = 0{,}4545\ldots$

$\frac{5}{11} = 0{,}\overline{45}$

(*Lies:* Null Komma Periode vier fünf)

4 Forme in einen Dezimalbruch um.

$2\frac{1}{3} = 2{,}\overline{3}$

a) $\frac{4}{9}$ $\frac{2}{11}$ $\frac{1}{4}$ $\frac{4}{12}$ $\frac{7}{11}$ $\frac{21}{40}$ $\frac{12}{33}$ $\frac{17}{40}$ $\frac{4}{89}$ $\frac{10}{22}$

b) $\frac{13}{15}$ $\frac{7}{12}$ $\frac{9}{16}$ $\frac{3}{22}$ $\frac{11}{18}$ $\frac{18}{75}$ $\frac{11}{15}$ $\frac{14}{36}$ $\frac{45}{66}$ $\frac{4}{55}$

c) $\frac{25}{18}$ $\frac{37}{25}$ $\frac{7}{24}$ $\frac{73}{90}$ $\frac{23}{27}$ $\frac{5}{7}$ $\frac{7}{36}$ $\frac{38}{120}$ $\frac{59}{24}$

d) $11\frac{14}{33}$ $2\frac{13}{21}$ $1\frac{29}{41}$ $4\frac{11}{16}$ $25\frac{9}{11}$ $6\frac{14}{72}$ $8\frac{3}{7}$

$\frac{5}{6} =$ ■

$5 : 6 = 0{,}833\ldots$
0
50
48
20
18
2
…

$\frac{5}{6} = 0{,}833\ldots = 0{,}8\overline{3}$

Periodische Dezimalbrüche heißen **reinperiodische Dezimalbrüche,** wenn die Periode sofort nach dem Komma beginnt.
Periodische Dezimalbrüche heißen **gemischtperiodische Dezimalbrüche,** wenn mindestens eine Ziffer nach dem Komma nicht zur Periode gehört.

5 Setze im Heft jeweils das richtige Zeichen (>, <, =) ein.

a) $0{,}\overline{5}$ ■ $0{,}55$
$2{,}3\overline{7}$ ■ $2{,}377$
$0{,}756$ ■ $0{,}\overline{7}$

b) $4{,}35$ ■ $4{,}3\overline{46}$
$0{,}75$ ■ $0{,}\overline{7}$
$3{,}\overline{18}$ ■ $3{,}189$

c) $0{,}\overline{4}$ ■ $\frac{4}{9}$
$\frac{5}{16}$ ■ $0{,}312$
$4\frac{3}{11}$ ■ $4{,}\overline{2}$

d) $\frac{7}{20}$ ■ $0{,}35$
$5\frac{7}{11}$ ■ $5{,}6\overline{3}$
$20{,}\overline{5}$ ■ $20\frac{4}{7}$

6 Ordne die Dezimalbrüche der Größe nach. Beginne mit dem größten Dezimalbruch.

a) $0{,}\overline{4}$ $0{,}42$ $0{,}\overline{42}$ $0{,}4\overline{2}$ $0{,}44$

b) $0{,}\overline{9}$ $0{,}9$ $0{,}99$ $0{,}09$ $0{,}0\overline{9}$

c) $16{,}16$ $16{,}\overline{16}$ $16{,}061$ $16{,}160$

d) $0{,}77$ $\frac{7}{9}$ $\frac{8}{11}$ $0{,}73$ $\frac{3}{4}$

7 Runde die periodischen Dezimalbrüche auf die zweite Stelle nach dem Komma.

a) $0{,}\overline{6}$ b) $0{,}5\overline{3}$ c) $4{,}\overline{28}$ d) $1{,}\overline{72}$ e) $0{,}2\overline{36}$ f) $7{,}04\overline{9}$ g) $11{,}9\overline{16}$ h) $0{,}\overline{1}$ i) $5{,}\overline{9}$

8 Durch die Primfaktorzerlegung des Nenners kannst du leicht die Art des zugehörigen Dezimalbruches feststellen.

Die Regeln gelten für gekürzte Brüche.

$\frac{3}{8} = \frac{3}{2 \cdot 2 \cdot 2} = 0{,}375$ $\frac{7}{20} = \frac{7}{2 \cdot 2 \cdot 5} = 0{,}35$	Du erhältst einen **abbrechenden Dezimalbruch,** wenn bei der Primfaktorzerlegung des Nenners nur die Faktoren 2 oder 5 auftreten.
$\frac{4}{9} = \frac{4}{3 \cdot 3} = 0{,}\overline{4}$ $\frac{7}{33} = \frac{7}{3 \cdot 11} = 0{,}\overline{21}$	Du erhältst einen **reinperiodischen Dezimalbruch,** wenn bei der Primfaktorzerlegung des Nenners weder der Faktor 2 noch der Faktor 5 auftritt.
$\frac{5}{6} = \frac{5}{2 \cdot 3} = 0{,}8\overline{3}$ $\frac{3}{55} = \frac{3}{5 \cdot 11} = 0{,}0\overline{545}$	Du erhältst einen **gemischtperiodischen Dezimalbruch,** wenn bei der Primfaktorzerlegung des Nenners außer den Faktoren 2 oder 5 noch ein weiterer Faktor auftritt.

Zerlege den Nenner in Primfaktoren. Gib die Art des Dezimalbruches an.

a) $\frac{11}{300}$ b) $\frac{4}{125}$ c) $\frac{25}{165}$ d) $\frac{49}{180}$ e) $\frac{86}{198}$

Umwandeln periodischer Dezimalbrüche in Brüche

9 Forme die Brüche jeweils in Dezimalbrüche um. Was stellst du fest?

a) $\frac{1}{9}$ $\frac{2}{9}$ $\frac{3}{9}$ $\frac{4}{9}$ b) $\frac{1}{99}$ $\frac{2}{99}$ $\frac{3}{99}$ $\frac{4}{99}$

c) $\frac{1}{999}$ $\frac{2}{999}$ $\frac{3}{999}$ $\frac{4}{999}$

$\frac{7}{9} = 0{,}\overline{7}$ $\frac{85}{99} = 0{,}\overline{85}$

$\frac{5}{999} = 0{,}\overline{005}$ $\frac{431}{999} = 0{,}\overline{431}$

$0{,}\overline{3} = \frac{3}{9} = \frac{1}{3}$

$0{,}\overline{27} = \frac{27}{99} = \frac{3}{11}$

10 Verwandle die periodischen Dezimalbrüche jeweils in einen Bruch. Kürze, wenn möglich.

a) $0{,}\overline{6}$ $0{,}\overline{2}$ $0{,}\overline{7}$ $0{,}\overline{12}$ $0{,}\overline{75}$

b) $0{,}\overline{030}$ $0{,}\overline{297}$ $0{,}\overline{009}$ $0{,}\overline{066}$

c) $2{,}\overline{06}$ $4{,}\overline{48}$ $0{,}\overline{990}$ $7{,}\overline{054}$

d) $0{,}\overline{333}$ $4{,}\overline{126}$ $8{,}\overline{63}$ $7{,}\overline{005}$

11 Erläutere, wie die gemischtperiodischen Dezimalbrüche jeweils in einen Bruch umgewandelt werden.

$0{,}8\overline{3} = \square$ $0{,}3\overline{87} = \square$

$$\begin{aligned} 0{,}8\overline{3} &= 8{,}\overline{3} : 10 \\ &= 8\tfrac{3}{9} : 10 \\ &= \tfrac{75}{9} : 10 \\ &= \tfrac{75}{90} = \tfrac{5}{6} \\ 0{,}8\overline{3} &= \tfrac{5}{6} \end{aligned}$$

$$\begin{aligned} 0{,}3\overline{87} &= 3{,}\overline{87} : 10 \\ &= 3\tfrac{87}{99} : 10 \\ &= \tfrac{384}{99} : 10 \\ &= \tfrac{384}{990} = \tfrac{64}{165} \\ 0{,}3\overline{87} &= \tfrac{64}{165} \end{aligned}$$

Verwandle jeweils in Brüche oder in eine gemischte Zahl. Kürze wenn möglich.

a) $0{,}3\overline{6}$ $0{,}41\overline{6}$ $0{,}31\overline{8}$ $0{,}1\overline{3}$ $0{,}1\overline{6}$

b) $0{,}9\overline{81}$ $0{,}83\overline{45}$ $0{,}7\overline{72}$ $5{,}9\overline{81}$

1

Für die Addition und Multiplikation von natürlichen Zahlen gelten folgende Gesetze:

$a + b = b + a$	Kommutativgesetz	$a \cdot b = b \cdot a$
$(a + b) + c = a + (b + c)$	Assoziativgesetz	$(a \cdot b) \cdot c = a \cdot (b \cdot c)$

Gelten die Gesetze auch für die Addition und Multiplikation von gebrochenen Zahlen?

Berechne und vergleiche.

a) $\frac{3}{4} + \frac{5}{6}$ b) $\frac{5}{12} + \frac{3}{5}$ c) $1{,}6 + 5{,}9$ d) $\frac{5}{7} \cdot \frac{14}{15}$ e) $0{,}5 \cdot 2{,}8$

$\frac{5}{6} + \frac{3}{4}$ $\frac{3}{5} + \frac{5}{12}$ $5{,}9 + 1{,}6$ $\frac{14}{15} \cdot \frac{5}{7}$ $2{,}8 \cdot 0{,}5$

2 a) Wähle zwei verschieden große Brüche (Dezimalbrüche). Führe mit ihnen eine Subtraktion aus. Vertausche anschließend die Brüche (Dezimalbrüche) und rechne noch einmal.
b) Wiederhole die Rechnung mit anderen Brüchen (Dezimalbrüchen). Was stellst du fest?

3 Berechne und vergleiche.

a) $\frac{4}{7} : \frac{3}{5}$ und $\frac{3}{5} : \frac{4}{7}$ b) $\frac{8}{9} : \frac{5}{7}$ und $\frac{5}{7} : \frac{8}{9}$ c) $2{,}4 : 1{,}2$ und $1{,}2 : 2{,}4$ d) $4{,}8 : 0{,}6$ und $0{,}6 : 4{,}8$

Kommutativgesetz

Bei der **Addition** von gebrochenen Zahlen darf man die Summanden vertauschen; das Ergebnis ändert sich dadurch nicht. Es gilt das **Kommutativgesetz**

$$a + b = b + a$$
$$\frac{3}{5} + \frac{1}{2} = \frac{1}{2} + \frac{3}{5}$$
$$3{,}8 + 4{,}9 = 4{,}9 + 3{,}8$$

Bei der Subtraktion von gebrochenen Zahlen darf man nicht vertauschen.

Bei der **Multiplikation** von gebrochenen Zahlen darf man die Faktoren vertauschen; das Ergebnis ändert sich dadurch nicht. Es gilt das **Kommutativgesetz:**

$$a \cdot b = b \cdot a$$
$$\frac{3}{13} \cdot \frac{7}{5} = \frac{7}{5} \cdot \frac{3}{13}$$
$$1{,}9 \cdot 0{,}2 = 0{,}2 \cdot 1{,}9$$

Bei der Division darf man nicht vertauschen.

4 Schreibe zu jedem Rechenbaum die passende Rechenaufgabe mit Klammern. Berechne und vergleiche.

a) 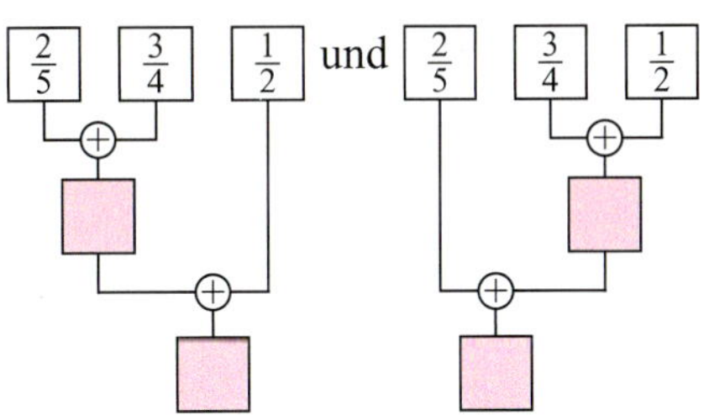

b) 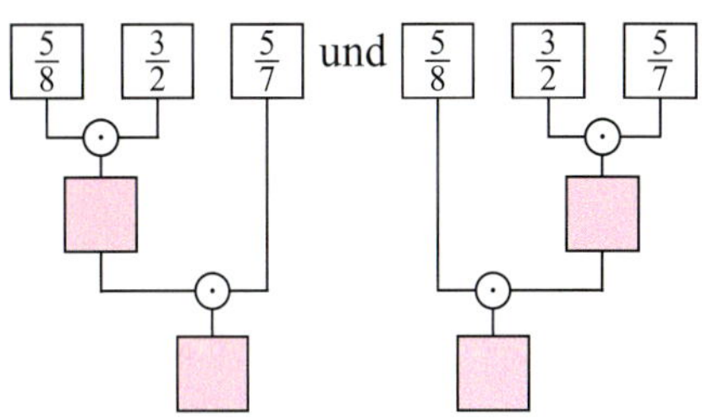

5 Berechne und vergleiche die Ergebnisse. Beachte: Die Klammer wird zuerst berechnet.

a) $\left(\frac{2}{3} \cdot \frac{2}{5}\right) \cdot \frac{3}{4}$ b) $\frac{2}{9} \cdot \left(\frac{4}{7} \cdot \frac{3}{8}\right)$ c) $(2{,}2 \cdot 4{,}1) \cdot 1{,}1$ d) $\left(\frac{5}{6} + \frac{7}{30}\right) + \frac{4}{5}$ e) $(7{,}8 + 3{,}4) + 9{,}3$

$\frac{2}{3} \cdot \left(\frac{2}{5} \cdot \frac{3}{4}\right)$ $\left(\frac{2}{9} \cdot \frac{4}{7}\right) \cdot \frac{3}{8}$ $2{,}2 \cdot (4{,}1 \cdot 1{,}1)$ $\frac{5}{6} + \left(\frac{7}{30} + \frac{4}{5}\right)$ $7{,}8 + (3{,}4 + 9{,}3)$

6 Übertrage die Tabellen in dein Heft und fülle sie aus. Was fällt dir auf?

a)

a	b	c	a+(b+c)	(a+b)+c	a+b+c
$\frac{2}{5}$	$\frac{7}{10}$	$\frac{11}{20}$			
$\frac{1}{4}$	$\frac{2}{5}$	$\frac{3}{8}$			
4,2	3,9	5,7			

b)

a	b	c	(a · b) · c	a · (b · c)	a · b · c
$\frac{25}{48}$	$\frac{16}{35}$	$\frac{7}{10}$			
$\frac{35}{36}$	$\frac{12}{55}$	$\frac{33}{49}$			
6,8	0,5	2,6			

Assoziativgesetz

Bei der **Addition** von gebrochenen Zahlen darf man beliebig Klammern setzen oder weglassen. Es gilt das **Assoziativgesetz**:

$(a + b) + c = a + (b + c) = a + b + c$

$\left(\frac{1}{2} + \frac{2}{3}\right) + \frac{1}{3} = \frac{1}{2} + \left(\frac{2}{3} + \frac{1}{3}\right) = 1\frac{1}{2}$

$(9{,}6 + 5{,}7) + 8{,}9 = 9{,}6 + (5{,}7 + 8{,}9) = 24{,}2$

Bei der **Multiplikation** von gebrochenen Zahlen darf man beliebig Klammern setzen oder weglassen. Es gilt das **Assoziativgesetz**:

$(a \cdot b) \cdot c = a \cdot (b \cdot c) = a \cdot b \cdot c$

$\left(\frac{3}{2} \cdot \frac{2}{7}\right) \cdot \frac{5}{6} = \frac{3}{2} \cdot \left(\frac{2}{7} \cdot \frac{5}{6}\right) = \frac{3}{2} \cdot \frac{2}{7} \cdot \frac{5}{6} = \frac{5}{14}$

$(1{,}4 \cdot 1{,}2) \cdot 3{,}5 = 1{,}4 \cdot (1{,}2 \cdot 3{,}5) = 1{,}4 \cdot 1{,}2 \cdot 3{,}5 = 5{,}88$

7 Vergleiche.

a) $\left(\frac{8}{9} - \frac{1}{2}\right) - \frac{1}{5}$ mit $\frac{8}{9} - \left(\frac{1}{2} - \frac{1}{5}\right)$

b) $\left(\frac{9}{4} - \frac{2}{3}\right) - \frac{7}{12}$ mit $\frac{9}{4} - \left(\frac{2}{3} - \frac{7}{12}\right)$

c) $\frac{3}{4} : \left(\frac{2}{5} : \frac{1}{2}\right)$ mit $\left(\frac{3}{4} : \frac{2}{5}\right) : \frac{1}{2}$

d) $\frac{9}{10} : \left(\frac{6}{15} : \frac{1}{3}\right)$ mit $\left(\frac{9}{10} : \frac{6}{15}\right) : \frac{1}{3}$

Gilt das Assoziativgesetz auch bei der Subtraktion und Division von Brüchen?

8 Berechne vorteilhaft im Kopf.

a) $\frac{4}{11} + \frac{3}{10} + \frac{7}{11}$
b) $\frac{2}{7} + \frac{5}{8} + \frac{5}{7}$
c) $\frac{8}{13} + \frac{7}{12} + \frac{5}{12}$
d) $\frac{13}{20} + \frac{4}{8} + \frac{27}{20}$

e) $\frac{11}{5} + \frac{11}{49} + \frac{19}{5}$
f) $\left(\frac{11}{13} + \frac{4}{5}\right) + \frac{15}{13}$
g) $\left(2\frac{3}{8} + 1\frac{9}{10}\right) + \frac{5}{8}$
h) $\frac{2}{9} \cdot \frac{3}{8} \cdot \frac{9}{2}$

i) $2{,}45 + 8{,}96 + 1{,}55$
k) $\left(\frac{1}{4} + \frac{3}{5}\right) + 0{,}75$
l) $\frac{1}{2} \cdot 0{,}9 \cdot 6$
m) $(4{,}5 \cdot 0{,}8) \cdot \frac{1}{3}$

9 Berechne vorteilhaft.

a) $\left(\frac{3}{4} + \frac{7}{9}\right) + \left(2\frac{1}{4} + 2\frac{2}{9}\right)$
b) $\left(1\frac{1}{6} + \frac{9}{14}\right) + \left(\frac{2}{7} + \frac{5}{6}\right)$
c) $\left(3\frac{5}{8} + 4\frac{5}{18}\right) + \left(\frac{1}{9} + \frac{3}{8}\right)$

d) $\frac{7}{12} + \frac{4}{5} + \left(3\frac{2}{10} + \frac{5}{12}\right)$
e) $6\frac{19}{25} + \left(3\frac{13}{34} + 4\frac{6}{25}\right) + \frac{1}{17}$
f) $\left(6\frac{6}{7} + 5\frac{8}{15}\right) + \left(\frac{1}{5} + 2\frac{1}{7}\right)$

g) $\frac{13}{25} \cdot \frac{7}{12} \cdot \left(\frac{25}{26} \cdot \frac{12}{49}\right)$
h) $\left(\frac{19}{49} \cdot \frac{1}{8}\right) \cdot \left(\frac{7}{19} \cdot \frac{8}{9}\right)$
i) $\left(2\frac{4}{17} \cdot \frac{5}{21}\right) \cdot \left(\frac{17}{19} \cdot \frac{21}{25}\right)$

L 5; $\frac{2}{5}$; $2\frac{13}{14}$; $14\frac{11}{15}$; 4; $8\frac{7}{18}$; $\frac{1}{14}$; $14\frac{15}{34}$; $\frac{1}{63}$

10 Fasse günstig zusammen, damit die Rechnung möglichst einfach wird.

a) $\frac{4}{5} + \frac{3}{7} + \frac{2}{3} + \frac{1}{5} + \frac{4}{7}$
b) $\frac{3}{13} + \frac{1}{2} + \frac{4}{9} + \frac{10}{13} + \frac{5}{9}$
c) $3\frac{1}{11} + 2\frac{1}{4} + 5\frac{10}{11}$

d) $\frac{6}{7} \cdot \frac{19}{29} \cdot \frac{7}{9} \cdot \frac{29}{19}$
e) $\frac{2}{3} \cdot \frac{11}{17} \cdot \frac{5}{91} \cdot \frac{17}{22} \cdot \frac{91}{50}$
f) $\frac{20}{81} \cdot \frac{33}{14} \cdot \frac{81}{100} \cdot \frac{28}{99}$

g) $\frac{17}{38} + \frac{5}{17} + \frac{21}{38}$
h) $\frac{4}{9} + 1\frac{7}{8} + \frac{3}{51} + \frac{5}{9} + 1\frac{1}{8}$
i) $4 \cdot 1\frac{3}{47} \cdot \frac{1}{8} \cdot \frac{47}{50}$

11 Übertrage in dein Heft und fülle die Lücken aus. Vergleiche die Ergebnisse.

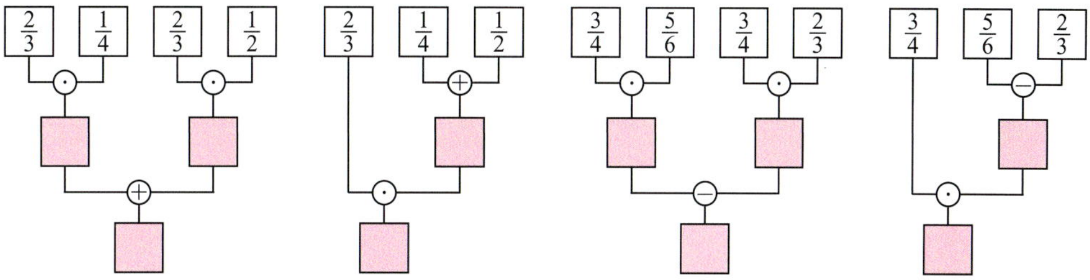

$\frac{2}{3} \cdot \frac{1}{4} + \frac{2}{3} \cdot \frac{1}{2}$ $= \square + \square$ $= \square$

$\frac{2}{3} \cdot \left(\frac{1}{4} + \frac{1}{2}\right)$ $= \square \cdot \square$ $= \square$

$\frac{3}{4} \cdot \frac{5}{6} - \frac{3}{4} \cdot \frac{2}{3}$ $= \square - \square$ $= \square$

$\frac{3}{4} \cdot \left(\frac{5}{6} - \frac{2}{3}\right)$ $= \square \cdot \square$ $= \square$

12 Berechne und vergleiche.

a) $\frac{3}{5} \cdot \left(\frac{1}{3} + \frac{5}{8}\right)$
 $\frac{3}{5} \cdot \frac{1}{3} + \frac{3}{5} \cdot \frac{5}{8}$

b) $\frac{3}{4} \cdot \left(\frac{2}{9} + \frac{4}{9}\right)$
 $\frac{3}{4} \cdot \frac{2}{9} + \frac{3}{4} \cdot \frac{4}{9}$

c) $\frac{3}{10} \cdot \left(7 + \frac{1}{6}\right)$
 $\frac{3}{10} \cdot 7 + \frac{3}{10} \cdot \frac{1}{6}$

d) $\left(\frac{4}{3} + \frac{2}{3}\right) \cdot \frac{1}{4}$
 $\frac{4}{3} \cdot \frac{1}{4} + \frac{2}{3} \cdot \frac{1}{4}$

e) $1{,}8 \cdot (0{,}4 + 4{,}2)$
 $1{,}8 \cdot 0{,}4 + 1{,}8 \cdot 4{,}2$

f) $0{,}5 \cdot (9{,}6 + 5{,}8)$
 $0{,}5 \cdot 9{,}6 + 0{,}5 \cdot 5{,}8$

g) $2{,}5 \cdot (3{,}5 - 1{,}5)$
 $2{,}5 \cdot 3{,}5 - 2{,}5 \cdot 1{,}5$

h) $5{,}4 \cdot (6 - 0{,}3)$
 $5{,}4 \cdot 6 - 5{,}4 \cdot 0{,}3$

Distributivgesetz

$a \cdot (b + c) = a \cdot b + a \cdot c$

$\frac{2}{3} \cdot \left(\frac{5}{8} + \frac{1}{2}\right) = \frac{2}{3} \cdot \frac{5}{8} + \frac{2}{3} \cdot \frac{1}{2}$

$8{,}7 \cdot (4{,}8 + 5{,}1) = 8{,}7 \cdot 4{,}8 + 8{,}7 \cdot 5{,}1$

$a \cdot (b - c) = a \cdot b - a \cdot c$

$\frac{2}{3} \cdot \left(\frac{5}{8} - \frac{1}{2}\right) = \frac{2}{3} \cdot \frac{5}{8} - \frac{2}{3} \cdot \frac{1}{2}$

$9{,}2 \cdot (3{,}5 - 1{,}8) = 9{,}2 \cdot 3{,}5 - 9{,}2 \cdot 1{,}8$

13 Setze Klammern und rechne.

$\frac{3}{8} \cdot \frac{2}{5} + \frac{3}{8} \cdot \frac{1}{10} = \frac{3}{8} \cdot \left(\frac{2}{5} + \frac{1}{10}\right) = \frac{3}{8} \cdot \left(\frac{4}{10} + \frac{1}{10}\right) = \frac{3}{8} \cdot \frac{5}{10} = \frac{3}{16}$

a) $\frac{7}{4} \cdot \frac{1}{5} + \frac{7}{4} \cdot \frac{8}{15}$
b) $\frac{15}{16} \cdot \frac{6}{9} + \frac{15}{16} \cdot \frac{1}{3}$
c) $\frac{17}{25} \cdot \frac{6}{8} + \frac{17}{25} \cdot \frac{1}{4}$
d) $\frac{7}{10} \cdot \frac{1}{8} + \frac{7}{10} \cdot \frac{13}{32}$

e) $\frac{5}{36} \cdot \frac{12}{5} + \frac{5}{36} \cdot \frac{1}{5}$
f) $13 \cdot \frac{4}{13} - 13 \cdot \frac{4}{26}$
g) $1\frac{2}{3} \cdot 2\frac{1}{5} - 1\frac{2}{3} \cdot \frac{1}{5}$
h) $6 \cdot 3\frac{2}{3} - 6 \cdot \frac{1}{3}$

i) $\frac{8}{15} \cdot \frac{5}{27} + \frac{7}{15} \cdot \frac{5}{27}$
k) $\frac{3}{12} \cdot \frac{8}{47} - \frac{1}{4} \cdot \frac{8}{47}$
l) $\frac{79}{100} \cdot \frac{55}{88} + \frac{79}{100} \cdot \frac{5}{88}$
m) $\frac{21}{38} \cdot \frac{19}{39} + \frac{18}{38} \cdot \frac{19}{39}$

14 Berechne mit dem Distributivgesetz.

$$\begin{aligned}\frac{3}{4} \cdot 4\frac{3}{5} &= \frac{3}{4} \cdot \left(4 + \frac{3}{5}\right)\\ &= \frac{3}{4} \cdot 4 + \frac{3}{4} \cdot \frac{3}{5}\\ &= 3 + \frac{9}{20} = 3\frac{9}{20}\end{aligned}$$

$$\begin{aligned}\frac{3}{2} \cdot 3\frac{1}{3} &= \frac{3}{2} \cdot \left(3 + \frac{1}{3}\right)\\ &= \frac{3}{2} \cdot 3 + \frac{3}{2} \cdot \frac{1}{3}\\ &= 4\frac{1}{2} + \frac{1}{2} = 5\end{aligned}$$

a) $\frac{2}{3} \cdot 6\frac{4}{5}$
b) $\frac{4}{5} \cdot 15\frac{1}{4}$
c) $\frac{5}{6} \cdot 18\frac{3}{5}$
d) $\frac{3}{4} \cdot 8\frac{4}{9}$
e) $\frac{3}{2} \cdot 6\frac{2}{5}$

f) $\frac{3}{8} \cdot 40\frac{5}{6}$
g) $\frac{4}{3} \cdot 9\frac{5}{8}$
h) $\frac{7}{8} \cdot 16\frac{2}{5}$
i) $\frac{7}{6} \cdot 30\frac{5}{14}$
k) $\frac{6}{5} \cdot 20\frac{2}{9}$

1 Auf dem Schulfest bezahlt man an den einzelnen Ständen mit Bons. Diese Wertmarken kann man an der Kasse kaufen. Die Einnahmen des Schulfestes sollen für die Gestaltung des Schulhofes verwendet werden.

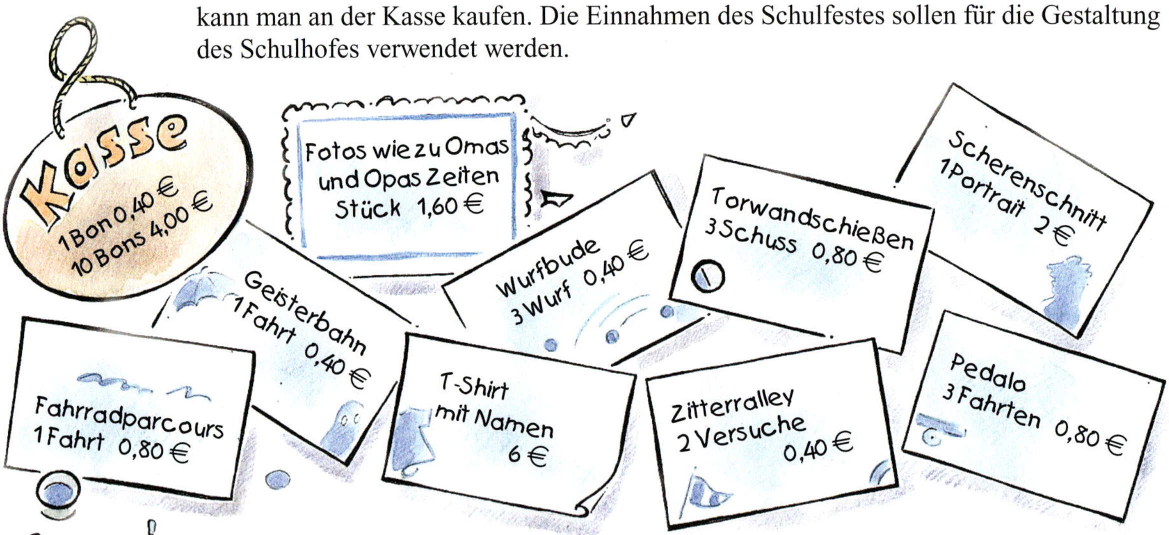

Wie viele Bons muss jedes Kind kaufen? Berechne zunächst die Gesamtkosten in Euro.

a) Alexander möchte Pedalo fahren und am Torwandschießen teilnehmen.
b) Claudia möchte von sich ein Scherenschnittportrait machen lassen und die Geisterbahn besuchen.
c) Moritz möchte ein T-Shirt mit seinem Namen kaufen und den Fahrradparcours fahren.
d) Melanie möchte auf Dosen werfen und von sich ein Foto machen lassen.

2 Auf dem Schulfest gibt es auch einen Flohmarkt. Die Klasse 6b verkauft Comic-Hefte und Kassetten. Martin kauft eine Kassette und mehrere Comic-Hefte.

Ein Term ist ein Rechenausdruck

a) Gib einen Term zur Berechnung der Gesamtkosten an. Benutze die Variable x für die Anzahl der Comic-Hefte.
b) Was muss Martin bezahlen, wenn er 2 (3, 4) Comic-Hefte kauft? Berechne mithilfe des Terms.
c) Martin bezahlt insgesamt 4 €. Wie viele Comic-Hefte hat er gekauft?

3 Stelle wie im Beispiel eine Gleichung mit Variable auf und bestimme die gesuchte Anzahl durch Einsetzen.

a) Laura bezahlt für eine Kassette und mehrere Comic-Hefte 4,40 €.
b) Oliver kauft für 4,80 € zwei Kassetten und mehrere Comic-Hefte.
c) Renata bezahlt für drei Kassetten und mehrere Comic-Hefte 5,60 €.
d) Marc kauft einige Kassetten und drei Comic-Hefte für 6 €.

Marie bezahlt für zwei Kassetten und mehrere Comic-Hefte 5,20 €.

4,80 + x · 0,60 = 7,20 (Angaben in Euro)

4,80 + 1 · 0,60 = 7,20 **(f)**
4,80 + 2 · 0,60 = 7,20 **(f)**
4,80 + 3 · 0,60 = 7,20 **(f)**
4,80 + **4** · 0,60 = 7,20 **(w)**

Die Zahl, die zum richtigen Ergebnis führt, ist die **Lösung** der Gleichung.

4

Stelle eine Gleichung auf und bestimme die gesuchte Anzahl durch Einsetzen.

a) Maik bezahlt für ein Glas Apfelsaft und mehrere Stückchen Kuchen 4 €.

b) Nicole verzehrt zwei Glas Orangensaft und mehrere Waffeln für insgesamt 3,20 €.

c) Herr Spruch kauft für seine Familie zwei Tassen Kaffee, drei Gläser Mineralwasser und einige Stückchen Kuchen. Er muss insgesamt 8 € bezahlen.

d) Frau Wolf kauft für sich eine Tasse Kaffee und für jedes ihrer Kinder ein Glas Apfelsaft und eine Waffel. Sie bezahlt 5,20 €.

5 a) Dennis kauft an einem Stand für insgesamt 4,40 € einen großen und mehrere kleine Aufkleber.

b) Paula hat noch zehn Bons. Sie möchte dafür einen großen Aufkleber und mehrere kleine kaufen.

c) Herr Föste kauft für seine Kinder jeweils einen großen und einen kleinen Aufkleber. Er bezahlt 6 €.

6 Laura hat von ihren Eltern für das Schulfest 2 € mehr Taschengeld als ihr kleiner Bruder Arne bekommen. Lauras Freundin Katrin erhält von ihren Eltern doppelt so viel wie Arne. Zusammen können sie 22 € ausgeben.

a) Erläutere die Terme im Tabellenkopf. Gib die zugehörige Gleichung an.

b) Wie viel Taschengeld bekommt jeder? Ergänze die Tabelle in deinem Heft.

(Alle Angaben in Euro)			
Arne x	Laura x + 2	Katrin 2 · x	Summe 22
1	1 + 2	2 · 1	6
2	2 + 2	2 · 2	10
3	3 + 2	2 · 3	14
⋮	⋮	⋮	⋮

7 An der Imbissbude kostet eine Currywurst 0,40 € mehr als eine Bratwurst. Ein Schnitzel ist doppelt so teuer wie die Bratwurst. Ein Hamburger kostet 1 € weniger als ein Schnitzel. Familie Epp kauft jeweils eine Portion und bezahlt zusammen 9 €. Wie teuer sind die einzelnen Angebote an der Imbissbude?
Ergänze die Terme in der Tabelle (alle Angaben in Euro). Gib die zugehörige Gleichung an. Ermittle die Preise durch Probieren.

Bratwurst x	Currywurst	Schnitzel	Hamburger	Summe 14,50
0,40				
0,80				
1,20				

Wir benutzen Rechenausdrücke **(Terme)** mit Platzhaltern **(Variablen):**

$3 + x$ $\quad y \cdot 4$ $\quad x : 7$ $\quad 5 \cdot x + 4$

Werden zwei **Terme** durch ein Gleichheitszeichen verbunden, entsteht eine **Gleichung:**

$3 + x = 12$ $\quad 12 - 9 = 3$ $\quad x : 7 = 4$ $\quad 5 \cdot x + 4 = 34$

Eine Einsetzung, die die Gleichung erfüllt, heißt **Lösung** der Gleichung.

1 So kannst du die Lösung einer Gleichung durch Einsetzen bestimmen:

Gleichung: $4 \cdot x + 7 = 27$

Einsetzen:
$4 \cdot 1 + 7 = 27$ (falsch)
$4 \cdot 2 + 7 = 27$ (falsch)
$4 \cdot 3 + 7 = 27$ (falsch)
$4 \cdot 4 + 7 = 27$ (falsch)
$4 \cdot 5 + 7 = 27$ (wahr)

Lösung der Gleichung: 5

Bestimme jeweils die Lösung der Gleichung. Setze dazu für x nacheinander 1, 2, 3 … ein.

a) $6 \cdot x + 9 = 21$
$9 \cdot x + 7 = 34$
$7 \cdot x - 3 = 32$
$8 \cdot x - 6 = 34$

b) $11 \cdot x - 10 = 45$
$13 \cdot x - 12 = 40$
$14 \cdot x + 15 = 43$
$18 \cdot x + 19 = 73$

2 Löse die Gleichungen durch Einsetzen.

a) $(x + 15) \cdot 2 = 38$
$(x + 22) \cdot 3 = 75$

b) $(x - 3) \cdot 4 = 20$
$(x - 4) \cdot 7 = 35$

c) $(x + 6{,}3) \cdot 7 = 72{,}1$
$(x + 7{,}8) \cdot 9 = 79{,}2$

3 Bestimme jeweils die Lösung.

a) $5 \cdot x + x = 24$
$3 \cdot x - x = 18$

b) $5 \cdot x + 9 \cdot x = 42$
$8 \cdot x + 5 \cdot x = 52$

c) $2 \cdot x + 4 \cdot x + 11 = 41$
$9 \cdot x - 5 \cdot x - 13 = 15$

4 Herr Hilgers kauft Briefmarken zu 0,60 € und vier Briefmarken zu 2 €. Er bezahlt 11,60 €. Wie viele Briefmarken zu 0,60 € hat er gekauft?
Wähle x als Variable für die Anzahl der Briefmarken zu 0,60 €. Stelle eine Gleichung auf. Bestimme die Lösung der Gleichung, indem du 1, 2, 3 … für x einsetzt.

5 Ein Kleintransporter darf mit 960 kg beladen werden. Zwei Kisten, die jeweils 120 kg schwer sind, stehen schon auf der Ladefläche. Wie viele Kisten mit einem Gewicht von je 80 kg können noch zusätzlich geladen werden?

6 a) Dennis ist 3 Jahre älter als seine Schwester Corinna. Zusammen sind sie 25 Jahre alt. Wie alt ist Corinna, wie alt Dennis?

b) Silke ist doppelt so alt wie ihr Bruder Patrick. Zusammen sind sie 24 Jahre alt. Wie alt ist Patrick, wie alt Silke?

7

Tammo meint: „Die Zahl gibt es nicht!" Was meinst du?

> Viele Gleichungen, die keine natürliche Zahl als Lösung haben, kannst du mithilfe gebrochener Zahlen lösen.
>
> $x \cdot 24 = 12;\ x = \frac{1}{2}$ $\qquad$ $4 \cdot x = \frac{1}{3};\ x = \frac{1}{12}$
>
> $x : 5 = \frac{1}{20};\ x = \frac{1}{4}$ $\qquad$ $\frac{1}{2} : x = \frac{3}{4};\ x = \frac{2}{3}$

8 Schreibe als Gleichung und bestimme die Lösung
a) Kerstin denkt sich eine Zahl, multipliziert sie mit 18 und erhält 9.
b) Martin denkt sich eine Zahl, multipliziert sie mit 36 und erhält 12.
c) Sandra denkt sich eine Zahl, multipliziert sie mit 32 und erhält 8.

9 Bestimme den Platzhalter.

a) $x \cdot 4 = 1$	b) $3 \cdot x = \frac{1}{2}$	c) $x \cdot \frac{2}{3} = \frac{5}{4}$	d) $\frac{9}{13} \cdot x = \frac{45}{78}$
$x \cdot 6 = 3$	$5 \cdot x = \frac{1}{3}$	$x \cdot \frac{4}{9} = \frac{12}{15}$	$\frac{3}{16} \cdot x = \frac{3}{40}$

L $\frac{2}{5}$; $1\frac{4}{5}$; $\frac{1}{4}$; $\frac{1}{6}$; $1\frac{7}{8}$; $\frac{1}{2}$; $\frac{1}{15}$; $\frac{5}{6}$

10

a) $12 : x = 24$	b) $\frac{3}{4} : x = \frac{9}{8}$	c) $x : 3 = \frac{1}{2}$	d) $x : \frac{3}{5} = \frac{5}{8}$
$5 : x = 15$	$\frac{1}{3} : x = \frac{7}{18}$	$x : 6 = \frac{1}{5}$	$x : \frac{7}{10} = \frac{2}{3}$

L $\frac{7}{15}$; $\frac{6}{7}$; $1\frac{1}{5}$; $\frac{1}{3}$; $\frac{1}{2}$; $1\frac{1}{2}$; $\frac{2}{3}$; $\frac{3}{8}$

11 Löse mithilfe von Gleichungen
a) Resa dividiert $\frac{5}{12}$ durch eine gedachte Zahl und erhält 15. Welche Zahl hat sie sich gedacht?
b) Mustafa denkt sich eine Zahl. Wenn er diese Zahl mit $2\frac{2}{3}$ multipliziert, erhält er $3\frac{1}{5}$.
c) Rabea denkt sich eine Zahl. Wenn sie diese durch $1\frac{1}{2}$ dividiert, erhält sie $\frac{1}{2}$. Welche Zahl hat sie sich gedacht?
d) Bern multipliziert eine gedachte Zahl mit $\frac{8}{9}$ und erhält $\frac{1}{3}$. Welche Zahl hat er sich gedacht?

3 Häufigkeit und Wahrscheinlichkeit

1

Melanie und Maik wollen „Stürzender Turm“ spielen. Durch einen Münzwurf soll entschieden werden, wer anfangen darf.
Beim ersten Wurf zeigt die Münze Bild. „Das war doch nur Zufall“, sagt Maik und will noch einmal werfen.
Melanie und Maik werfen nun abwechselnd die Münze. Die Ergebnisse haben sie in einer **Strichliste** festgehalten.

a) Wie oft haben Melanie und Maik die Münze insgesamt geworfen?
b) Wie häufig zeigte die Münze das Ergebnis „Zahl“, wie häufig das Ergebnis „Bild“? Hat Melanie mehr Glück als Maik?

2 Auch Arne und Laura wollen mithilfe eines Zufallsexperiments untersuchen, wer von beiden mehr Glück hat und häufiger das Ergebnis „Zahl“ erhält. Dazu haben sie beide mehrmals eine Münze geworfen und die Ergebnisse jeweils in einer Strichliste festgehalten.

Arne:

Zahl	𝍸 𝍸 𝍸 |
Bild	𝍸 𝍸 𝍸 𝍸 ||||

Laura:

Zahl	𝍸 𝍸 𝍸
Bild	𝍸 𝍸 𝍸

a) Bestimme für beide Strichlisten die **absoluten Häufigkeiten** der einzelnen Ergebnisse und die Anzahl der Würfe insgesamt.
b) Wer hat mehr Glück gehabt, Arne oder Laura? Begründe.

3 Wirf in Partnerarbeit fünfzigmal eine Münze. Lege eine Strichliste an und bestimme die absoluten Häufigkeiten der Ergebnisse „Zahl“ und „Bild“.

4 Sandra und Oliver haben dieselbe Münze unterschiedlich oft geworfen. Die Ergebnisse ihres Zufallsexperiments haben sie in zwei Strichlisten festgehalten.

	Sandra	Oliver
Zahl	卌 卌 卌 卌 |||	卌 卌 卌 |||
Bild	卌 卌 卌 卌 卌 ||	卌 卌 卌 卌 ||

a) In dem Beispiel wird für Sandra der Anteil (Bruchteil) berechnet, den das Ergebnis „Zahl" an allen Würfen hat. Dieser Anteil wird als **relative Häufigkeit** bezeichnet.
Übertrage die **Häufigkeitstabelle** für Sandras Ergebnisse in dein Heft. Bestimme die relative Häufigkeit für das Ergebnis „Bild".

b) Lege auch für die Würfe von Oliver eine Häufigkeitstabelle an. Gib die relativen Häufigkeiten als Bruch an und trage sie in die Tabelle ein.

Ergebnis: Zahl
absolute Häufigkeit: 23
Gesamtzahl der Würfe: 50
relative Häufigkeit: $\frac{23}{50}$

Häufigkeitstabelle (Sandra)

Ergebnis	absolute Häufigkeit	relative Häufigkeit
Zahl	23	$\frac{23}{50}$
Bild	27	
Summe		

5 Wirf in Partnerarbeit eine Münze zehnmal (zwanzigmal, fünfundzwanzigmal, hundertmal).

a) Bestimme mithilfe einer Strichliste die absoluten Häufigkeiten der einzelnen Ergebnisse.

b) Lege eine Häufigkeitstabelle an. Gib die relativen Häufigkeiten als Bruch an und trage sie in die Tabelle ein.

$$\textbf{Relative Häufigkeit} = \frac{\textbf{absolute Häufigkeit}}{\textbf{Gesamtzahl der Versuche}}$$

c) Vergleiche die relativen Häufigkeiten für „Zahl" und „Bild" miteinander. Was stellst du fest?

6 Nicole und Frederic haben das folgende Glücksspiel durchgeführt: Sie haben abwechselnd mit geschlossenen Augen aus dem Becher (der Urne) eine Kugel gezogen, die Farbe notiert und sie wieder zurückgelegt (Ziehen mit Zurücklegen). Die absoluten Häufigkeiten haben sie in der Häufigkeitstabelle notiert.

a) Gib die relativen Häufigkeiten als Bruch an.

b) Berechne die relativen Häufigkeiten auch als Dezimalbruch.

c) Vergleiche die relativen Häufigkeiten. Was stellst du fest?

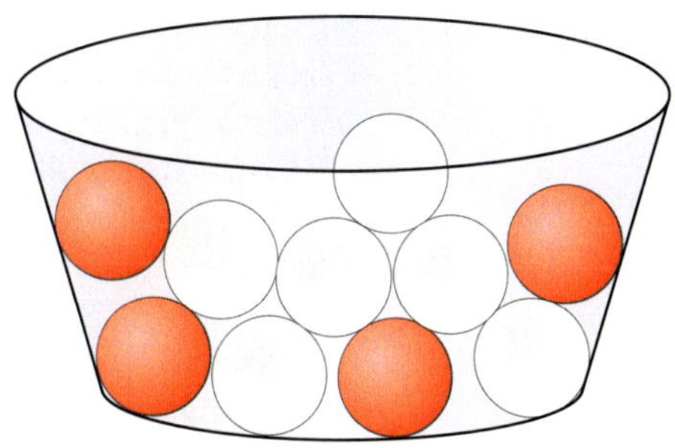

Ergebnis	absolute Häufigkeit			
rot	3	7	18	38
weiß	7	13	32	62
Summe	10			

Anna fährt langsamer als Steffi und Markus, Steffi fährt langsamer als Markus, aber nicht so langsam wie Boris. Wer fährt am schnellsten?

7

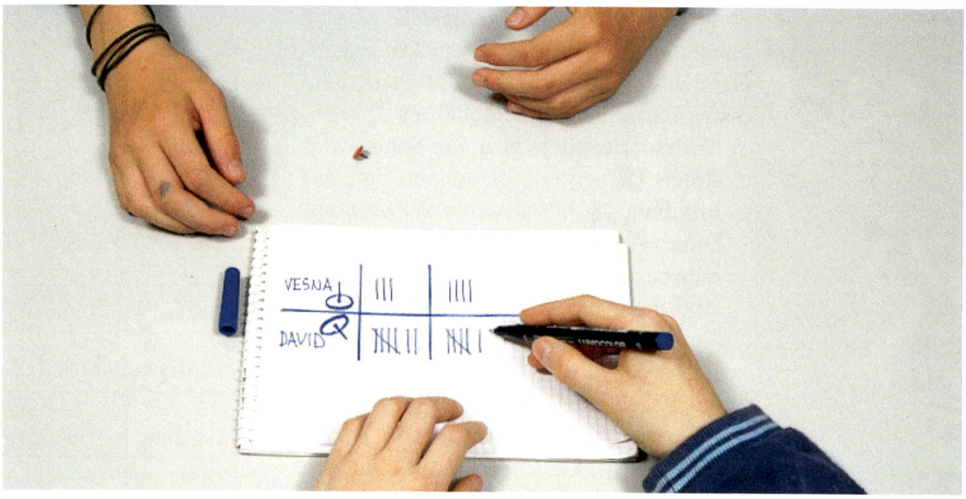

Vesna und David haben das folgende Glücksspiel vereinbart. Sie werfen eine Heftzwecke. Liegt die Heftzwecke auf der Seite, hat David gewonnen, liegt sie auf dem Kopf, gewinnt Vesna.
Vesna und David haben dieses Zufallsexperiment oft durchgeführt und dabei nach zehn (zwanzig, fünfundzwanzig, …) Würfen die absoluten Häufigkeiten bestimmt und in die Häufigkeitstabelle eingetragen.

Ergebnis	absolute Häufigkeiten							
Kopf	3	7	9	19	26	43	82	168
Seite	7	13	16	21	24	57	118	232
Summe	10							

a) Übertrage die rechts abgebildete Tabelle in dein Heft und ergänze sie.
b) Gib zu jeder Gesamtzahl die relativen Häufigkeiten beider Ergebnisse als Bruch an.
c) Berechne die relativen Häufigkeiten auch als Dezimalbruch und vergleiche sie miteinander. Was stellst du fest?
d) Haben Vesna und David die gleiche Chance bei dem Glücksspiel zu gewinnen? Begründe.

Gesamtzahl	10	20	25
relative Häufigkeit von Kopf als Bruch	$\frac{3}{10}$		
relative Häufigkeit von Seite als Bruch	$\frac{7}{10}$		
relative Häufigkeit von Kopf als Dezimalbruch	0,3		
relative Häufigkeit von Seite als Dezimalbruch	0,7		

8 Aus einer Urne mit zwei weißen und acht blauen, sonst gleichartigen Kugeln wurde mehrmals eine Kugel mit Zurücklegen gezogen.
Berechne die relativen Häufigkeiten als Dezimalbruch und vergleiche sie.

Ergebnis	absolute Häufigkeit			
weiß	3	6	12	42
blau	7	19	38	158
Summe				

9 Führe selbst in Partnerarbeit Zufallsexperimente mit einem Becher (einer Urne) durch. Lege dazu zehn gleich große Kugeln zweier unterschiedlicher Farben in die Urne und ziehe mit Zurücklegen. Bestimme die absoluten und die relativen Häufigkeiten und notiere sie in einer Tabelle.

1 Katrin und Willi haben beide mit einem Würfel gewürfelt und die Ergebnisse ihrer Zufallsexperimente in einer Strichliste festgehalten.
Bei jeder „Sechs“ gab es einen Gewinnpunkt.
a) Berechne jeweils die relativen Häufigkeiten und trage sie in eine Tabelle ein.
b) Wer hatte mehr Glück? Begründe.

Katrin

1	卌 |||
2	卌 ||
3	卌 |||
4	卌 |
5	卌
6	卌 |

Willi

1	卌 卌 ||
2	卌 卌 ||||
3	卌 卌 卌
4	卌 卌 ||
5	卌 卌 卌 |
6	卌 卌 |

2 Nicole und Frederic haben mit einem Würfel gewürfelt und die Ergebnisse ihres Zufallsexperiments in der abgebildeten Häufigkeitstabelle festgehalten.

Ergebnis	1	2	3	4	5	6
absolute Häufigkeit	16	15	20	17	14	18

Sie wollen die Ergebnisse ihres Zufallsexperiments in einem **Säulendiagramm** darstellen.
Übertrage das Säulendiagramm in dein Heft und vervollständige es (y-Achse: 1 Einheit ≙ 0,5 cm).

Säulendiagramm

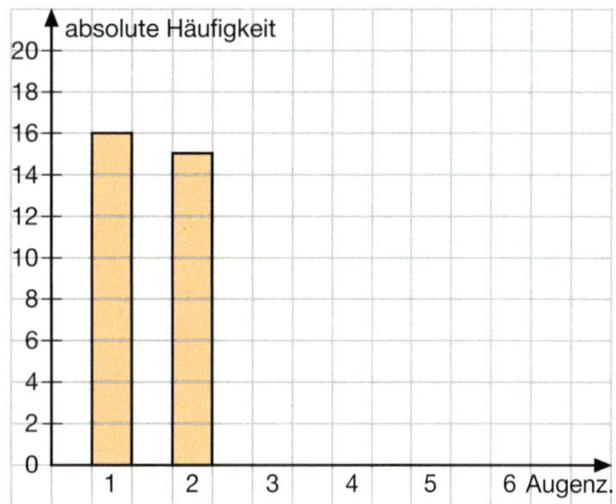

3 a) Werft in Partnerarbeit fünfzigmal (hundertmal, zweihundertmal) einen Würfel. Haltet die Ergebnisse in einer Strichliste fest.
b) Legt eine Häufigkeitstabelle an und berechnet die absoluten und relativen Häufigkeiten.
c) Stellt die absoluten Häufigkeiten in einem Säulendiagramm dar.

4 In dem Säulendiagramm sind die Ergebnisse des Zufallsexperiments „Werfen eines Würfels“ graphisch dargestellt.
a) Bestimme die absoluten Häufigkeiten.
b) Berechne die relativen Häufigkeiten.
c) Handelt es sich um einen „normalen“ Würfel? Begründe.

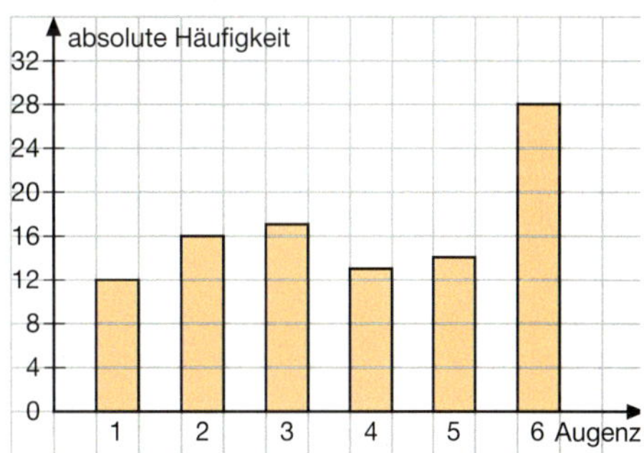

5 Würfelt in Partnerarbeit mit Spielsteinen, die nicht die Form eines Würfels haben und haltet die Ergebnisse in Strichlisten fest. Bestimmt die absoluten und die relativen Häufigkeiten und stellt die absoluten Häufigkeiten in Säulendiagrammen dar.

6

Spielstein A

Spielstein B

Die abgebildeten Spielsteine wurden unterschiedlich oft geworfen. Die absoluten Häufigkeiten der einzelnen Ergebnisse werden für jeden Spielstein in einem **Balkendiagramm** dargestellt.

a) Gib zu jedem Diagramm die relativen Häufigkeiten als Bruch an und trage sie in jeweils eine Häufigkeitstabelle ein.

b) Berechne die relativen Häufigkeiten auch als Dezimalbruch und vergleiche sie miteinander.

c) Welches Diagramm gehört zu dem abgebildeten Spielstein A? Begründe.

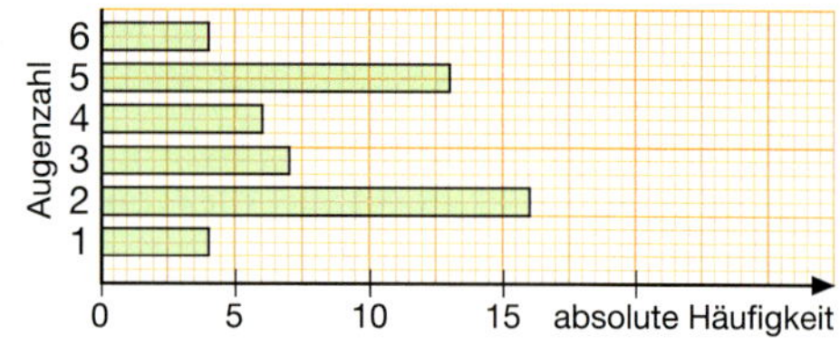

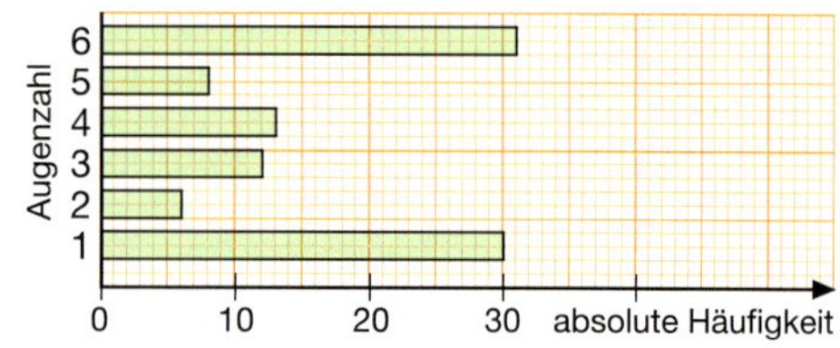

7 a) Kennzeichne die Flächen einer Streichholzschachtel mit den Augenzahlen 1 bis 6. Wirf die Schachtel fünfzigmal (hundertmal, zweihundertmal). Halte die Ergebnisse deines Zufallsexperiments in einer Strichliste fest.

b) Bestimme die absoluten Häufigkeiten und stelle sie in einem Balkendiagramm dar.

c) Berechne die relativen Häufigkeiten und trage sie in eine Häufigkeitstabelle ein.

8

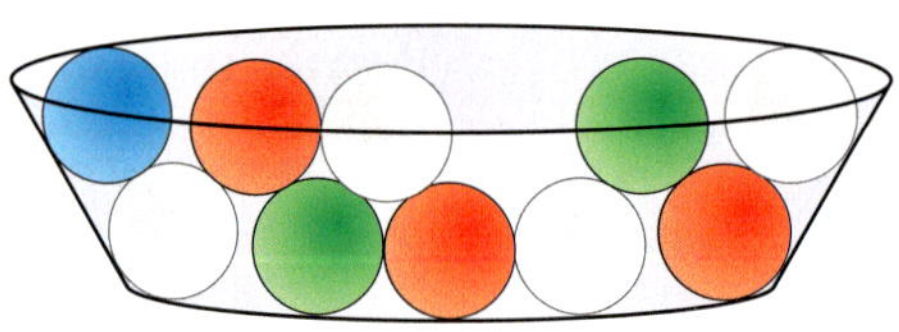

Ergebnis	weiß	rot	grün	blau
absolute Häufigkeit	38	31	21	10

Streifendiagramm

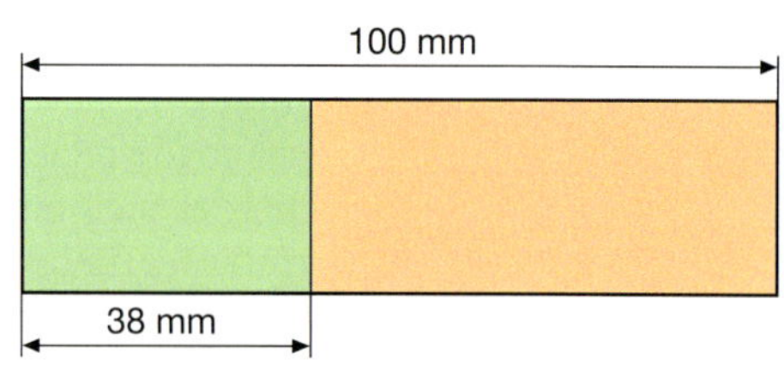

Aus der abgebildeten Urne wurde mit Zurücklegen gezogen. Die absoluten Häufigkeiten der einzelnen Ergebnisse werden in einem **Streifendiagramm** veranschaulicht.

a) Begründe, warum für die Gesamtlänge des Streifens 100 mm gewählt wurde.

b) Zeichne das vollständige Streifendiagramm in dein Heft. Berechne auch die relativen Häufigkeiten.

c) In der Häufigkeitstabelle findest du die Ergebnisse von weiteren Ziehungen. Stelle die Ergebnisse in einem Streifendiagramm dar (Gesamtlänge 100 mm).

Ergebnis	weiß	rot	grün	blau
absolute Häufigkeit	22	14	10	4

d) Vergleiche die Streifendiagramme miteinander. Was stellst du fest?

e) Berechne die relativen Häufigkeiten. Vergleiche sie mit den in b) berechneten.

9

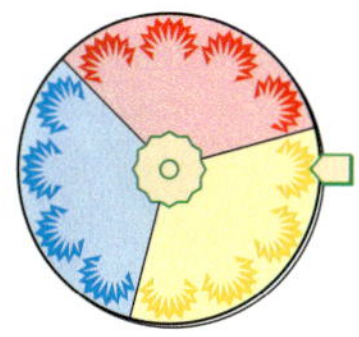

Ergebnis	blau	rot	gelb
absolute Häufigkeit	29	33	38

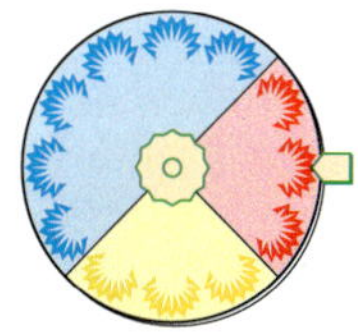

Ergebnis	blau	rot	gelb
absolute Häufigkeit	23	12	15

Die abgebildeten Glücksräder wurden unterschiedlich oft gedreht.

a) Berechne für beide Glücksräder die relativen Häufigkeiten und trage sie in jeweils eine Tabelle ein.

b) Stelle die Häufigkeiten jeweils in einem Streifendiagramm dar (Gesamtlänge 10 cm). Berechne dazu die Länge der einzelnen Abschnitte.

c) Vergleiche die Diagramme miteinander.

Ergebnis: blau
absolute Häufigkeit: 29
relative Häufigkeit: $\frac{29}{100}$
Länge des zum Ergebnis „blau" gehörigen Abschnitts:
$\frac{29}{100}$ *von 100 mm = 29 mm*

10 Das abgebildete Glücksrad wurde mehrere Male gedreht, die absoluten Häufigkeiten der Ergebnisse in der Tabelle festgehalten.

a) Berechne die relativen Häufigkeiten.

b) Zeichne ein Streifendiagramm (Gesamtlänge 100 mm).

c) Ordne die Farben den Zahlen zu.

d) Welche absoluten Häufigkeiten erwartest du bei 200 Drehungen?

Ergebnis	Farbe 1	Farbe 2	Farbe 3
absol. Häufigkeit	46	40	14

11 Ein Glücksrad ist in zwölf gleich große Felder eingeteilt, auf jedem Feld steht eine Zahl von 1 bis 5.
Das Glücksrad wurde mehrmals gedreht, die absoluten Häufigkeiten der einzelnen Ergebnisse werden in dem Säulendiagramm grafisch dargestellt.

a) Berechne zu jeder Ziffer die relative Häufigkeit.

b) Wie viele Felder tragen deiner Meinung nach die Zahl 1, wie viele die Zahl 2 (3, 5)?

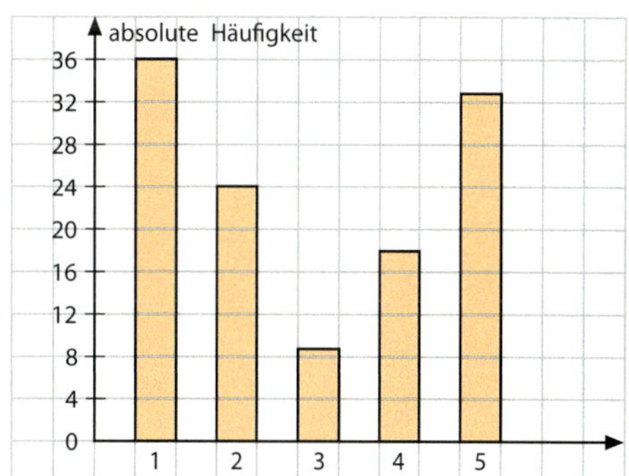

12 Führt in Partnerarbeit Zufallsexperimente mit einer Urne durch. Legt dazu gleich große Kugeln unterschiedlicher Farben in eine Urne und zieht mit Zurücklegen.

a) Bestimmt die absoluten und die relativen Häufigkeiten und notiert sie in einer Tabelle.

b) Stellt die absoluten oder die relativen Häufigkeiten in einem Säulendiagramm (einem Balkendiagramm, einem Streifendiagramm) grafisch dar.

c) Überlegt, ob ihr schon vor der Durchführung der Zufallsexperimente Aussagen über die erwartete relative Häufigkeit der Ergebnisse machen könnt.

1

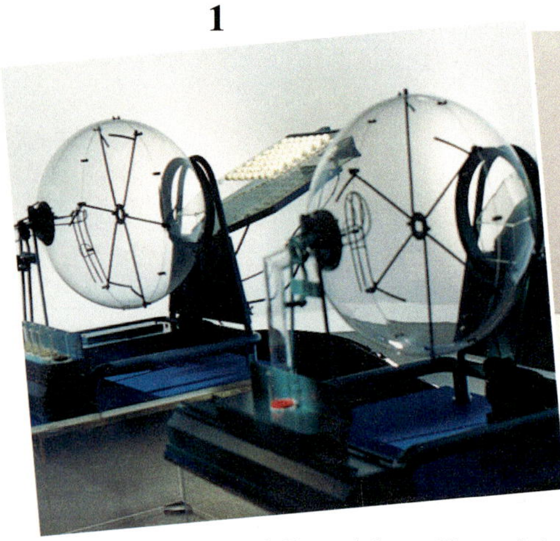
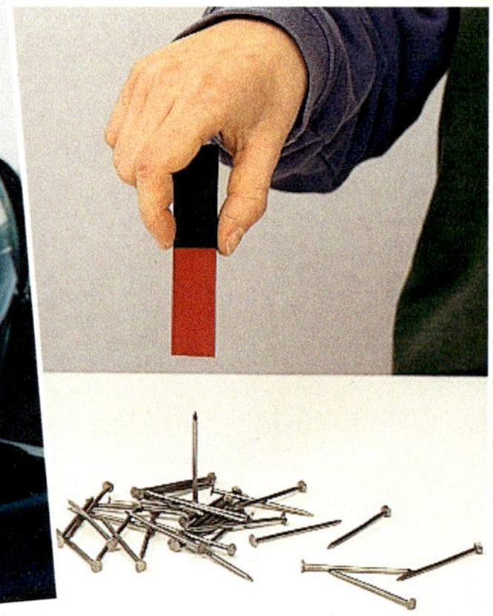

a) In welchem Versuch kannst du das Ergebnis vorhersagen, in welchem nicht?
b) In welchem Versuch erhältst du auch bei Wiederholungen immer dasselbe Ergebnis?

2 Svenja und Marc befragen einen zufällig ausgewählten Schüler ihrer Klasse nach seiner Lieblingssportart (seinem Lieblingsfach, seinem Lieblingstier, seiner Lieblingssängerin). Nenne mögliche Ergebnisse der Befragung.

> Versuche, bei denen sich die **Ergebnisse** nicht sicher vorhersagen lassen, sondern zufällig zustande kommen, heißen **Zufallsexperimente.**

3 Welche Ergebnisse sind bei folgenden Zufallsexperimenten möglich?
a) Eine Münze wird einmal geworfen.
b) Die erste Lottozahl wird gezogen.
c) Ein Würfel wird einmal geworfen.
d) Ein Glücksrad (10 Ziffern) wird gedreht.
e) Eine Person wird nach ihrer Nationalität gefragt.
f) Eine Person wird nach ihrer Schuhgröße gefragt.

4 Heike will feststellen, wie viele Ergebnisse folgendes Zufallsexperiment hat:
Sie nimmt mit geschlossenen Augen aus der Urne zwei Kugeln gleichzeitig heraus und zeichnet dieses Ergebnis mit entsprechenden Farbstiften auf.
Dann legt sie beide Kugeln wieder zurück, mischt alles gut durch und nimmt erneut zwei Kugeln.
Welche anderen möglichen Ergebnisse kann Heike bei weiteren Ziehungen erhalten?

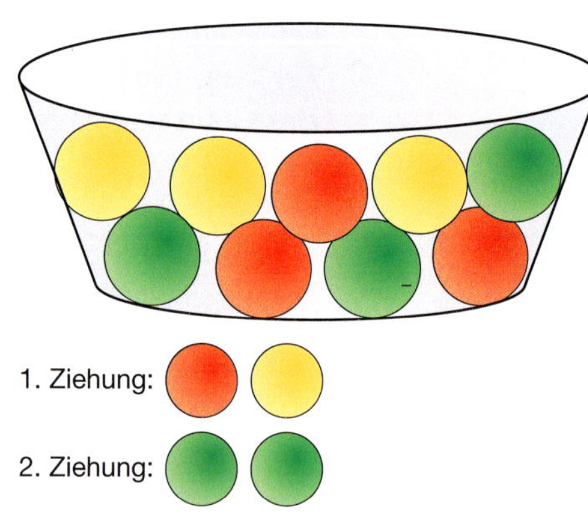

5 Eine Schülerin (ein Schüler) deiner Klasse wird ausgelost und wie unten angegeben befragt. Welche Ergebnisse sind möglich?
a) Welche Farbe haben deine Augen?
b) Wie alt bist du?
c) Welche Schuhgröße hast du?
d) Wie viel Taschengeld bekommst du im Monat?
e) Wie viele Geschwister hast du?
f) Welche Körpergröße (in cm) hast du?

1 

Die Schülerinnen und Schüler einer 6. Klasse bauen für ein Schulfest das abgebildete Glücksrad.

a) Was müssen sie beim Einteilen des Glücksrades in die verschiedenfarbigen Felder besonders beachten?

b) Die Schülerinnen und Schüler drehen das Glücksrad 100-mal nacheinander. Die absoluten Häufigkeiten der Ergebnisse halten sie in einer Häufigkeitstabelle fest.

Übertrage die Tabelle in dein Heft und bestimme die relativen Häufigkeiten. Was stellst du fest?

Ergebnis	absolute Häufigkeit	relative Häufigkeit
1	20	
2	18	
3	22	
4	21	
5	19	
Summe	100	

c) Welche relativen Häufigkeiten erwartest du bei 1000 Versuchen?

2 Bei welchem der folgenden Zufallsexperimente ist die Gewinnchance am größten, wenn nur das Ergebnis „1“ einen Gewinn erzielt?

a) Du wirfst einen Spielwürfel.

b) Du wirfst eine Centmünze.

c) Du drehst ein Glücksrad, auf dem die Zahlen von 1 bis 8 stehen.

3 Ein Glücksrad ist in vier gleich große Felder mit den Zahlen 1, 2, 3 und 4 eingeteilt.

a) Wie oft wird wahrscheinlich jedes Feld bei insgesamt 100 Versuchen an der Reihe sein?

b) Ist diese Zahl genau vorhersagbar?

c) Welche relative Häufigkeit erwartest du für die Zahl 4 (1, 2, 3) bei 1000 Versuchen?

Bei einem **Zufallsexperiment** wird die erwartete **relative Häufigkeit** eines Ergebnisses die **Wahrscheinlichkeit** des Ergebnisses genannt.
Die Wahrscheinlichkeit lässt sich oft mithilfe eines **Anteils** bestimmen.

Zufallsexperiment:
Ein Würfel wird einmal geworfen.

Mögliche Ergebnisse: 1, 2, 3, 4, 5, 6

Anzahl der Ergebnisse: 6

Wahrscheinlichkeit für jedes Ergebnis: $\frac{1}{6}$

4 Bestimme die Wahrscheinlichkeit für folgende Ergebnisse:
a) Beim Würfeln mit einem Spielwürfel liegt die „3“ oben.
b) Nach dem Werfen einer Münze liegt die „Zahl“ oben.
c) Nach dem Drehen eines Glücksrades mit den gleich großen Feldern von 1 bis 8 steht der Zeiger auf der „7“.

5 Aus der abgebildeten Urne wird mit geschlossenen Augen eine Kugel herausgenommen, die Farbe festgestellt und die Kugel wieder zurückgelegt.
In dem Beispiel wird die Wahrscheinlichkeit für das Ziehen einer gelben Kugel bestimmt.
Gib die Wahrscheinlichkeit für das Ziehen einer roten (weißen, blauen) Kugel an.

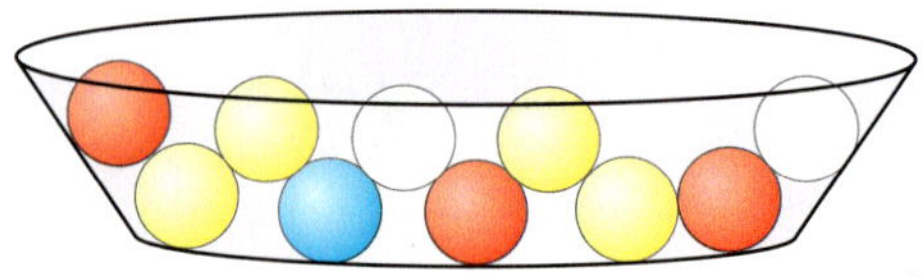

Anteil der gelben Kugeln: 4 von 10 = $\frac{4}{10} = \frac{2}{5}$

Die Wahrscheinlichkeit für das Ziehen einer gelben Kugel beträgt: $\frac{2}{5}$

6 a) Bestimme für jedes Glücksrad den Anteil der blauen Farbe an der Gesamtfläche.
b) Gib jeweils die Wahrscheinlichkeit für das Ergebnis „blaues Feld“ an.

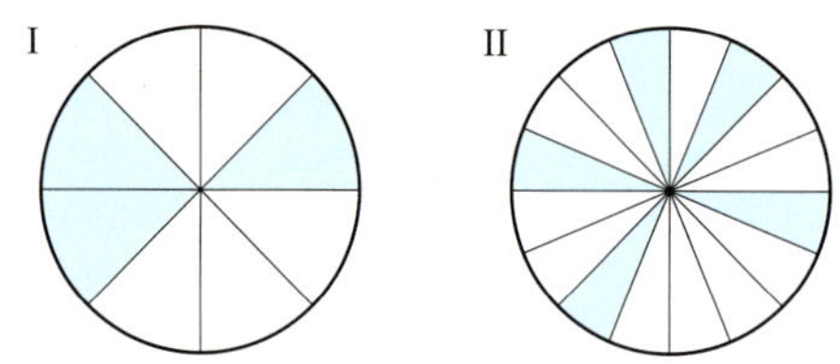

7 Zeichne ein Glücksrad (Radius 4 cm) und teile es in farbige Felder ein. Die farbigen Anteile sollen dabei den angegebenen Wahrscheinlichkeiten entsprechen.

a) orange $\frac{1}{2}$; blau $\frac{1}{3}$; weiß $\frac{1}{6}$ b) grün $\frac{1}{8}$; rot $\frac{1}{2}$; gelb $\frac{1}{8}$; blau $\frac{1}{4}$

8 In einer Lostrommel befinden sich 90 Nieten, neun Gewinnlose und ein Hauptgewinn. Wie groß ist die Wahrscheinlichkeit, dass eine Niete (ein Gewinnlos, der Hauptgewinn) gezogen wird?

9 Von den 14 Jungen der Klasse 6c kommen acht regelmäßig mit dem Fahrrad zu Schule, während nur fünf von 15 Mädchen das Fahrrad benutzen.
a) Wie groß ist die Wahrscheinlichkeit, dass ein zufällig ausgewähltes Mädchen (ein zufällig ausgewählter Junge) der 6c mit dem Fahrrad zur Schule kommt?
Gib die Wahrscheinlichkeit als Bruch und als Dezimalbruch an. Runde auf zwei Nachkommastellen.
b) Wie groß ist die Wahrscheinlichkeit, dass ein zufällig ausgewähltes Mitglied der Klasse für seinen Schulweg ein Fahrrad benutzt?

10 Die Tabelle zeigt dir, wie sich die Blutgruppen auf 50 Schülerinnen und Schüler des 6. Jahrganges verteilen. Aus dieser Gruppe wird eine Person zufällig ausgewählt.
Wie groß ist die Wahrscheinlichkeit, dass diese Person die Blutgruppe A (B, AB, 0) hat? Gib die Wahrscheinlichkeit jeweils als Dezimalbruch an.

Blutgruppe	absolute Häufigkeit
A	21
B	7
AB	3
0	19

1

Tanja und Marco haben an einer verkehrsreichen Kreuzung bei 1000 Pkws gezählt, wie viele Personen jeweils in einem Fahrzeug sitzen. Das Ergebnis ihrer Untersuchung haben sie in einer Häufigkeitstabelle zusammengefasst.
Schätze die Wahrscheinlichkeit dafür, dass ein mit zwei Personen (mit einer Person, mit drei Personen) besetzter Pkw diese Kreuzung befährt?

2 Peter möchte wissen, wie groß beim Werfen einer Heftzwecke die Wahrscheinlichkeit für das Ergebnis „Kopf" ist.
Er hat dazu mehrmals hintereinander eine Heftzwecke geworfen und die absolute Häufigkeit für das Ergebnis „Kopf" in der Häufigkeitstabelle festgehalten.

a) Berechne zu jeder Gesamtzahl die zugehörige relative Häufigkeit.
b) Welche Wahrscheinlichkeit ordnest du dem Ergebnis „Kopf" zu? Begründe.

Gesamtzahl der Versuche	absolute Häufigkeit für „Kopf"
10	3
50	24
100	41
500	225
1000	435

Zufallsexperiment: Befragung einer zufällig ausgewählten Person nach ihrer Blutgruppe.
Untersuchungsergebnis bei 10000 zufällig ausgewählten Personen

Ergebnis	absolute Häufigkeit
A	4209
B	1280
AB	705
0	3806

Ergebnis: Die Person hat Blutgruppe A.

Wahrscheinlichkeit für das Ergebnis:

$\frac{4209}{10\,000} = 0{,}4209$

Können bei einem Zufallsexperiment die Wahrscheinlichkeiten nicht mithilfe geeigneter Anteile bestimmt werden, betrachtet man bereits erfolgte Durchführungen des Experiments.
Als Schätzwert für die Wahrscheinlichkeit eines Ergebnisses wird die vorher ermittelte relative Häufigkeit des Ergebnisses genommen.

3 Im Technikunterricht wurden Fahrräder auf ihre Verkehrssicherheit hin überprüft. Wie groß ist die Wahrscheinlichkeit, dass das Fahrrad eines zufällig ausgewählten Schülers leichte Mängel (erhebliche Mängel, keine Mängel) aufweist?

Ergebnis	absolute Häufigkeit
keine Mängel	75
leichte Mängel	115
erhebliche Mängel	60

1 In der Klasse 6b sind 14 Mädchen und 15 Jungen. Für eine Veranstaltung soll aus jeder Klasse ein Vertreter ausgewählt werden. Die Schülerinnen und Schüler der 6b wollen das Los entscheiden lassen.

a) Wie groß ist die Wahrscheinlichkeit, dass das Los auf Stefanie aus der 6b fällt?

b) Wie groß ist die Wahrscheinlichkeit, dass ein Mädchen (Junge) ausgelost wird?

2 Auf der Kirmes gibt es an der Losbude einen Hauptgewinn im Wert von 100 €, zehn Gewinne im Wert von jeweils 15 €, 50 Kleingewinne im Wert von jeweils 3 €, 100 Freilose und 839 Nieten.

a) Wie groß ist die Wahrscheinlichkeit für einen Hauptgewinn (einen Gewinn, einen Kleingewinn, ein Freilos, eine Niete)?

b) Kann der Besitzer der Losbude noch Gewinn machen, wenn jedes Los 1 € kostet?

3 In einer Urne befinden sich zwanzig gleichartige Kugeln. Davon sind sechs rot, sieben weiß, drei schwarz und vier Kugeln blau gefärbt. Eine Kugel wird aus der Urne gezogen. Berechne die Wahrscheinlichkeiten aller möglichen Ergebnisse.

4 Ein Glücksrad soll in gleichgroße Felder eingeteilt werden, die entweder rot oder weiß oder grün sind. Welche Einteilung wählst du, wenn die Wahrscheinlichkeit für ein rotes Feld $\frac{1}{4}$ für ein grünes Feld $\frac{3}{8}$ und ein weißes Feld $\frac{3}{8}$ betragen soll?

5

Der Bevölkerungsaufbau in der Bundesrepublik Deutschland (100000 zufällig ausgewählte Einwohner)	
Lebensalter	absolute Häufigkeit
unter 20 Jahre	21 309
20 bis 60 Jahre	55 688
60 bis unter 80 Jahre	18 959
80 Jahre und älter	4 044

Von 100 000 zufällig ausgewählten Einwohnern der Bundesrepublik wurde das Lebensalter ermittelt. Das Ergebnis wird in der Häufigkeitstabelle dargestellt.

a) Wie groß ist die Wahrscheinlichkeit dafür, dass ein zufällig ausgewählter Einwohner der Bundesrepublik unter 20 Jahre (20 bis unter 60 Jahre, 60 bis unter 80 Jahre) alt ist?

b) Informiere dich über den aktuellen Bevölkerungsaufbau.

6 Ein Ikosaeder ist ein regelmäßiger Körper, dessen Oberfläche aus zwanzig gleich großen Dreiecksflächen besteht. Diese Dreiecksflächen tragen hier die Zahlen von 1 bis 20. Mit dem Ikosaeder wird einmal gewürfelt. Wie groß ist die Wahrscheinlichkeit, dass die gewürfelte Zahl größer als 15 (kleiner als 7, ungerade, ein Vielfaches von 3) ist?

7 Für ein Zufallsexperiment stehen dir eine Urne und gleichartige rote, blaue, grüne und weiße Kugeln zur Verfügung. Es soll eine Kugel aus der Urne gezogen werden. Die Wahrscheinlichkeit dafür, dass eine rote Kugel gezogen wird, soll 0,1 betragen, die Wahrscheinlichkeit für eine blaue Kugel 0,3, für eine weiße Kugel 0,2 und für eine grüne Kugel 0,4. Wie viele Kugeln von jeder Farbe musst du in die Urne legen, wenn die Urne insgesamt 10 (50, 70) Kugeln enthalten soll?

8 Das abgebildete Kartenspiel besteht aus 32 Karten: Sieben, Acht, Neun, Zehn, Bube, Dame, König, As in den Farben Karo, Herz, Pik und Kreuz. Aus dem vollständigen Kartenspiel soll eine Karte gezogen werden.

a) Wie groß ist die Wahrscheinlichkeit, dass die gezogene Karte eine Herz-Karte (ein Bube, eine rote Karte) ist?

b) Wie groß ist die Wahrscheinlichkeit, dass die gezogene Karte die Karo-Sieben (ein schwarzer König, ein Bild) ist?

9 Die Tabelle zeigt dir, wie sich 20 000 zufällig ausgewählte Fahrzeuge in der Bundesrepublik Deutschland auf die unterschiedlichen Fahrzeugarten verteilen. Kristin und Stefan stehen an einer Straße und beobachten den Verkehr.

a) Wie groß ist die Wahrscheinlichkeit dafür, dass das nächste Fahrzeug ein Pkw (Lkw, Omnibus) ist?

b) Wie groß ist die Wahrscheinlichkeit, dass das nächste Fahrzeug ein motorgetriebenes Zweirad ist?

Fahrzeugart	absolute Häufigkeit
Mofas, Mokicks, Mopeds	625
Krafträder	1311
Pkw	16 444
Omnibusse	32
Zugmaschinen	359
Lkw	980
übrige Kraftfahrzeuge	249

10

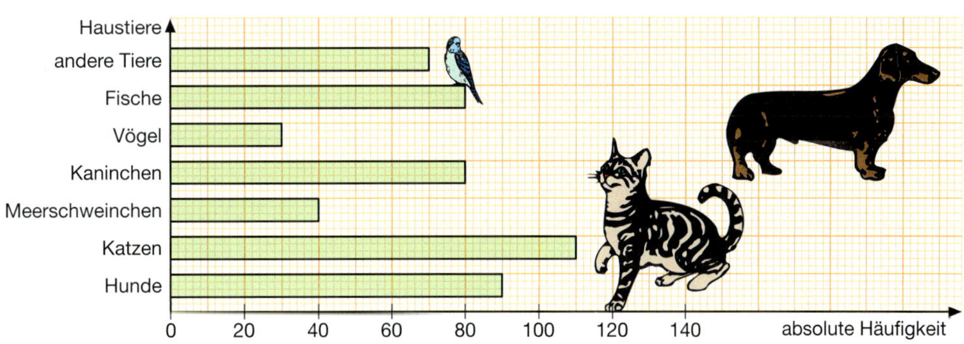

Eine Umfrage unter Haustierbesitzern führte zu dem in dem Balkendiagramm dargestellten Ergebnis.

a) Ein zufällig ausgewählter Haustierbesitzer wird gefragt, was für ein Haustier er hat. Bestimme die Wahrscheinlichkeiten aller möglichen Ergebnisse.

b) Informiere dich über die aktuellen Anteile.

4 Zuordnungen

1 In der Biologie werden die Wirbeltiere in unterschiedliche Klassen eingeteilt. Solche Klassen sind zum Beispiel die Fische, die Amphibien, die Reptilien, die Vögel und die Säugetiere.

Pfeildiagramm
Aal → Fische

Ordne jedem angegebenen Wirbeltier seine Klasse zu: Katze, Hecht, Fledermaus, Pottwal, Pferd, Kröte, Feuersalamander, Chamäleon, Kamel, Python, Zeisig, Bär, Wels, Gnu, Kakadu, Kabeljau, Anakonda, Antilope, Eidechse, Baumfalke, Marder.

Tabelle

Fisch	Lebensraum
■	■
■	■

2 Fische können nach ihrem Lebensraum in Süßwasserfische und Meeresfische unterschieden werden.
Übertrage die Tabelle in dein Heft und ordne dabei auch den folgenden Fischen ihren Lebensraum zu:
Sardelle, Zander, Stichling, Rotfeder, Lachs, Schellfisch, Heilbutt, Rotbarsch.
Schau im Lexikon nach.

Fisch	Lebensraum
Karpfen	Süßwasser
Hering	Meer
Bachforelle	■
Kabeljau	■
Wels	■
Scholle	■
Makrele	■

3 Schülerinnen und Schüler haben untersucht, wie heiß Wasser werden kann.

Dazu wurde in Abständen von jeweils einer halben Minute die Temperatur des erhitzten Wassers gemessen und in eine Tabelle eingetragen

Zeit (min)	0	0,5	1	1,5	2	2,5	3	3,5	4	4,5	5	5,5	6	6,5
Temperatur (°C)	18	27	36	45	55	64	73	82	90	96	98	99	100	100

Koordinatensystem

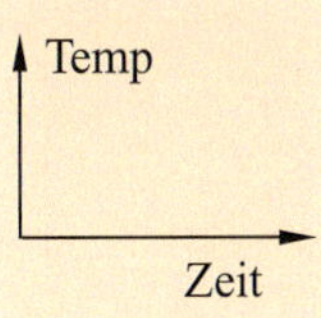

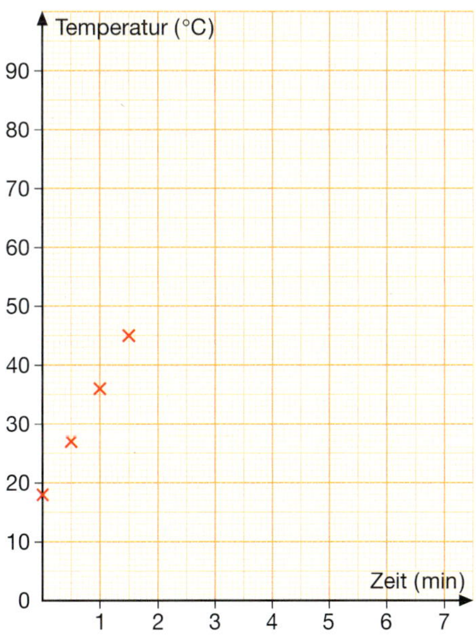

a) Welche Größen werden hier einander zugeordnet?

b) Arne möchte den Temperaturverlauf grafisch darstellen.
Beschreibe, wie Arne das Koordinatensystem eingeteilt hat.
Welche Zeiten hat er mit den zugehörigen Temperaturen in das Koordinatensystem eingetragen?
Übertrage das Koordinatensystem auf Millimeterpapier und trage auch die fehlenden Werte ein.

c) Verbinde die einzelnen Punkte. Beschreibe den Verlauf der Kurve.

4

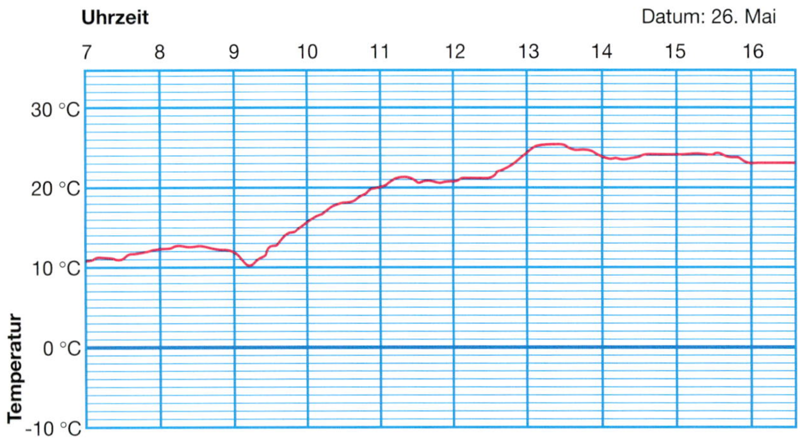

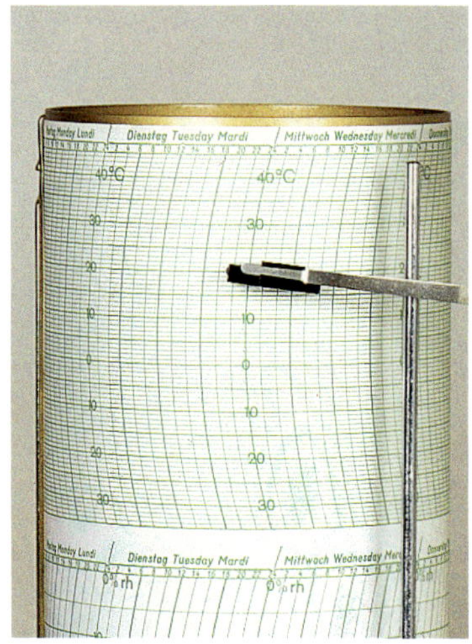

In der Abbildung siehst du die Temperaturkurve, die der Temperaturschreiber einer Wetterstation an einem Frühlingstag aufzeichnete.

a) Übertrage die Tabelle in dein Heft und fülle sie aus. Lies die fehlenden Werte aus der Temperaturkurve ab.

Uhrzeit (h)	7	8	9	10	11	12	13	14	15	16
Temperatur (°C)	■	■	■	■	■	■	■	■	■	■

b) Lies ab, wann die Temperatur 16 °C (20 °C, 24 °C, 11 °C, 10 °C, 23 °C) betrug.

c) In welchen Zeiträumen stieg (fiel) die Temperatur?

5 Jana und Sven haben ab 8.00 Uhr morgens in Abständen von einer Stunde jeweils die Temperatur gemessen und in eine Tabelle eingetragen.

a) Zeichne ein Koordinatensystem (x-Achse: 1 cm ≙ 1 h; y-Achse: 1 cm ≙ 5 °C) und trage die Zeiten mit den zugehörigen Temperaturen als Punkte ein.

b) Zeichne durch die eingezeichneten Punkte eine Temperaturkurve.

c) Ermittle anhand deiner Temperaturkurve die Temperatur um 9.30 h (11.30 h). Kannst du sicher sein, dass der von dir ermittelte Wert die wirkliche Temperatur angibt?

d) Wann betrug die Temperatur 14 °C (16 °C, 18 °C)?

Das Zeichen „≙" bedeutet „entspricht".

Uhrzeit (h)	8	9	10	11	12	13
Temperatur (°C)	13	15	17	19	21	22

Uhrzeit (h)	14	15	16	17	18	19	20
Temperatur (°C)	22	22	21	19	17	15	13

6 Zwei Radfahrergruppen und ein Autofahrer fahren vom Bahnhof bis zum Seeufer. Im Schaubild wird der zeitliche Verlauf dieser Wege dargestellt **(Weg-Zeit-Diagramm).**

a) Die erste Radfahrergruppe startet am Bahnhof um 14.00 Uhr. Wann erreicht die erste Gruppe den Aussichtsturm? Wie lange macht die Gruppe dort Pause? Wann erreicht sie den Rastplatz und wie lange hält sie sich dort auf? Wann kommt die erste Gruppe schließlich an ihrem Ziel, dem Seeufer, an?

b) Beschreibe anhand des Diagrammes die Fahrt der zweiten Gruppe und die Fahrt des Autofahrers.

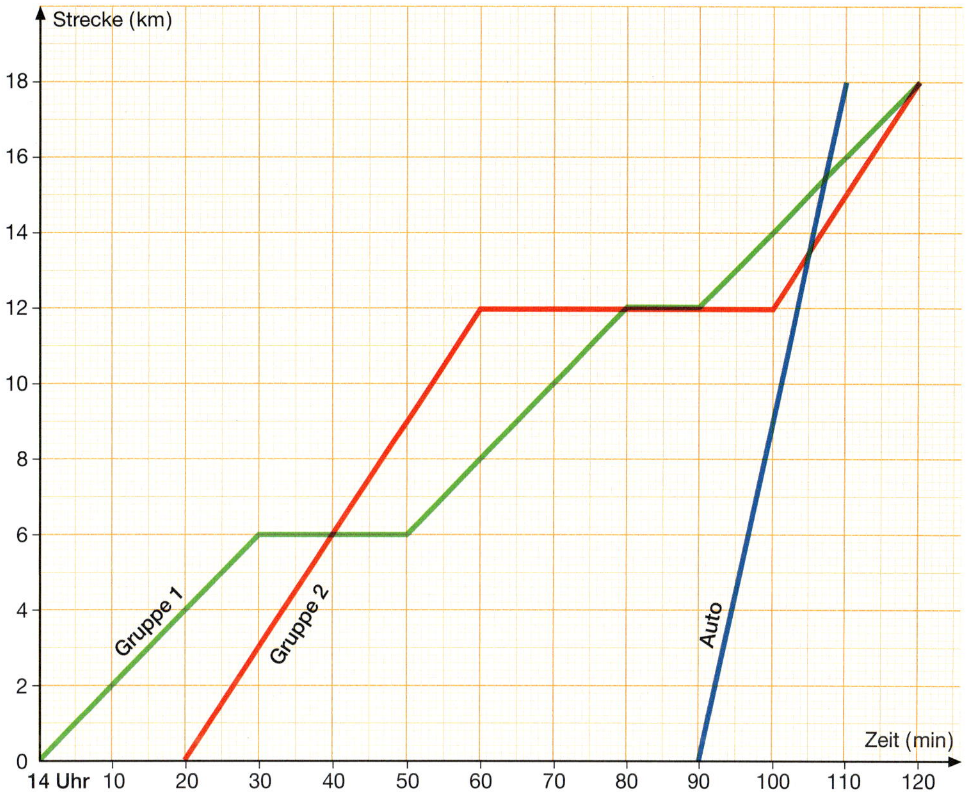

c) Wann und wo treffen sich die beiden Radfahrergruppen? Wann überholt der Autofahrer die beiden Gruppen?

d) Wie lange brauchen die Radfahrergruppen für die einzelnen Teilstrecken? Wie lange ist jede Radfahrergruppe insgesamt unterwegs?

e) Wie kannst du im Weg-Zeit-Diagramm erkennen, welche Radfahrergruppe schneller fährt?

7

Schreibe eine Geschichte auf, die dein Partner oder deine Partnerin in einem Weg-Zeit-Diagramm darstellen kann.
Zeichne selbst ein Weg-Zeit-Diagramm zu der Geschichte, die du von deinem Partner oder deiner Partnerin erhältst.

8

Svenja, Hilke und Anna wollen auf einem Radwanderweg eine Strecke von 24 km Länge zurücklegen. Sie haben vorher ausgerechnet, dass sie bei einer durchschnittlichen Geschwindigkeit von 12 $\frac{km}{h}$ (*lies:* Kilometer pro Stunde) dazu eine Zeit von 2 h benötigen.

Damit sie es auch in der vorgesehenen Zeit schaffen, legen sie vorher eine Tabelle mit Zwischenwerten an.

a) Übertrage die Tabelle in dein Heft und vervollständige sie.
Welche Größen werden hier einander zugeordnet?

Zeit (min)	Strecke (km)
0	0
20	
40	
60	12
80	
100	
120	24

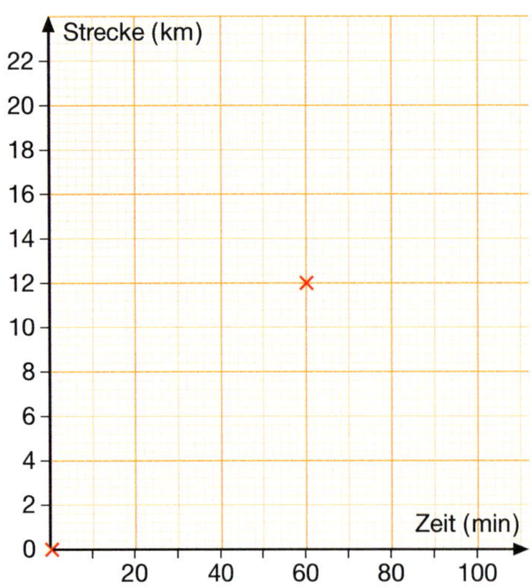

b) Hilke hat einige Zeiten mit den zugehörigen Strecken als Punkte in das abgebildete Koordinatensystem eingetragen.
Übertrage das Koordinatensystem auf Millimeterpapier und vervollständige es. Verbinde die einzelnen Punkte. Du erhältst das **Weg-Zeit-Diagramm.**
Was stellst du fest?

c) Lies aus dem Koordinatensystem ab, welche Strecke die Mädchen nach 50 min (70 min, 100 min) zurückgelegt haben.

d) Pascal, Sebastian und Stanislav wollen eine gleich lange Strecke mit einer durchschnittlichen Geschwindigkeit von 18 $\frac{km}{h}$ zurücklegen. Sie haben ausgerechnet, dass sie dann eine Zeit von 1 h 20 min benötigen. Lege eine Tabelle an und zeichne das Weg-Zeit-Diagramm.

9 Das Schaubild zeigt dir einen Querschnitt durch den Taunus von Bacharach am Rhein bis Rauenthal. Dabei wird der zurückgelegten Strecke die zugehörige Höhe über dem Meeresspiegel (Höhe über Normalnull) zugeordnet (Strecke ⟶ Höhe über NN).

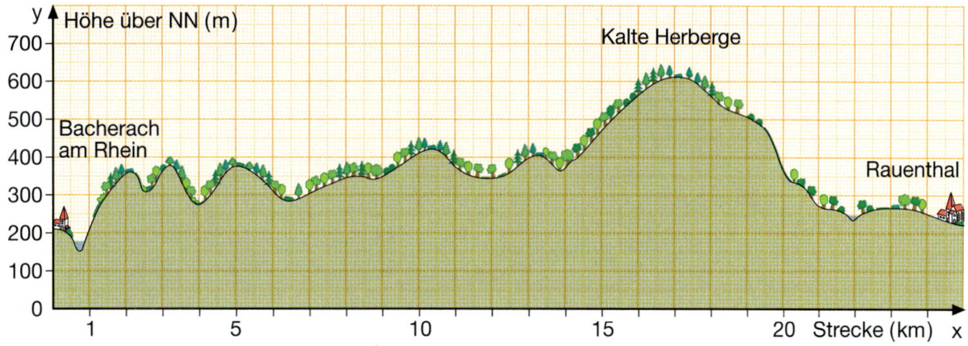

Eine Wandergruppe geht von Bacharach nach Rauenthal.

a) In welcher Höhe befindet sie sich, wenn sie 2 km (4 km, 8 km, 10 km, 13 km, 18 km, 22 km) zurückgelegt hat?

b) Wie hoch ist der höchste Berg, den sie bis Rauenthal überwinden muss? Welche Strecke hat sie bis dahin zurückgelegt?

10 Auf der Wanderkarte findest du eine Querschnittslinie eingezeichnet. Jennifer und Oliver gehen von A nach B.

Höhenlinie: Alle Punkte, die auf einer Höhe liegen.

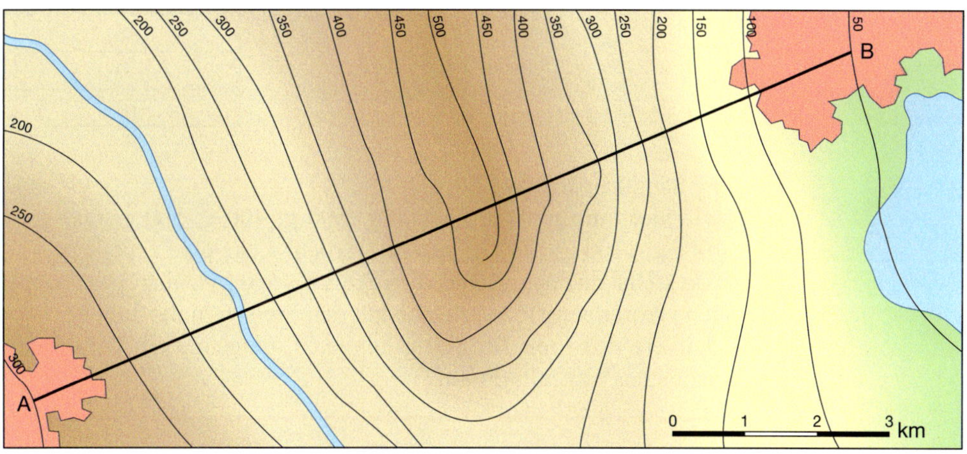

a) Übertrage die Tabelle in dein Heft und vervollständige sie. Miss dazu die Abstände von A bis zur jeweiligen Höhenlinie.

zurückgelegter Weg (km)	0	1,4	2,3
Höhe über NN (m)	300	250	200

b) Vervollständige den Querschnitt auf Millimeterpapier.

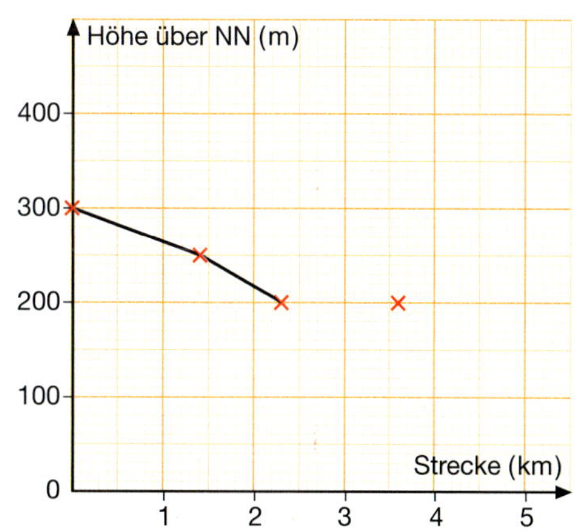

1

Auf dem Flohmarkt kostet jedes Comic-Heft 0,50 €.

a) Vergleiche den Preis für zwei Hefte mit dem Preis für vier Hefte (sechs Hefte). Was fällt dir auf?

b) Berechne die fehlenden Preise. Nenne unterschiedliche Möglichkeiten.

Anzahl der Hefte	Preis (€)
1	0,50
2	1,00
3	1,50
4	2,00
5	2,50
6	3,00
7	
8	
9	
10	

2 100 g Schinken kosten 1,80 €.

a) Wie viel Euro müssen für 200 g (300 g; 400 g; 500 g; 600 g; 700 g; 800 g; 900 g; 1000 g; 1100 g; 1200 g) bezahlt werden? Lege eine Tabelle an.

b) Was stellst du fest, wenn du den Preis für 500 g Schinken verdoppelst (für 300 g Schinken verdreifachst)? Vergleiche mit den Preisen in der Tabelle.

c) Halbiere den Preis für 800 g Schinken, berechne ein Drittel des Preises für 1200 g Schinken. Was fällt dir auf?

300 g Frischkäse kosten 3,30 €.

Masse (g)	Preis (€)
300	3,30
·2 → 600	6,60 ← ·2
·3 → 900	9,90 ← ·3
300	3,30
:2 → 150	1,65 ← :2
:3 → 100	1,10 ← :3

Masse → Preis

doppelte Masse → doppelter Preis

dreifache Masse → dreifacher Preis

Hälfte der Masse → Hälfte des Preises

Drittel der Masse → Drittel des Preises

Diese Zuordnung ist proportional.

3 Die folgenden Zuordnungen sind proportional. Berechne die fehlenden Werte.

a)

Masse (kg)	Preis (€)	Operator
2	5,60	
4	■	·2
10	■	·5
12	■	·6
14	■	·7
22	■	·11

b)

Masse (g)	Preis (€)	Operator
7500	24,00	
2500	■	:3
1500	■	:5
750	■	:
500	■	:
250	■	:

12 Flaschen Saft kosten 10,80 €. **Anzahl der Flaschen ⟶ Preis**

Wie viel Euro kosten 24 (36) Flaschen?

12 Flaschen kosten 10,80 €.
24 Flaschen kosten 10,80 € · 2 = 21,60 €.
36 Flaschen kosten 10,80 € · 3 = 32,40 €.

Anzahl der Flaschen	Preis (€)	Operator
12	10,80	
24	21,60	·2
36	32,40	·3

Wie viel Euro kosten 6 (4) Flaschen?

12 Flaschen kosten 10,80 €.
6 Flaschen kosten 10,80 € : 2 = 5,40 €.
4 Flaschen kosten 10,80 € : 3 = 3,60 €.

Anzahl der Flaschen	Preis (€)	Operator
12	10,80	
6	5,40	:2
4	3,60	:3

4 Die folgenden Zuordnungen sind proportional. Berechne die fehlenden Werte.

a)

Anzahl	Preis (€)	Operator
1	4,00	
5	■	·5

b)

Anzahl	Preis (€)	Operator
3	2,50	
12	■	·4

c)

Anzahl	Preis (€)	Operator
6	1,20	
48	■	·8

d)

Anzahl	Preis (€)	Operator
12	33	
4	■	:3

e)

Anzahl	Preis (€)	Operator
21	4,20	
3	■	○

f)

Anzahl	Preis (€)	Operator
45	6,30	
5	■	○

5 Übertrage die Tabellen in dein Heft und berechne die fehlenden Massen.

a)

Preis (€)	Masse (g)
0,90	60
2,70	■
3,60	■
5,40	■
10,80	■

b)

Preis (€)	Masse (g)
4,80	540
0,48	■
0,60	■
0,80	■
1,60	■

c)

Preis (€)	Masse (g)
6,60	450
0,66	■
1,10	■
1,32	■
2,20	■

6 Im Ausverkauf werden sechs Meter Gardinenstoff zu 33 € angeboten. Wie viel kosten 3 m (2 m, 0,5 m, 1,5 m)? Lege eine Tabelle an.

7 Ein undichter Wasserhahn verliert in 12 Stunden 3 Liter Wasser. Wie viel Liter verliert er in 6 Stunden (4 Stunden, 3 Stunden, einem Tag, 2 Wochen)? Lege eine Tabelle an.

8 Für sechs Filzstifte muss Lisa im Schreibwarengeschäft 2,40 € bezahlen. Daniel möchte drei Filzstife kaufen, Julia zwei, Klaus vier, André acht und Sarah neun. Lege eine Tabelle an und berechne die fehlenden Preise.

9 24 Flaschen Limonade kosten 14,40 €.
a) Wie viel Euro kosten 2 (3, 6, 8, 14) Flaschen? Lege eine Tabelle an.
b) Wie viele Flaschen erhält Tina für 2,40 € (5,40 €, 10,80 €)?

10 Herr Damman möchte das Sonderangebot nutzen.
a) Deshalb kauft er gleich 1500 g (2000 g, 2500 g, 3500 g, 4000 g) Gulasch und friert einen Teil davon ein. Lege eine Tabelle an und berechne die Preise.
b) Wie viel Gramm Gulasch bekommt er für 1,80 € (0,90 €, 0,72 €)?

11

Datei Bearb. Ansicht Einfügen For

Times 12 F K U

B6 400

	A	B
1	Preis (EUR)	Masse (g)
2	0,7	50
3	2,1	150
4	2,8	200
5	4,2	300
6	5,6	400
7		

Maria hat zu den vorgegebenen Preisen die zugehörigen Massen mithilfe einer Tabellenkalkulation bestimmt.
a) Liegt hier eine proportionale Zuordnung vor?
b) Übertrage die Tabelle in dein Heft und berechne die fehlenden Massen.

Preis (€)	Masse (g)
6,30	450
0,63	
1,05	
2,10	
3,15	

12 Überprüfe, ob hier eine proportionale Zuordnung vorliegen kann.

a)

Stück	Preis (€)
2	3,00
10	15,00

b)

Stück	Preis (€)
3	1,50
12	6,00

c)

Stück	Preis (€)
2	1,80
6	3,60

d)

Stück	Preis (€)
15	9,00
3	1,80

e)

Stück	Preis (€)
21	14,00
3	2,50

f)

Stück	Preis (€)
32	6,40
8	1,80

1 Übertrage die Tabelle in dein Heft und fülle sie aus. Trage die Zahlenpaare als Punkte in ein Koordinatensystem ein. Was stellst du fest?

a) *Masse* ⟶ *Preis*

Masse (kg)	Preis (€)
15	12
5	■
3	■
1	■

x-Achse: 1 cm ≙ 1 kg
y-Achse: 1 cm ≙ 1 €

b) *Arbeitszeit* ⟶ *Verdienst*

Zeit (h)	Verdienst (€)
6	72
0,5	■
1,5	■
2	■

x-Achse: 1cm ≙ 1 h
y-Achse: 1 cm ≙ 10 €

c) *Volumen* ⟶ *Masse*

Volumen (cm^3)	Masse (g)
75	600
5	■
10	■
25	■

x-Achse: 1 cm ≙ 10 cm^3
y-Achse: 1 cm ≙ 100 g

Volumen ⟶ Masse

Volumen (cm^3)	Masse (g)
1,2	9
0,6	4,5
1,8	13,5
2,4	18
3,6	27
4,8	36
6,0	45

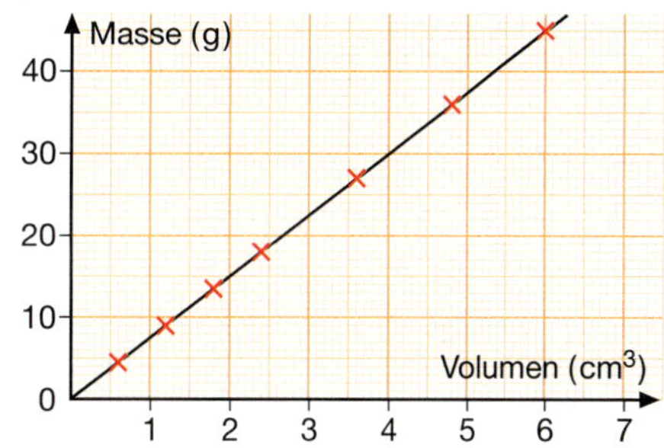

Bei einer proportionalen Zuordnung liegen die Punkte im Koordinatensystem auf einer Geraden durch den Ursprung (0|0).

2 Die folgenden Zuordnungen sind proportional. Übertrage die Tabelle in dein Heft und fülle sie aus. Trage die Zahlenpaare als Punkte in ein Koordinatensystem ein. Überprüfe, ob die eingetragenen Zahlenpaare auf einer Ursprungsgeraden liegen.

a) *Zeit* ⟶ *Weg*

Zeit (h)	Weg (km)
3	240
6	■
■	160
9	■

x-Achse: 1 cm ≙ 1 h
y-Achse: 1 cm ≙ 100 km

b) *Benzin* ⟶ *Fahrstrecke*

Volumen (*l*)	Strecke (km)
4	50
8	■
■	450
56	■

x-Achse: 1cm ≙ 10 *l*
y-Achse: 1 cm ≙ 100 km

c) *Fläche* ⟶ *Farbmenge*

Fläche (m^2)	Masse (kg)
8	5,6
■	0,7
4	■
■	4,2

x-Achse: 1 cm ≙ 1 m^2
y-Achse: 1 cm ≙ 1 kg

3 Frau Buck tankt ihren Wagen auf.

a) Trage das Zahlenpaar als Punkt in ein Koordinatensystem ein (größter x-Wert: 45 *l*; größter y-Wert: 55 €).

b) Zeichne die Gerade durch diesen Punkt und den Ursprung und bestimme anhand der Geraden, wie teuer 20 *l* (10 *l*, 15 *l*, 35 *l*, 40 *l*, 45 *l*) sind.
Trage die Ergebnisse in eine Tabelle ein.

1 Übertrage die Tabelle in dein Heft und fülle sie aus.

a) *Anzahl (Schokoriegel)* ⟶ *Preis*

Anzahl	Preis (€)	$\frac{\text{Preis}}{\text{Anzahl}}$ (€)
12	6,00	6,00 : 12 = 0,50
4	■	■
3	■	■
2	■	■

b) *Volumen (Aluminium)* ⟶ *Masse*

Vol. (cm^3)	Masse (g)	$\frac{\text{Masse}}{\text{Vol.}} = \left(\frac{g}{cm^3}\right)$
200	540	540 : 200 = 2,7
100	■	■
50	■	■
20	■	■

Was stellst du bei beiden Teilaufgaben fest? Was gibt der Quotient jeweils an?

Zeit ⟶ Weg

Zeit (h)	Weg (km)	$\frac{\text{Weg}}{\text{Zeit}} \left(\frac{km}{h}\right)$
4	260	260 : 4 = 65
8	520	520 : 8 = 65
2	130	130 : 2 = 65

Die Zahlenpaare (4; 260), (8; 520), (2; 130) heißen **quotientengleich:**

$\frac{260}{4} = 65$; $\frac{520}{8} = 65$; $\frac{130}{2} = 65$

Proportionalitätsfaktor k = $\boxed{65}$
k gibt hier die Geschwindigkeit an (65 km pro h).

Bei proportionalen Zuordnungen sind die Quotienten zugeordneter Größen gleich.

2 Berechne den Proportionalitätsfaktor k. Was gibt der Proportionalitätsfaktor an?

a) *Stückzahl* ⟶ *Preis*

Anzahl	Preis (€)
7	4,90
1	■

b) *Telefoneinheiten* ⟶ *Gebühren*

Einheiten	Gebühr (€)
400	21,16
1	■

c) *Personenzahl* ⟶ *Eintritt*

Anzahl	Eintritt (€)
4	26
1	■

d) *Stofflänge* ⟶ *Preis*

Länge (m)	Preis (€)
12	225,60
1	■

e) *Arbeitszeit* ⟶ *Gehalt*

Zeit (h)	Gehalt (€)
20	257,60
1	■

f) *Fahrstrecke* ⟶ *Benzin*

Strecke (km)	Volumen (*l*)
400	26,8
1	■

3 Bei den folgenden Zuordnungen wird dem Volumen eines Körpers die Masse zugeordnet: Volumen ⟶ Masse. Der Proportionalitätsfaktor k gibt dabei für jedes Material die Masse eines Kubikzentimeters an (Dichte des Materials). Berechne die Masse eines Körpers mit dem angegebenen Volumen.

	a)	b)	c)	d)	e)	f)	g)
Material	Aluminium	Marmor	Messing	Gold	Platin	Silber	Blei
Dichte $\left(\frac{g}{cm^3}\right)$	2,7	2,5	8,3	19,3	21,4	10,51	11,34
Volumen (cm^3)	30	40	60	50	80	70	90
Masse (g)	2,7 · 30 = ■	■	■	■	■	■	■

Markus bekommt jeden Monat sein festes Taschengeld. Einen Teil davon gibt er aus, der Rest wird gespart. Wenn Markus 20 € ausgibt, kann er 5 € sparen. Kann er, wenn er nur die Hälfte ausgibt, das Doppelte sparen?

4 Ein Goldbarren hat ein Volumen von 96 cm^3 und eine Masse von 1852,8 g.

a) Wie viel Gramm wiegen Goldbarren mit einem Volumen von 250 cm^3 (320 cm^3)?
So kannst du zu beliebigem Volumen x die zugehörige Masse berechnen:

Volumen (cm^3)	Masse (g)
96	1852,8
↓ (:96)	↓ (:96)
1	19,3
↓ (·x)	↓ (·x)
x	$19{,}3 \cdot x$

Du berechnest den Proportionalitätsfaktor k:

$$k = \frac{1852{,}8}{96} = 19{,}3$$

$$x \longmapsto 19{,}3 \cdot x$$

allgemeine Zuordnungsvorschrift:

$$x \longrightarrow k \cdot x$$

Zu jeder Zahl x erhalten wir die zugeordnete Zahl, indem wir k mit x multiplizieren.

b) Berechne die Masse eines Goldbarrens mit einem Volumen von 540 cm^3 (725 cm^3).

5 a) Berechne jeweils k und gib die Zuordnungsvorschrift an. Was gibt k jeweils an?
b) Übertrage die Tabelle in dein Heft und vervollständige sie.

a)

Zeit (h)	Lohn (€)
8	110,4
11	■
35	■
38,5	■

b)

Zeit (h)	Strecke (km)
3	169,5
7	■
2,5	■
6,5	■

c)

Volumen (cm^3)	Masse (g)
3,7	26,973
4,8	■
11,7	■
19,8	■

6 In 45 Minuten verbraucht ein elektrischer Heizlüfter für 0,27 € elektrische Energie.
a) Berechne k und gibt die Zuordnungsvorschrift an.
b) Berechne, welche Energiekosten in 12 min (19 min; 54 min; 63 min; 75 min) entstehen. Runde auf zwei Stellen nach dem Komma.

7 a) Berechne den Proportionalitätsfaktor k zur Zuordnung „Strecke in m ⟶ Zeit in s" und gib die Zuordnungsvorschrift an.
b) Welche Zeit benötigt der Läufer durchschnittlich für eine Strecke von 50 m (100 m, 400 m, 1 km, 5 km)?

8 Eine 20-sitzige Turbopropmaschine verbraucht in drei Flugstunden zirka 400 *l* Kerosin.
a) Bestimme k und gib die Zuordnungsvorschrift an (Flugzeit ⟶ Verbrauch).
b) Wie viel Liter Kerosin werden in 45 min (1,5 h; 2 h; 5 h; 15 min; 30 min) verbraucht? Benutze die Zuordnungsvorschrift und runde sinnvoll.

9 Dirks Vater tauscht auf der Bank 400 € gegen 412 $ ein (Betrag in € ⟶ Betrag in $).
a) Berechne den Proportionalitätsfaktor k und gib die Zuordnungsvorschrift an.
b) Wie viel Dollar bekommt Dirks Vater für 350 € (650 €; 1200 €; 2345 €)?

L 669,5; 4825; 10 422; 13,8; 56,5; 7,29; 1,03; 0,38; 0,171; $133\frac{1}{3}$; 33,333; 0,45; 6176; 13992,5; 0,11; 395,5; 34,992; 0,07; 0,32; 8,55; 100; 66,667; 2415,35; 141,25; 85,293; 483; 17,1; 200; 266,667; 0,006; 1236; 367,25; 144,342; 151,8; 68,4; 171; 666,667; 855; 531,3; 360,5

1 Jens und Oliver kaufen einen Fünferpack DVD-Rohlinge. Jens nimmt drei, Oliver bekommt zwei.
a) Wie viel Euro muss jeder bezahlen?
b) Wie viele Gigabyte Speicherkapazität hat jeder insgesamt auf seinen Rohlingen?

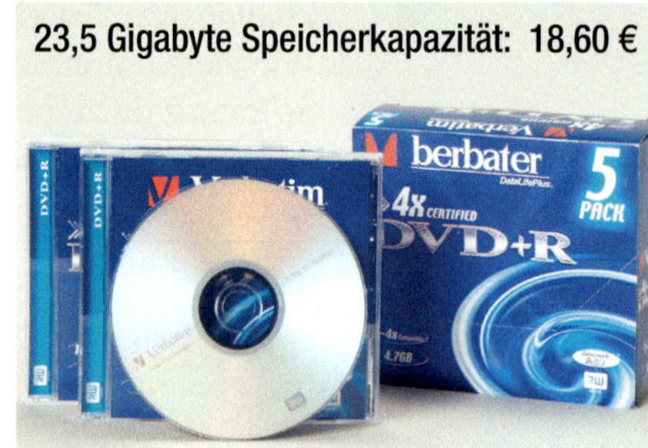

2 Meikes Mutter kauft 24 Stiefmütterchen für 9,60 €. Beim Pflanzen stellt sie fest, dass sie noch sieben Stiefmütterchen benötigt. Sie bittet Meike, die Pflanzen zu kaufen.
a) Wie viel Euro muss Meike bezahlen?
b) Lars kauft für 6,40 € Stiefmütterchen. Wie viele Blumen bekommt er?

10 kg Äpfel kosten 8,50 €.
Wie viel Euro kosten 3 kg?

10 kg kosten 8,50 €.
1 kg kostet 8,50 € : 10 = 0,85 €.
3 kg kosten 0,85 € · 3 = 2,55 €.

Gewicht ⟶ **Preis**

	Gewicht (kg)	Preis (€)	
	10	8,50	
:10 ↓	1	0,85	↓ :10
·3 ↓	3	2,55	↓ ·3

3 Übertrage die Tabelle zu den folgenden proportionalen Zuordnungen in dein Heft und vervollständige sie.

a)

Stück	Masse (kg)
5	85
1	
7	

b)

Zeit (h)	Lohn (€)
8	104
1	
40	

c)

Länge (m)	Preis (€)
11	165
1	
19	

d)

Benzin (l)	Strecke (km)
14	182
55	

e)

Masse (g)	Preis (€)
500	15,00
40	

f)

Masse (kg)	Preis (€)
3	3,60
4	

4 Beim Training läuft Peter fünf Runden um den Platz. Dabei legt er 2000 m zurück. Sein Freund Michael läuft immer acht Runden. Wie viel Meter legt er dabei zurück?

5 Eine Zehnerkarte für das Freibad kostet 15 €. Auf Ingeborgs Karte sind bereits sieben Felder entwertet. Wie viel Euro ist ihre Karte noch wert?

6 Bei den Bundesjugendspielen läuft Stefanie 100 m in 16 Sekunden. Wie viel Meter legt sie bei diesem Tempo in sieben Sekunden zurück?

7 Hans-Joachim legt mit seinem Fahrrad eine Strecke von 12,8 km in 40 Minuten zurück. Wie weit fährt er bei gleichem Tempo in 25 (30, 35, 45) Minuten?

8 Für acht Rollen Tapete bezahlt Herr Schiller 147,20 €. Während des Tapezierens stellt er fest, dass er noch drei Rollen nachkaufen muss. Berechne den Preis. Lege eine Tabelle an.

Anzahl	Preis (€)
8	147,20
1	■
3	■

9 An Petras Geburtstagsfeier wollen insgesamt zehn Personen teilnehmen. Berechne jeweils das Gewicht der benötigten Zutaten.

Nudelsalat für 4 Personen:
300 g Nudeln, 200 g Fleischwurst,
200 g Erbsen, 100 g Mais,
200 g Majonäse,
Salz, Pfeffer, Paprika nach Geschmack

10 Auf dem Schulfest verkauft Heidi Orangensaft. Für 40 *l* Saft sind 200 Becher erforderlich. Heidi hat berechnet, wie viele Becher sie für die verkauften 35 *l* Saft bereits verbraucht hat.

a) Berechne, wie viele Becher für 50 (65, 75, 80) Liter Saft benötigt werden.
b) Der Erlös beträgt bei 20 verkauften Bechern Orangensaft 4 €. Wie berechnest du vorteilhaft den Erlös bei 30 (15, 24) verkauften Bechern?

11 Die Klasse 6b hat für das Schulfest Kuchen gebacken. Der Erlös für die Schule beträgt bei zwölf verkauften Kuchenstücken 3 €. Berechne vorteilhaft den Erlös bei 20 (28; 30, 50) verkauften Kuchenstücken.

12 Für das Sportabzeichen muss Bodo 1000 m in 4 min 30 s laufen. Welche Zeit hat er durchschnittlich für eine Runde (400 m) zur Verfügung? Rechne vorteilhaft.

13 Bei den Halleneuropameisterschaften müssen beim 5000-m-Lauf 25 Runden zurückgelegt werden. Wie viele Runden müssen die 1500-m-Läufer zurücklegen?

L zu Nr. 8 bis 13: 7,5; 750; 500; 12,5; 250; 325; 6; 3; 5; 7; 7,5; 500; 250; 400; 375; 108; 55,20; 4,80; 500

Manche Zuordnungen sind nur in bestimmten Bereichen proportional.

14 Vier Arbeiter eines Gartenbaubetriebes pflastern eine Hoffläche in 48 Stunden.
a) Wie viele Stunden benötigen drei (sechs, acht) Arbeiter?
b) Begründe, warum 1152 Arbeiter die gleiche Fläche nicht in zehn Minuten pflastern können.

1 

Zeit (min)	Anzahl der Pumpen
180	3
90	
60	
45	

In 180 Minuten füllen drei Pumpen ein Wasserbecken. Wie viele Pumpen müssen eingesetzt werden, wenn das Becken bereits in 90 Minuten (60 min, 45 min) gefüllt werden soll? Löse die Aufgabe mithilfe einer Tabelle.

2 In einer Schreinerei werden mehrere gleich lange Holzleisten zersägt. Wird eine Holzleiste in sechs Stücke zersägt, ist jedes 20 cm lang.

a) In wie viele Stücke wird eine Leiste zersägt, wenn jedes Stück 10 cm (5 cm, 30 cm, 40 cm) lang sein soll?

b) Vergleiche die Anzahlen bei 20 cm und 40 cm (10 cm und 30 cm) langen Stücken. Was fällt dir auf?

Eine Rolle Schnur lässt sich in sechs jeweils 1,20 m lange Stücke zerschneiden.

	Anzahl der Stücke	Länge (m)	
	6	1,20	
·2	12	0,60	:2
·3	18	0,40	:3
	6	1,20	
:2	3	2,40	·2
:3	2	3,60	·3

Anzahl ⟶ **Länge**

doppelte Anzahl ⟶ **Hälfte** der Länge

dreifache Anzahl ⟶ **Drittel** der Länge

Hälfte der Anzahl ⟶ **doppelte** Länge

Drittel der Anzahl ⟶ **dreifache** Länge

Diese Zuordnung ist antiproportional.

---

3 Die folgenden Zuordnungen sind antiproportional. Übertrage die Tabelle in dein Heft und berechne die fehlenden Werte.

a)

	Anzahl	Zeitdauer (Tage)	
	18	24	
·2	36		:2
·3	54		:3
·4	72		:4
·6	108		:6

b)

	Anzahl	Länge (cm)	
	144	15	
:6	24		·6
:8	18		·8
:	9		·
:	6		·

12 Lastwagen fahren einen Schuttberg in 18 Tagen ab.

Wie viele Tage benötigen 24 (36) Wagen?

12 Wagen benötigen 18 Tage.
24 Wagen benötigen 18 Tage : 2 = 9 Tage
36 Wagen benötigen 18 Tage : 3 = 6 Tage

	Anzahl der Lastwagen	**Zeitdauer in Tagen**	
	12	18	
·2	24	9	:2
·3	36	6	:3

Wie viele Tage benötigen 6 (4) Wagen?

12 Wagen benötigen 18 Tage.
6 Wagen benötigen 18 Tage · 2 = 36 Tage
4 Wagen benötigen 18 Tage · 3 = 54 Tage

	Anzahl der Lastwagen	**Zeitdauer in Tagen**	
	12	18	
:2	6	36	·2
:3	4	54	·3

4 Die folgenden Zuordnungen sind antiproportional. Berechne die fehlenden Werte.

a)

	Anzahl	Zeit (Tage)	
	2	15	
·5	10	■	:5

b)

	Anzahl	Zeit (Tage)	
	3	28	
·4	12	■	:4

c)

	Anzahl	Zeit (Tage)	
	6	54	
·6	36	■	:6

d)

	Anzahl	Länge (cm)	
	6	96	
·8	48	■	:

e)

	Anzahl	Länge (cm)	
	8	180	
·9	72	■	:

f)

	Anzahl	Länge (cm)	
	17	150	
·	51	■	:

g)

	Anzahl	Länge (cm)	
	16	3	
:8	2	■	·8

h)

	Anzahl	Länge (cm)	
	24	1,50	
:	4	■	·

i)

	Anzahl	Länge (cm)	
	42	2,10	
:	6	■	·

k)

Zeit (min)	Volumen (*l*)
46	78
138	■

l)

Zeit (min)	Volumen (*l*)
96	18
24	■

m)

Zeit (min)	Volumen (*l*)
32	117
96	■

Geschwindigkeit: v

Zeit: t

5 Mit verschiedenen Fahrzeugen wird jeweils die gleiche Strecke zurückgelegt. Übertrage die Tabellen in dein Heft und bestimme jeweils die benötigte Fahrzeit.

a)

v $\left(\frac{km}{h}\right)$	t (h)
120	3
60	■
40	■
15	■
10	■
6	■

b)

v $\left(\frac{km}{h}\right)$	t (h)
9	40
18	■
36	■
45	■
144	■
180	■

c)

v $\left(\frac{km}{h}\right)$	t (h)
162	2,5
54	■
27	■
18	■
6	■
3	■

6 Du kannst eine Rolle Klebeband in 120 Streifen von je 5 cm Länge schneiden. Wie viele Streifen erhältst du, wenn jeder Streifen 15 cm (10 cm, 20 cm) lang werden soll?

7 Wenn Jessica täglich 2,50 € ausgibt, reicht ihr Urlaubsgeld für 18 Tage.
a) Wie viel darf sie täglich ausgeben, wenn das Geld nur für 6 Tage reichen soll?
b) Wie viele Tage reicht das Geld, wenn sie täglich 5 € ausgibt?

8 Bei 15 cm Kantenlänge passen in einem rechteckigen Zimmer 36 Fliesen in eine Reihe. Wie viele Fliesen der Kantenlänge 30 cm (45 cm) werden für eine Reihe benötigt?

9 Für die Aufführung ihrer Theatergruppe stellen Sebastian und Sabine Stühle auf. Jeder von ihnen muss 36 Stühle aufstellen. Wie viele Stühle muss jeder aufstellen, wenn noch zwei (vier, sechs) Mitglieder der Theatergruppe helfen?

10 Ein Reiterhof hat für seine sechs Pferde eine Fuhre Heu bekommen. Dieser Futtervorrat reicht 60 Tage.
a) Am selben Tag werden noch 2 (3) weitere Pferde in Pflege genommen. Wie lange reicht der Futtervorrat jetzt?
b) Die Fuhre Heu soll für 72 Tage reichen. Wie viele Pferde dürfen dann auf dem Reiterhof untergestellt werden?

L zu Nr. 6 bis 10: 45; 18; 40; 40; 12; 60; 5; 18; 30; 12; 7,50; 9; 9

11

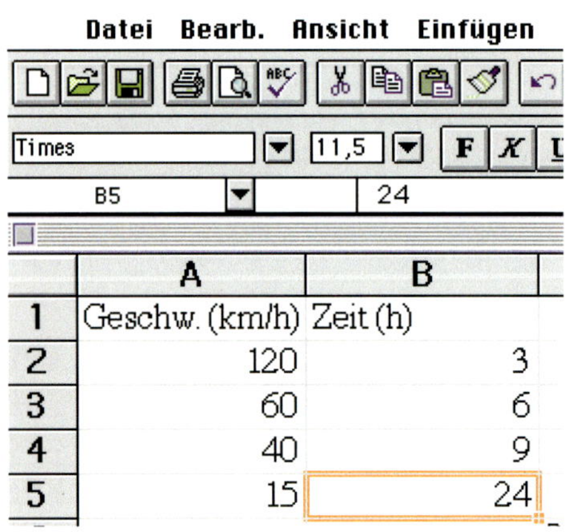

	A	B
1	Geschw. (km/h)	Zeit (h)
2	120	3
3	60	6
4	40	9
5	15	24

Lukas hat mithilfe einer Tabellenkalkulation berechnet, in welcher Zeit eine Strecke bei verschiedenen Durchschnittsgeschwindigkeiten zurückgelegt wird.
a) Liegt hier eine antiproportionale Zuordnung vor? Begründe.
b) Übertrage die Tabelle in dein Heft und bestimme die fehlenden Zeiten.

v ($\frac{km}{h}$)	t (h)
9	40
18	
36	
45	
144	

12 Überprüfe, ob die folgenden Zuordnungen antiproportional sind.

a)

Masse (g)	Anzahl
60	20
30	40

b)

Anzahl	t (h)
20	4
5	16

c)

t (min)	Volumen (*l*)
30	42,4
120	24,8

d)

t (h)	Anzahl
2	12
6	13

e)

Anzahl	t (h)
56	72
168	24

f)

Länge (cm)	Anzahl
12,5	24
50	6

1 Zu einem Rechteck der Länge 12 cm und der Breite 2 cm sollen weitere flächengleiche Rechtecke bestimmt werden.

Länge (cm)	12	6	2	1	24
Breite (cm)	2				

a) Übertrage die Tabelle in dein Heft und fülle sie aus.

b) Trage die Zahlenpaare als Punkte in ein Koordinatensystem ein. Wähle als Einheit auf beiden Achsen 0,5 cm. Verbinde benachbarte Punkte durch Strecken. Bestimme die zur Länge von 4 cm (3 cm) gehörenden Breiten und trage die Zahlenpaare ebenfalls als Punkte in das Koordinatensystem ein. Was stellst du fest?

2 a) Zu einem Rechteck der Länge 15 cm und der Breite 8 cm sollen weitere flächengleiche Rechtecke bestimmt werden. Übertrage die Tabelle in dein Heft und fülle sie aus.

Länge (cm)	15	30	60	20	12	24	10	6	5	4	3	2
Breite (cm)												

b) Trage die Zahlenpaare als Punkte in ein Koordinatensystem ein. Wähle als Einheit auf beiden Achsen 0,2 cm. Zeichne durch die Punkte eine Kurve.

Rechtecklänge ⟶ Rechteckbreite

Länge (cm)	Breite (cm)
8	12
4	24
2	48
16	6
24	4
32	3

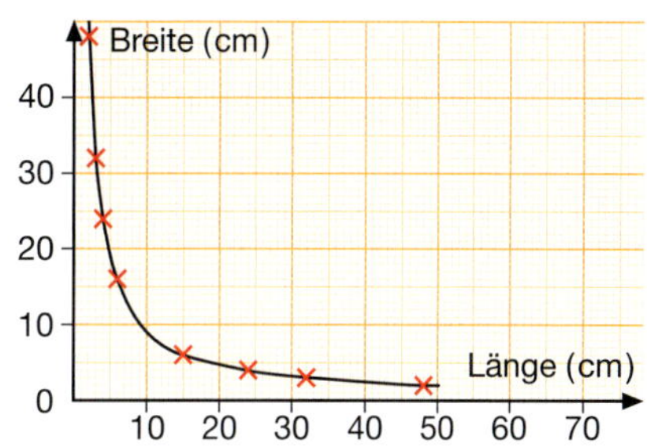

Bei einer antiproportionalen Zuordnung dürfen benachbarte Punkte im Koordinatensystem nicht durch Strecken verbunden werden. Die Punkte im Koordinatensystem liegen alle auf einer Kurve (Hyperbel).

3 Die folgenden Zuordnungen sind antiproportional. Ergänze die Tabelle im Heft. Trage die Zahlenpaare als Punkte in ein Koordinatensystem ein. Zeichne durch die Punkte eine Kurve.

a)

Anzahl	Länge (cm)
6	60
3	
	180
	30
4	
	45

x-Achse: 1 cm ≙ 1 Stück
y-Achse: 1 cm ≙ 20 cm

b)

v $\left(\frac{km}{h}\right)$	t (h)
90	6
	12
30	
60	
	4,5
	4

x-Achse: 1 cm ≙ 10 $\frac{km}{h}$
y-Achse: 1 cm ≙ 2 h

c)

Anzahl	Betrag (€)
10	18
	90
5	
	45
6	
	22,50

x-Achse: 1 cm ≙ 1 Stück
y-Achse: 1 cm ≙ 10 €

4 a) Wie weit können verschiedene Fahrzeuge bei einem durchschnittlichen Benzinverbrauch von 7 *l* (8 *l*, 10 *l*, 12 *l*, 14 *l*, 15 *l*, 20 *l*) pro 100 km fahren, wenn sie jeweils 42 *l* Benzin getankt haben? Lege eine Tabelle an.

b) Trage die Zahlenpaare als Punkte in ein Koordinatensystem ein und zeichne durch die eingezeichneten Punkte eine Kurve (x-Achse: 1 cm ≙ 2 *l*; y-Achse: 1 cm ≙ 50 km).

1 Übertrage die Tabelle in dein Heft und fülle sie aus.

a) Eine Rolle Paketschnur wird in gleich lange Stücke zerschnitten.

Länge (m)	Anzahl	Länge · Anzahl (m)
2,50	10	2,50 · 10 = 25
0,50		
0,25		
1,00		

b) Für ein Päckchen werden als Porto Briefmarken gekauft.

Wert (€)	Anzahl	Wert · Anzahl (€)
0,80	6	0,80 · 6 = 4,80
2,40		
0,60		
1,20		

Was stellst du bei beiden Teilaufgaben fest? Was gibt das Produkt jeweils an?

Eine Wagenladung Holzkohle wird in Tüten abgepackt.

Packungsgewicht ⟶ Anzahl der Tüten

Anzahl	Gewicht (kg)	Anzahl · Gewicht (kg)
20	15	20 · 15 = 300
60	5	60 · 5 = 300
100	3	100 · 3 = 300

Die Zahlenpaare (15; 20), (5; 60), (3; 100) heißen **produktgleich:**

20 · 15 = 300; 60 · 5 = 300; 100 · 3 = 300

Proportionalitätskonstante c = 300
c gibt hier das Gesamtgewicht (300 kg) der Holzkohle an.

Bei antiproportionalen Zuordnungen sind die Produkte zugeordneter Größen gleich.

2 Berechne die Proportionalitätskonstante c. Was gibt die Proportionalitätskonstante an?
a) Der Heuvorrat reicht für die zwölf Pferde des Reitstalls genau 30 Tage:
Anzahl der Pferde ⟶ Zeit, für die der Heuvorrat reicht.
b) Eine Rolle Klebeband wird in 120 Streifen von je 5 cm Länge zerschnitten:
Länge eines Streifens ⟶ Anzahl der Streifen.
c) Mit vier Maschinen kann ein bestimmter Auftrag in 4 Std. 30 Min. erledigt werden:
Anzahl der Maschinen ⟶ benötigte Zeit.

3 Welche der folgenden Zuordnungen ist antiproportional? Überprüfe dazu, ob die Zahlenpaare jeweils produktgleich sind.

a)

Anzahl	Betrag (€)
11	1295,00
5	2849,00
4	3561,00

b)

v $\left(\frac{km}{h}\right)$	t (h)
65	3
78	2,5
97,5	2

c)

Länge (cm)	Breite (cm)
28	22
32,5	17,5
38,5	11,7

4 Jens, Dirk und André möchten zusammen in Urlaub fahren. Jens kann 28,80 € Taschengeld mitnehmen, Dirk 43,20 € und André 36 €. Wie viele Euro hat jeder pro Urlaubstag zur Verfügung, wenn sie eine bestimmte Anzahl von Tagen verreisen?
a) Lege in deinem Heft für jeden Jungen eine Tabelle an und vervollständige sie.

Anzahl der Tage	2	3	4	5	6	8	9	10	12	15
Betrag (€)										

b) Zeichne die Graphen der drei Zuordnungen in ein Koordinatensystem (1 cm ≙ 1 Tag; 1 cm ≙ 2 €).
c) Vergleiche die Proportionalitätskonstanten mit den Graphen. Was stellst du fest?

1 Thomas und Matthias planen eine mehrtägige Fahrradtour.
„Wenn wir jeden Tag 60 km zurücklegen, sind wir in acht Tagen wieder da“, überlegt Thomas. „Ich muss aber schon in sechs Tagen wieder zu Hause sein“, wirft Matthias ein.

2 Auf der Großbaustelle müssen drei Lastwagen insgesamt acht Tage Kies fahren. Wie viele Lastwagen sind erforderlich, um den Kies in nur sechs Tagen herbeizuschaffen?

Eine Wandergruppe legt täglich 12 km zurück. Sie wandert vier Tage. Wie viele Kilometer müssen täglich zurückgelegt werden, wenn nur drei Tage zur Verfügung stehen?

Zeit in Tagen ⟶ tägliche Strecke

Zeit (Tage)	Strecke (km)
4	12
(:4) 1	48 (·4)
(·3) 3	16 (:3)

4 Tage entsprechen 12 km täglich.
1 Tag entspricht 12 km · 4 = 48 km täglich.
3 Tage entsprechen 48 km : 3 = 16 km täglich.

3 Übertrage die Tabelle zu den folgenden antiproportionalen Zuordnungen in dein Heft und vervollständige sie.

a)

Anzahl	Zeit (h)
3	20
1	■
5	■

b)

Anzahl	Länge (km)
4	49
1	■
7	■

c)

Masse (g)	Anzahl
25	8
1	■
40	■

d)

Anzahl	Betrag (€)
7	56
■	■
8	■

e)

Länge (m)	Breite (m)
48	25
■	■
50	■

f)

Anzahl	Masse (g)
45	120
■	■
30	■

4 Karin holt von der Bank 30 Münzen zu je 50 Cent. Wie viele 20-Cent-Stücke hätte sie bei dem gleichen Geldbetrag erhalten?

5 Bei der Fahrt in den Urlaub legt Familie Schulte mit ihrem Auto täglich 570 km zurück und ist nach drei Tagen am Urlaubsziel angelangt. Wie viel Kilometer müssen täglich zurückgelegt werden, wenn die Anreise nur zwei Tage dauern soll?

6 Familie Jansen kann in einem 21-tägigen Urlaub pro Tag 64 € ausgeben. Der Urlaub soll um drei Tage verlängert werden. Wie viel Euro darf Familie Jansen nun täglich ausgeben, wenn sie mit ihrer Urlaubskasse auskommen will?

7 Petra will in den Ferien mit ihren Freundinnen zelten. Sie haben zusammen Lebensmittel für sechs Tage eingekauft.
a) Wie lange reicht der Vorrat, wenn noch zwei Mädchen mitkommen?
b) Wie groß dürfte die Gruppe sein, wenn der Vorrat für acht Tage reichen soll?

8 Eine Busreise kostet für eine Gruppe von 40 Personen 56 € pro Person. Fünf Personen fallen am Abreisetag wegen Krankheit aus. Wie viel Euro muss nun jeder Teilnehmer zahlen?

9 Ein Freibad verfügt über vier gleich starke Pumpen, die zum Leeren des Schwimmbeckens eingesetzt werden können. Drei Pumpen leeren das Becken in 200 Minuten. In wie viel Minuten wird das Becken von vier Pumpen geleert?

10 Fünf Maschinen verpacken die Tagesproduktion einer Molkerei in sechs Stunden.
a) Zu Beginn der Arbeitszeit fallen zwei Maschinen aus. In welche Zeit wird die Arbeit von den restlichen Maschinen ausgeführt?
b) Wie viele Maschinen sind nötig, wenn die Arbeit nach $7\frac{1}{2}$ Stunden fertig sein soll?

11 Wenn eine 40-Watt-Glühlampe 75 Stunden brennt, betragen die Kosten für die elektrische Energie 0,424 €.
a) Wie lange darf eine 100-Watt-Glühlampe bei gleichen Energiekosten brennen?
b) Berechne auch, wie lange eine 8 (12, 15, 18)-Watt-Energiesparlampe bei gleichen Energiekosten brennen darf.

12 Bernd braucht mit seinem Fahrrad bei einer Durchschnittsgeschwindigkeit von 15 km pro Stunde für den Weg zur Schule 33 Minuten.
a) Wie lange braucht seine Schwester Regine mit ihrem Mofa, das mit 25 km/h fährt?
b) Wie lange braucht ein Auto, das mit einer Durchschnittsgeschwindigkeit von 55 km/h fährt?

L zu Nr. 7 bis 12: 9; 19,8; 3; 64; 10; 200; 4; 4; $166\frac{2}{3}$; 250; 30; 375; 150

Manche Zuordnungen sind nur in bestimmten Bereichen antiproportional.

13

Bei einem eintägigen Ausflug mit dem Bus betragen die Fahrtkosten pro Person 12 € bei insgesamt 40 Teilnehmern.
a) Wie hoch sind die Fahrtkosten pro Person, wenn 32 (48) Personen an der Fahrt teilnehmen?
b) Kannst du mit einer Dreisatzrechnung auch die Fahrtkosten bei insgesamt 180 Teilnehmern berechnen? Begründe.

Manche Zuordnungen sind nur scheinbar antiproportional.

1 Vier Musiker spielen ein Musikstück in 4 min 40 s.
Benötigen drei Musiker für das gleiche Musikstück mehr Zeit? Begründe.

2 Ein einjähriges Kind hat eine Körpergröße von 75 cm. Kannst du berechnen, wie groß das Kind mit zwei Jahren (vier Jahren, zehn Jahren) sein wird?

3 In Lauras Klasse sind im 7. Jahrgang insgesamt 14 Mädchen. Kannst du berechnen, wie viele Mädchen die Klasse im 8. Jahrgang haben wird?

4 Ein Ei wird hart gekocht, wenn es zehn Minuten in kochendem Wasser liegt. Wie lange muss Ralf fünfzehn Eier in kochendem Wasser lassen, damit sie hart gekocht werden?

5 Anja hat für ihre letzte Mathematikarbeit vier Stunden geübt. In der Arbeit erhielt sie die Note 2. Für die nächste Mathematikarbeit will sie acht Stunden üben. Kannst du ihre Note vorhersagen?

6 Lara hat beim Weitsprung mit einem 10 m langen Anlauf eine Sprungweite von 3,6 m erzielt. Beim nächsten Sprung läuft sie 15 m bis zur Sprunggrube. Kannst du ihre Sprungweite berechnen?

7 Eine Orientierungswanderung geht über eine Strecke von 9,6 km. Es werden dazu Gruppen von jeweils acht Schülern gebildet. Vom letzten Mal her ist bekannt, dass Gruppen von jeweils sechs Schülern etwa 100 Minuten für die Strecke benötigen. In welcher Zeit schaffen die neuen Gruppen die Strecke?

So kannst du bei Dreisatzaufgaben vorgehen:

Eine Gruppe von 30 Personen möchte einen Tierpark besuchen. Der Eintrittspreis beträgt insgesamt 105 €. Zwei Personen sagen kurzfristig ab. Wie hoch ist der Eintrittspreis nun für 28 Personen?

1. Überlege zunächst, ob zwischen den Größen die Beziehung **„je mehr – desto mehr“** oder **„je mehr – desto weniger“** vorliegt.

Je mehr Personen den Tierpark besuchen, **desto mehr** muss insgesamt bezahlt werden.

2. Überlege dann, ob dem **Doppelten** das **Doppelte,** dem **Dreifachen** das **Dreifache,** … oder dem **Doppelten** die **Hälfte,** dem **Dreifachen** ein **Drittel,** … zugeordnet wird.

Wird die Anzahl der Personen **verdoppelt, verdoppelt** sich auch der Gesamtpreis.

3. Lege eine Tabelle an und trage das gegebene Größenpaar ein.

Anzahl der Personen	Gesamtpreis (€)
30	105

4. Berechne die gesuchte Größe.

Anzahl der Personen	Gesamtpreis (€)
30	105
1	3,5
28	98

Der Gesamtpreis beträgt 98 €.

Eine Rolle Paketschnur kann in 75 Stücke von je 40 cm Länge zerschnitten werden. Wie lang ist jedes Stück, wenn du die Rolle in 50 gleich lange Stücke zerschneidest?

1. Überlege zunächst, ob zwischen den Größen die Beziehung **„je mehr – desto mehr“** oder **„je mehr – desto weniger“** vorliegt.

Je mehr Stücke, **desto geringer** ist die Länge jedes einzelnen Schnurstücks.

2. Überlege dann, ob dem **Doppelten** das **Doppelte,** dem **Dreifachen** das **Dreifache,** … oder dem **Doppelten** die **Hälfte,** dem **Dreifachen** ein **Drittel,** … zugeordnet wird.

Wird die Anzahl der Stücke **verdoppelt, halbiert** sich die Länge jedes einzelnen Schnurstücks.

3. Lege eine Tabelle an und trage das gegebene Größenpaar ein.

Anzahl der Stücke	Länge pro Stück (cm)
75	40

4. Berechne die gesuchte Größe.

Anzahl der Stücke	Länge pro Stück (cm)
75	40
1	3000
50	60

Jedes Stück ist dann 60 cm lang.

Auf Klassenfahrt

1 

Die Klasse 6a plant ihre Klassenfahrt. Auf der Landkarte beträgt die Entfernung von der Schule zum Schullandheim (Luftlinie) etwa 48 cm. Eine Strecke von 100 km ist auf der Karte 20 cm lang. Wie groß ist die Entfernung von der Schule zum Schullandheim?

2 Bei der Planung der Fahrt wurden für die Jungen sechs Vierbettzimmer vorgesehen. Nach der Ankunft stellt sich heraus, dass nur Dreibettzimmer zur Verfügung stehen. Wie viele Zimmer werden jetzt von den Jungen belegt?

3 Vor dem Frühstück deckt jeweils eine Gruppe von Schülern die Tische. Andreas verteilt die Brötchen auf 14 Brötchenkörbe. In jeden Korb kommen acht Brötchen.
Am nächsten Morgen nimmt Petra 16 Brötchenkörbe. Wie viele Brötchen muss sie dann jeweils in einen Korb legen?

4 

Eine Gruppe von 24 Personen möchte für einen Tag Fahrräder ausleihen. Wie hoch ist der Mietpreis für alle Fahrräder, wenn zuvor 21 Personen 105 € bezahlt haben, um für einen Tag Fahrräder auszuleihen?

5 Zum Mittagessen gibt es Linseneintopf mit Würstchen. Der Koch rechnet für vier Personen eine Terrine mit 1,6 Liter Inhalt.
a) Wie viel Liter Linseneintopf muss er für insgesamt 150 Personen kochen?
b) Wie viele Terrinen müssen mindestens gefüllt werden?
c) In einer Dose befinden sich sechs (zehn) Würstchen. Wie viele Dosen müssen insgesamt geöffnet werden?

6 Auf der Autobahn fährt der Bus mit einer Durchschnittsgeschwindigkeit von 72 $\frac{\text{km}}{\text{h}}$. Welche Strecke legt der Bus bei diesem Tempo in 12 (15, 16, 40) Minuten zurück?

L 60; 120; 8; 38; 48; 19,2; 240; 7; 14,4; 18; 15; 25

Eine Gruppe von 20 Schülerinnen und Schülern möchte das Museum besuchen. Zwei Tage zuvor benötigte eine Gruppe von 15 Schülerinnen und Schülern für den Weg vom Schullandheim zum Museum 45 Minuten. Mit welcher Zeit müssen die 20 Schülerinnen und Schüler rechnen?

Auf Klassenfahrt

7 Zum Abendessen wird Tee getrunken. Um vier gleich große Kannen füllen zu können, werden fünf Liter heißes Wasser benötigt. Wie viel Liter heißes Wasser werden für neun Teekannen benötigt?

8 Petra, Sabine und Oliver helfen bei der Vorbereitung des Abendessens. Sie wissen, dass am Tag zuvor vier 1500-g-Brote aufgeschnitten wurden. Der Bäcker hat aber nur 1000-g-Brote geliefert. Wie viele 1000-g-Brote müssen nun aufgeschnitten werden?

9 Nach dem Abendessen helfen die Schüler beim Abräumen. Sebastian und Uwe haben für das Abtrocknen des Geschirrs eine halbe Stunde gebraucht. Wie lange dauert es, wenn am nächsten Abend drei Schüler abtrocknen? Gib die Zeit in Minuten an.

10 Die Klassen 6a und 6b besuchen das Freibad. Für die 24 Schülerinnen und Schüler der 6a bezahlt die Klassenlehrerin 33,60 € Eintritt. Wie hoch ist der Eintritt für die 27 Schülerinnen und Schüler der Klasse 6b?

11 Thorsten hat für seinen Walkman vier Packungen mit jeweils vier Batterien mitgenommen. Mit zwei 1,5-Volt-Batterien hat der Walkman eine Spieldauer von vier Stunden. Wie viele Stunden kann Thorsten mit seinem Walkman Musik hören?

12 Angela möchte vom Rest ihres Taschengeldes ein Andenken kaufen. Sie kauft sechs große Ansichtskarten zum Preis von 1,40 € das Stück. Wie viele Ansichtskarten zum Stückpreis von 0,60 € (normales Format) hätte sie dafür erhalten?

L 20; 6; 11,25; 32; 14; 37,80

Fünf Schüler der 6c wollen ein Tischtennisturnier veranstalten. Sie haben dazu einen Spielplan aufgestellt, nach dem jeder gegen jeden spielen muss.
Wie viele Spiele sind dazu bei sechs Spielern nötig?

1. Spieler	2. Spieler	Ergebnis
Claudia	Lars	
Nadine	Kai	
Gerrit	Claudia	
Lars	Nadine	
Kai	Gerrit	
Claudia	Nadine	
Gerrit	Lars	
Kai	Claudia	
Nadine	Gerrit	
Lars	Kai	

Auf den folgenden Seiten darf der Taschenrechner benutzt werden.

1 Ein Installateur hat einem Kunden für fünf Arbeitsstunden 197,00 € berechnet.
a) Wie viel Euro muss ein zweiter Kunde für sieben Arbeitsstunden bezahlen?
b) Einem dritten Kunden werden für die Arbeitszeit 256,10 € berechnet. Wie viele Stunden wurden hier gearbeitet?

2 Ein Mähdrescher mit einer Schnittbreite von 2,70 m kann ein 1,8 ha großes Feld in zwei Stunden abernten.
a) Wie viel Zeit benötigt er für ein 4,32 ha großes Feld?
b) Wie viel Hektar kann er in $3\frac{1}{2}$ Stunden abernten?
c) Das 4,32 ha großes Feld ist 108 m breit. Wie oft muss der Mähdrescher hin- und herfahren, um es abzuernten?
d) Berechne a) bis c), wenn die Schnittbreite verdoppelt wird.

3 Drei gleich große Schaufelradbagger können in einer Schicht 195 000 t Braunkohle fördern. Nach der halben Schicht fällt ein Bagger aus. Wie viele Tonnen Braunkohle können nun in der Schicht gefördert werden?

4

Um 117 m^3 Erde abzufahren, sind 18 Fahrten mit einem Lkw nötig.
a) Wie viele Fuhren sind für 143 m^3 (39 m^3) nötig?
b) Berechne, wie viele Fuhren erforderlich sind, um 219 m^3 (258 m^3, 400 m^3) Erde abzufahren.

5 Im Straßenbau werden für eine 120 m lange Straße 150 m^3 Schotter benötigt.
a) Wie viel Kubikmeter Schotter werden für einen 250 m (345 m, 765 m) lange Straße benötigt?
b) Wie lang kann die Straße werden, wenn 170 m^3 (200 m^3, 270 m^3) Schotter zur Verfügung stehen? Runde auf zwei Nachkommastellen.

6 Drei Verpackungsmaschinen einer Molkerei können die Tagesproduktion an Butter in fünf Stunden abpacken. Wie viel Zeit benötigen zwei (vier, sieben) Verpackungsmaschinen? Gib die Zeit in Stunden an. Runde auf zwei Nachkommastellen.

7 Fünf Abfüllmaschinen können von einer Mineralquelle in sechs Stunden 6000 Flaschen Mineralwasser füllen. Eine Maschine fällt aus.
a) Wie lange müssen die übrigen Maschinen in Betrieb bleiben, um die gleiche Anzahl Flaschen zu füllen?
b) Wie viele Flaschen werden von den vier Maschinen in sechs Stunden gefüllt?

L 4800; 275,80; 7,5; 6,5; 2,14; 4,8; 3,75; 3,15; 7,5; 162 500; 216; 160; 22; 136; 6; 956,25; 34; 431,25; 40; 312,5; 62; 2,4; 6,3; 40; 20

8 Berechne, wie viel Zeit die Tiere für eine Strecke von 400 m benötigen.

Elefant:

30 km → 1 h

30000 m → 3600 s

100 m → $\frac{3600\,s}{300}$ = 12 s

400 m → 48 s

Buchfink	Schwalbe

bis 50 km/h	bis 120 km/h
Elefant	Pferd

bis 30 km/h	bis 60 km/h

9 Eine Gazelle auf der Flucht benötigt für eine bestimmte Strecke bei einer Geschwindigkeit von 80 $\frac{km}{h}$ sechs Sekunden. In welcher Zeit legt ein Gepard bei einer Geschwindigkeit von 110 $\frac{km}{h}$ die gleiche Strecke zurück? Runde auf zwei Stellen nach dem Komma.

10 Ein Radfahrer fährt in vier Stunden 68 km.
a) Zeichne die zur Zuordnung gehörende Gerade (1 cm ≙ 0,5 h; 1 cm ≙ 5 km).
b) Ermittle anhand des Graphen, wie viel Kilometer der Radfahrer in 3 h (2,5 h; 4,5 h) zurücklegt.
c) Wie lange benötigt er für eine Strecke von 8,5 km (25,5 km; 59,5 km)?

11 Um von Velten nach Falkensee zu fahren, benötigt ein Radfahrer bei einer mittleren Geschwindigkeit von 18 $\frac{km}{h}$ eine Zeit von 45 Minuten. Wie schnell legt ein Pkw mit einer mittleren Geschwindigkeit von 50 $\frac{km}{h}$ die gleiche Strecke zurück?

12 Frau Klinker fährt die 170 km lange Strecke von Prenzlau nach Brandenburg in zwei Stunden.
a) Wie weit käme sie bei derselben mittleren Geschwindigkeit in $3\frac{1}{2}$ ($3\frac{3}{4}$) Stunden?
b) Welche Zeit würde sie bei derselben mittleren Geschwindigkeit für die 270 km lange Strecke von Potsdam nach Hannover benötigen? Runde auf eine Stelle nach dem Komma.

13 Blitz und Donner entstehen zur gleichen Zeit am gleichen Ort. Das Licht ist so schnell (300 000 $\frac{km}{s}$), dass du den Blitz fast zum gleichen Zeitpunkt siehst, zu dem er entsteht.
Der Schall braucht für einen Weg von einem Kilometer ungefähr drei Sekunden.
a) Vom Blitz bis zum Donner verstreichen 19 Sekunden.
Wie weit ist das Gewitter entfernt? Runde auf zwei Stellen nach dem Komma.
b) Gib die Schallgeschwindigkeit in Kilometer pro Stunde an

L 0,5; 1,5; 3,2; 3,5; 4,36; 6,33; 12; 16,2; 24; 28,8; 42,5; 51; 76,5; 297,5; 318,75; 1200

14 In der Schifffahrt wird mit einem Echolot die Wassertiefe bestimmt. Dabei werden Schallwellen ausgesendet, vom Meeresboden reflektiert und wieder empfangen. Aus der Zeit vom Aussenden bis zum Empfang kann dann die Entfernung berechnet werden.
Bei einer gemessenen Zeit von 0,2 s beträgt die Wassertiefe 148,5 m.
Wie tief ist das Wasser bei 0,7 s (1,5 s)?

15 Ein Frachtschiff legt eine Strecke von Rotterdam nach New York bei einer Durchschnittsgeschwindigkeit von 40 $\frac{km}{h}$ in $7\frac{1}{2}$ Tagen zurück. Wie viel Zeit benötigt ein Passagierschiff mit einer mittleren Geschwindigkeit von 50 $\frac{km}{h}$ für die gleiche Strecke?

16 Bei Windstärke 6 (starker Wind) legt der Wind eine Entfernung von 90 km in zwei Stunden zurück. Wie lange benötigt der Wind für die gleiche Strecke bei Windstärke 12 (Orkan mit Windgeschwindigkeit um 125 $\frac{km}{h}$)?

17 Ein Raumschiff, das in zwei Stunden die Erde umkreist, legt dabei einen Weg von 51 000 km zurück. Wie lange würde es bei dieser Geschwindigkeit für die 380 000 km bis zum Mond benötigen? Runde auf eine Stelle nach dem Komma.

18 Ein Verkehrsflugzeug überfliegt eine Strecke von 4050 km in $4\frac{1}{2}$ Stunden. Auf dem Rückflug hat es Gegenwind von 50 $\frac{km}{h}$. In welcher Zeit wird die gleiche Strecke überflogen? Runde auf eine Stelle nach dem Komma.

L 0,72; 4,8; 6; 14,9; 519,75; 1113,75

19 Im Koordinatensystem wird der Graph der Zuordnung „Zeit ⟶ zurückgelegte Strecke“ dargestellt.
a) Bestimme die Geschwindigkeit.
b) Zeichne den entsprechenden Graphen zu der Geschwindigkeit v = 30 $\frac{km}{h}$ (80 $\frac{km}{h}$, 100 $\frac{km}{h}$).

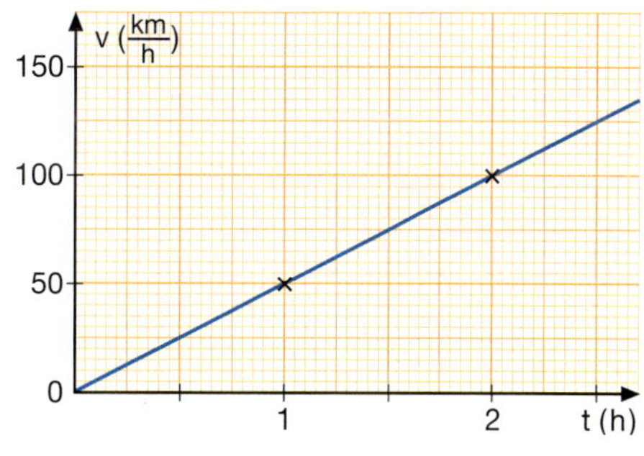

20

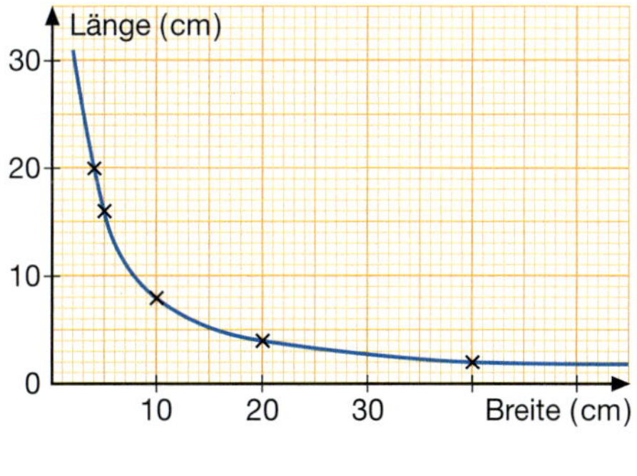

Im Koordinatensystem wird der Graph der Zuordnung „Breite ⟶ Länge“ für flächengleiche Rechtecke dargestellt.
a) Bestimme den Flächeninhalt.
b) Zeichne den entsprechenden Graphen für Rechtecke mit einem Flächeninhalt von 100 cm^2 (120 cm^2, 150 cm^2).

5 Dreiecke

1 In den Abbildungen erkennst du viele Dreiecke. Versuche dafür eine Erklärung zu finden.

2

Die Querverbindungen des Baugerüstes bilden zusammen mit anderen Teilen Dreiecke.

Warum haben die Bauarbeiter derartige Querverbindungen angebracht?

Überprüft eure Vermutungen, indem ihr aus Trinkhalmen ein Rechteck, ein Quadrat und ein Dreieck baut.
Wie stabil sind die einzelnen Figuren?
Könnt ihr die Stabilität einzelner Figuren verbessern?

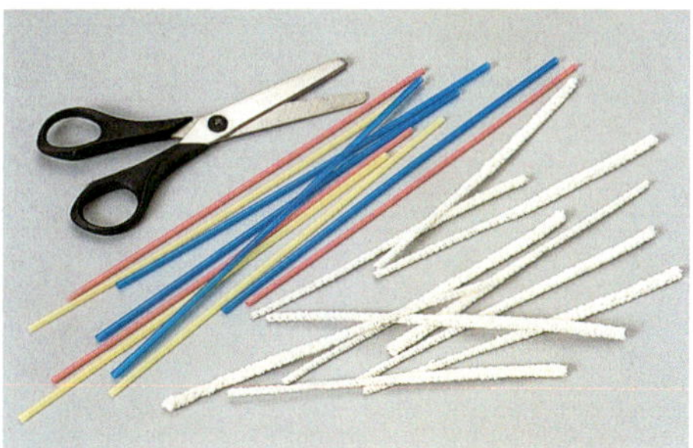

3

Aus den abgebildeten Trinkhalmen will Gülsen ein Dreieck bauen. Einen 18 cm langen Halm hat sie bereits in der Hand. Zwei weitere Halme muss sie noch auswählen. Welche Möglichkeiten hat sie? Begründe deine Antwort.

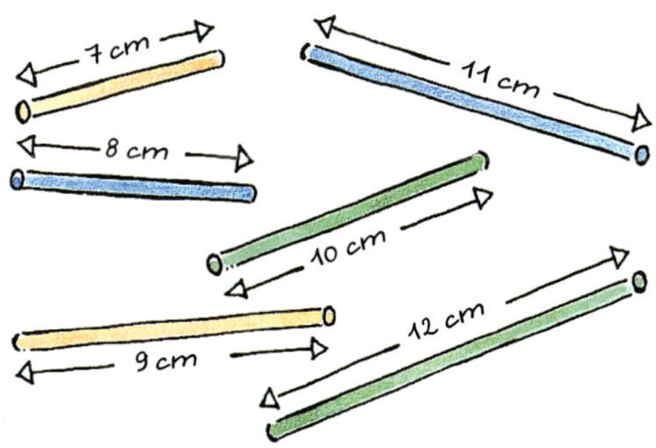

4

David möchte aus Trinkhalmen besondere Dreiecke bauen.
Diese Dreiecke sollen entweder zwei gleich große Winkel oder drei gleich große Winkel haben.
Verteilt in eurer Tischgruppe genügend viele Trinkhalme und versucht ebenfalls, derartige Dreiecke anzufertigen. Denkt vorher über die Länge der einzelnen Dreiecksseiten nach.

5

Einteilung nach den Winkeln

a) Gülsen möchte alle bisher gebastelten Dreiecke ordnen und an die Pinnwand heften. In welches Feld wird sie die restlichen vier Dreiecke einordnen? Begründe deine Antwort.
b) Versuche Davids Frage zu beantworten.

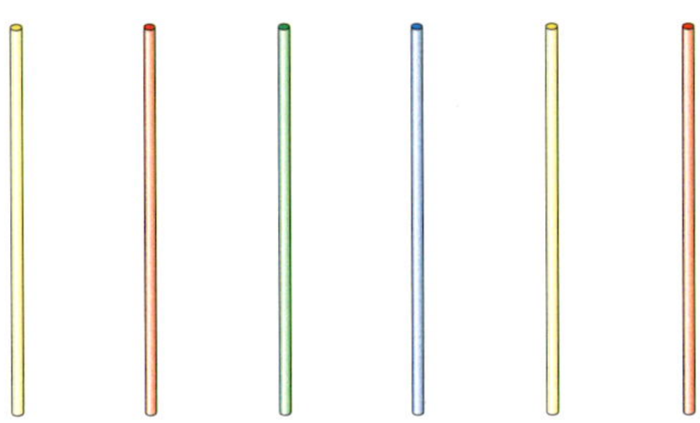

Ordne sechs gleich lange Trinkhalme so an, dass sie insgesamt vier Dreiecke mit jeweils gleich langen Seiten bilden.

6

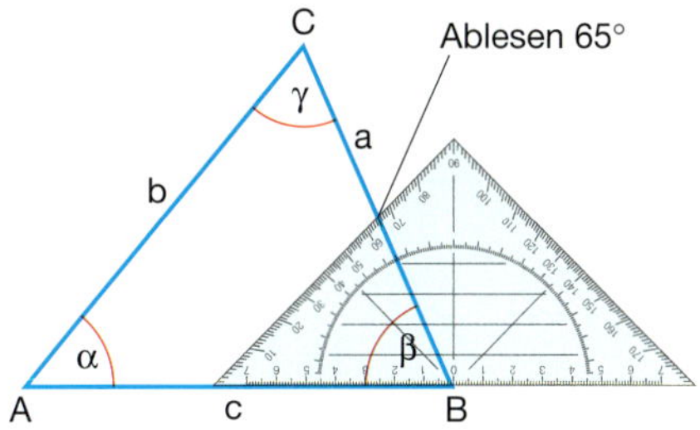

Eckpunkte: A, B, C
Seiten: $\overline{AB} = c$; $\overline{BC} = a$;
$\overline{AC} = b$;
Innenwinkel: α; β; γ

a) Miss in den unten abgebildeten Dreiecken jeweils die Seitenlängen und die Winkelgrößen.
Trage deine Ergebnisse im Heft in eine Tabelle ein

Dreieck	Seitenlängen			Winkelgrößen		
	a	b	c	α	β	γ
I						
II						

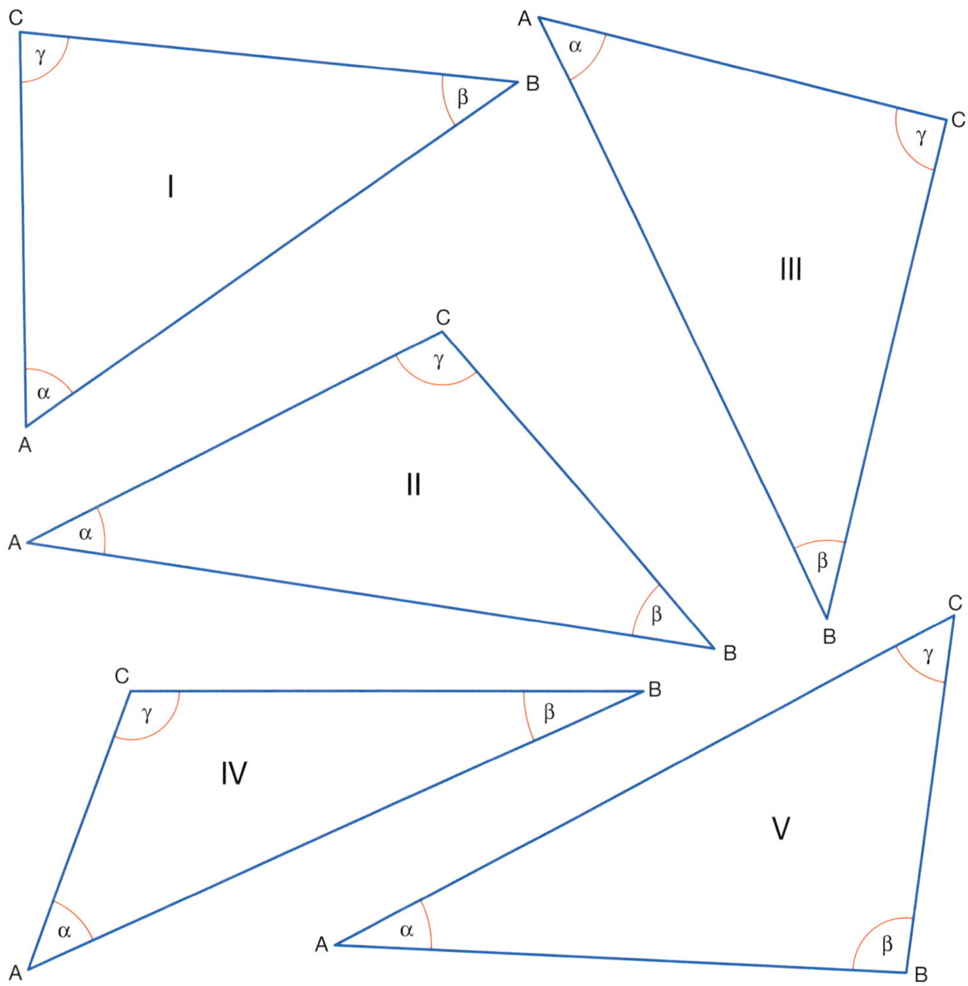

Seiten-Winkel-Beziehung
Innenwinkelsatz

b) Versuche die folgenden Sätze zu vervollständigen:
Zwei Dreiecksseiten sind zusammen stets ___ als die dritte Dreiecksseite.
In einem Dreieck liegt der längeren von zwei Seiten der ___ Winkel gegenüber.
Die Summe der Innenwinkel eines Dreiecks beträgt ___.

7 a) Übertrage die abgebildeten Dreiecke jeweils auf Transparentpapier. Stelle durch Falten fest, wie viele Symmetrieachsen jeweils ein Dreieck hat.
Miss auch die einzelnen Seitenlängen und Winkelgrößen. Was fällt dir auf?

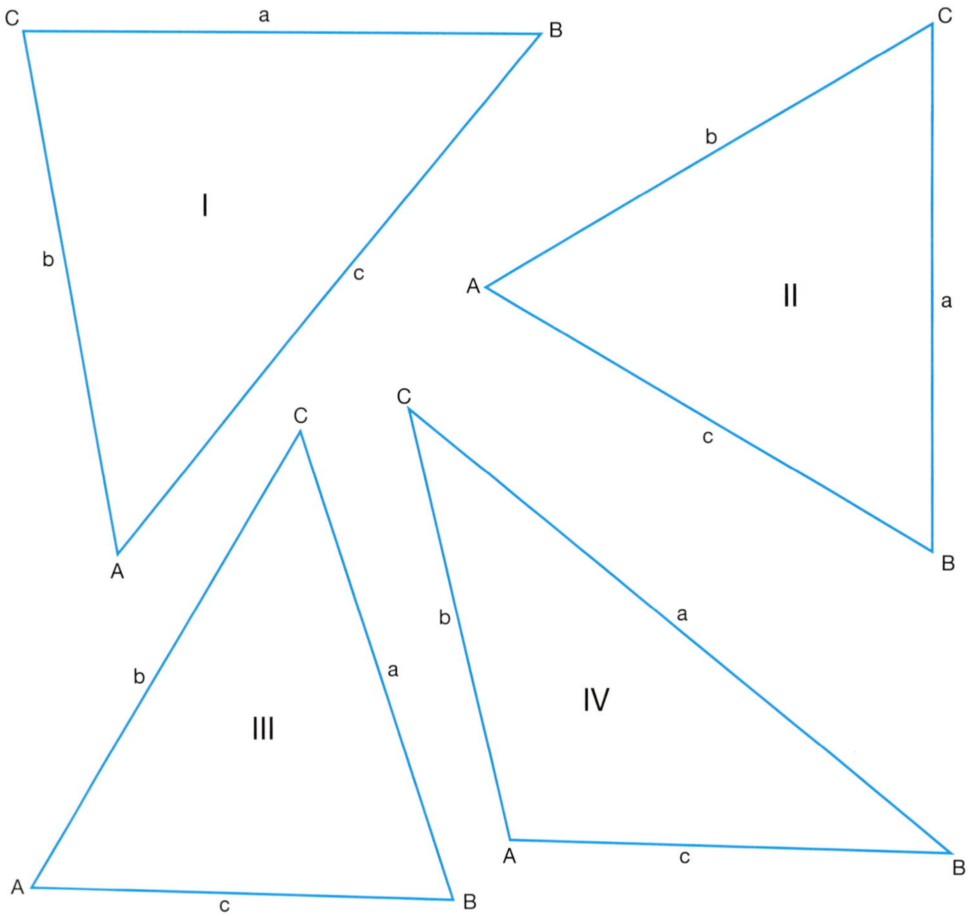

b) Entscheide anhand der Dreiecke, ob die Aussagen von Susanne, Murat, Kristin und Sascha wahr oder falsch sind.

gleich-schenkliges Dreieck

gleichseitiges Dreieck

Dreiecke lassen sich nach der Größe ihrer Innenwinkel einteilen:

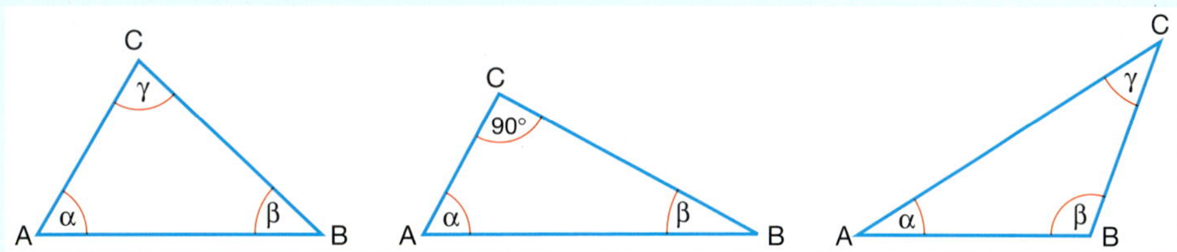

Spitzwinklige Dreiecke: ecke:
Alle drei Innenwinkel sind spitze Winkel.

Rechtwinklige Dreiecke:
Ein Innenwinkel ist ein rechter Winkel.

Stumpfwinklige Drei-
Ein Innenwinkel ist ein stumpfer Winkel.

Innenwinkelsatz

Die **Summe** der **Innenwinkel** eines Dreiecks beträgt **180°.**

Dreiecke lassen sich nach den Längen ihrer Seiten einteilen:

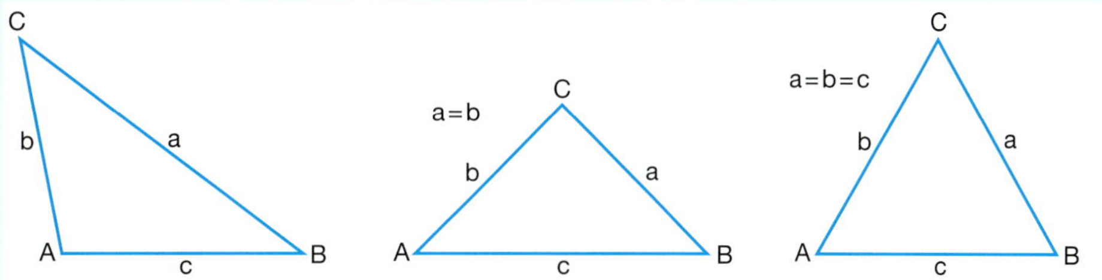

Unregelmäßige Dreiecke:
Alle drei Seiten sind verschieden lang.

Gleichschenklige Dreiecke:
Zwei Seiten sind gleich lang.

Gleichseitige Dreiecke:
Alle drei Seiten sind gleich lang.

Dreiecksungleichung

Zwei Dreiecksseiten sind zusammen stets länger als die dritte Dreiecksseite.

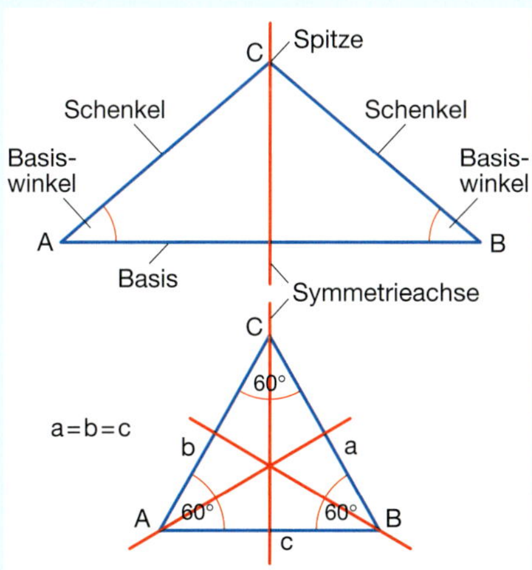

Ein Dreieck mit zwei gleich langen Seiten heißt **gleichschenkliges Dreieck.** Die gleich langen Seiten werden als Schenkel, die dritte Seite als Basis bezeichnet.
Die Basiswinkel sind gleich groß.

Ein Dreieck mit drei gleich langen Seiten heißt **gleichseitiges Dreieck.**

Jeder Winkel im gleichseitigen Dreieck hat eine Größe von 60°.

1 Miss die Größe der einzelnen Innenwinkel. Überprüfe deine Messergebnisse durch eine Rechnung.

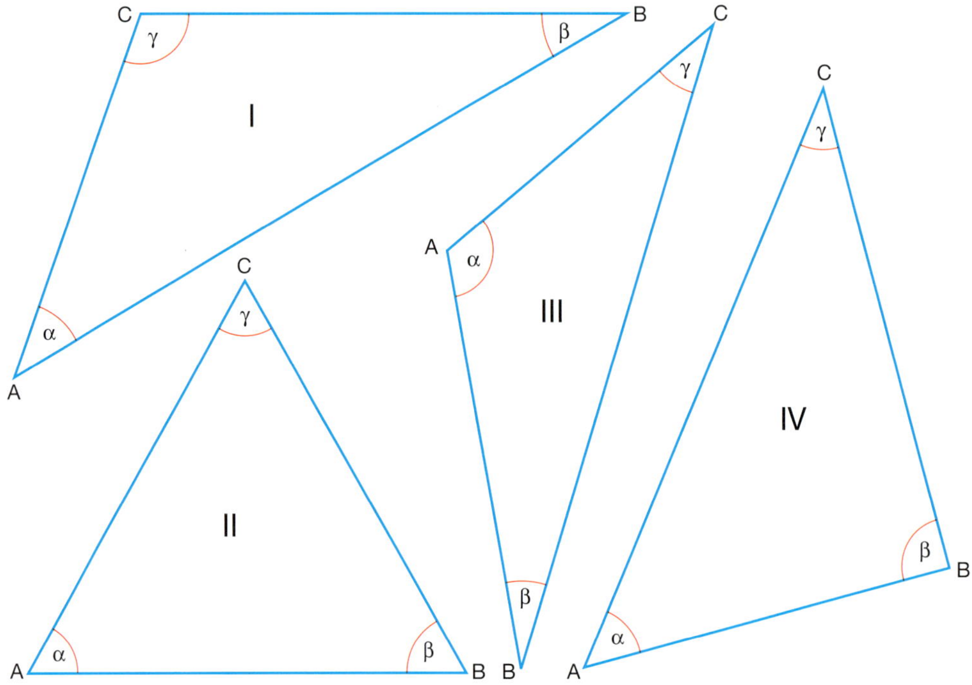

2

Im Technikunterricht soll aus dem 70 cm langen Holzstück und zwei weiteren Holzleisten ein Dreieck angefertigt werden.
Welche der abgebildeten Holzstücke können dafür ausgewählt werden?
Lässt sich aus den Holzleisten mit den folgenden Längen ein Dreieck bauen?

a) a = 70 cm; b = 30 cm; c = 90 cm
b) a = 60 cm; b = 20 cm; c = 80 cm
c) a = 82 dm; b = 27 dm; c = 56 dm
d) a = 1,2 dm; b = 4,6 dm; c = 3,8 dm

3 Daniel hat von verschiedenen Dreiecken die Seitenlängen und die Winkelgrößen gemessen. Hat er seine Messergebnisse an der richtigen Stelle in die Tabelle eingetragen? Begründe deine Antwort.

	Seitenlängen			Winkelgrößen		
	a	b	c	α	β	γ
a)	2,0 cm	4,9 cm	4,8 cm	24°	80°	76°
b)	7,3 cm	9,8 cm	7,3 cm	48°	84°	48°
c)	0,5 dm	0,69 dm	1,0 dm	27°	114°	39°

	Seitenlängen			Winkelgrößen		
	a	b	c	α	β	γ
d)	9,1 cm	2,7 cm	8,7 cm	73°	17°	90°
e)	5,8 cm	3,2 cm	3,4 cm	122°	28°	30°
f)	26,0 cm	11,5 cm	23,4 cm	26°	90°	64°

Winkelsumme im Viereck

4 Berechne die Größe der fehlenden Winkel und bestimme in dem Viereck ABCD die Summe der vier Innenwinkel.
Begründe, warum in einem **Viereck** die **Winkelsumme 360°** beträgt.

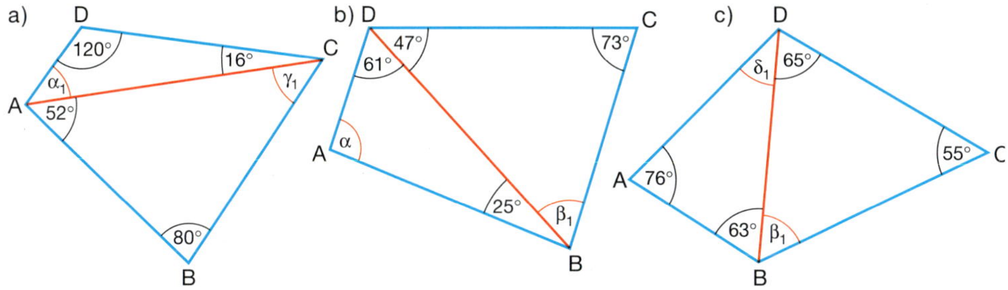

5 Bestimme in dem Viereck ABCD jeweils die Größe der rot markierten Winkel.

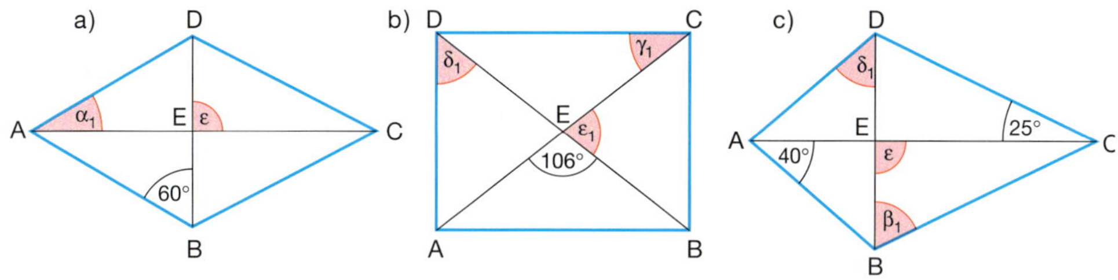

6 Zeichne ein regelmäßiges Sechseck in einen Kreis (r = 3 cm). Verbinde jeden Eckpunkt des Sechsecks mit dem Mittelpunkt des Kreises, sodass du sechs Dreiecke erhältst.
Wie groß sind die einzelnen Innenwinkel eines Dreiecks? Begründe deine Antwort.

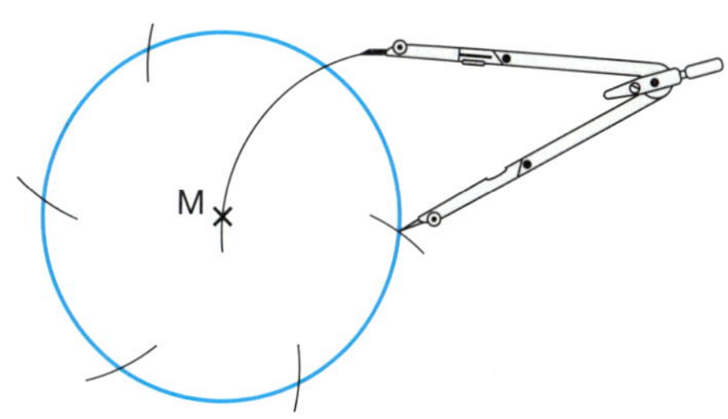

7 In einer Lehrwerkstatt werden zum Schweißen und Schneiden von Eisen und Stahl die Gase Acetylen und Sauerstoff benutzt.
Die beiden Gase werden in einem Schweiß- oder Schneidbrenner verbrannt. Es entsteht eine sehr heiße Flamme. Die Temperatur dieser Flamme beträgt etwa 3000 °C.

a) Ein 5 m und ein 7 m langes Rohr werden mit einem dritten Rohr zu einem Dreieck verschweißt. Gib von allen möglichen Längen für das dritte Rohr nur den kleinsten und den größten ganzzahligen Wert in Metern an.

b) Ein 20 m langer Eisenträger soll in drei Stücke zerschnitten werden. Nenne drei mögliche Längen (ganzzahlige Werte in Metern), aus denen sich ein unregelmäßiges Dreieck zusammenfügen lässt.
Gib ebenfalls alle möglichen Längen für ein gleichschenkliges Dreieck an.

8

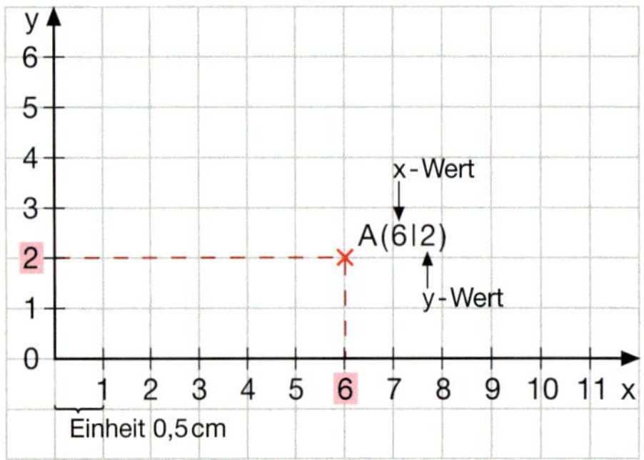

a) Zeichne die Dreiecke mit den angegebenen Eckpunkten in ein Koordinatensystem (Einheit 0,5 cm).

Dreieck	Koordinaten der Eckpunkte
I	A (6|2), B (8|7), C (1|12)
II	A (13|10), B (22|19), C (13|19)
III	A (3|12), B (11|13), C (7|20)
IV	A (12|3), B (22|3), C (23|11)

b) Miss außerdem die einzelnen Seitenlängen und gib jeweils an, ob es sich um ein unregelmäßiges oder um ein gleichschenkliges Dreieck handelt.

9 Die abgebildeten Vierecke werden durch ihre Diagonalen jeweils in Dreiecke zerlegt.
Gib den Namen des Vierecks an und ergänze die Tabelle im Heft.

	unregelmäßige Dreiecke	gleichschenklige Dreiecke
a)	△ ABC; …	
b)		△ ABC; …
c)		

a)

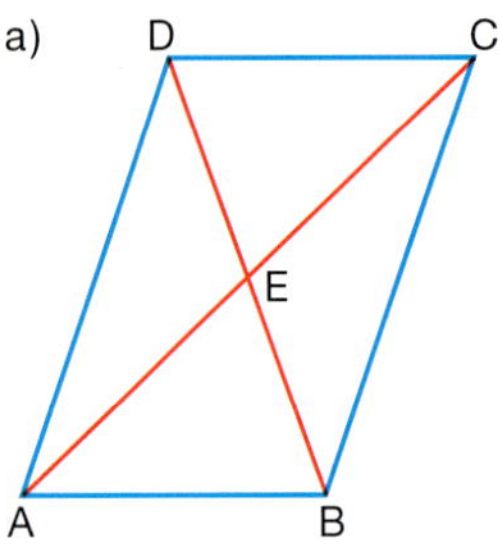

b)

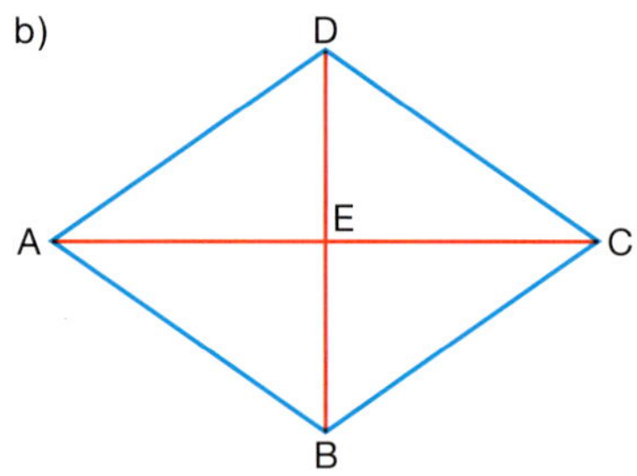

c)

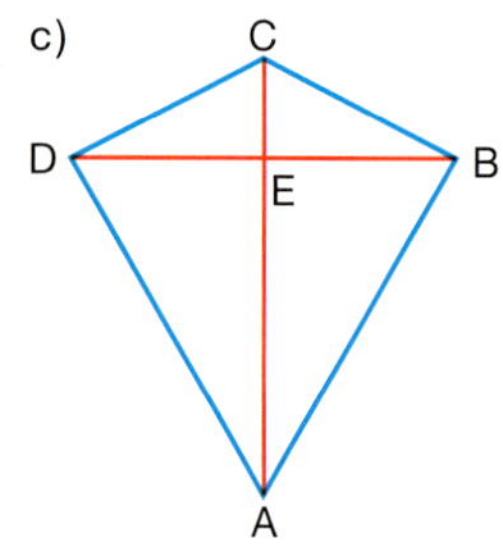

10 Zeichne ein Dreieck ABC mit den angegebenen Eckpunkten in ein Koordinatensystem (Einheit 0,5 cm). Miss die Winkelgrößen und gib an, ob es sich um ein spitzwinkliges, rechtwinkliges oder stumpfwinkliges Dreieck handelt.

a) A (2|6), B (10|1), C (13|12)
b) A (15|1), B (23|18), C (15|12)
c) A (4|10), B (16|14), C (1|19)
d) A (4|22), B (17|15), C (19|22)

11 Die abgebildeten Vierecke werden durch ihre Diagonalen jeweils in Dreiecke zerlegt.
Ergänze die Tabelle im Heft.

	Rechteck-	Rhombus	Drachenviereck
spitzwinklige Dreiecke			
rechtwinklige Dreiecke			
stumpfwinklige Dreiecke			△ DBC; …

a)

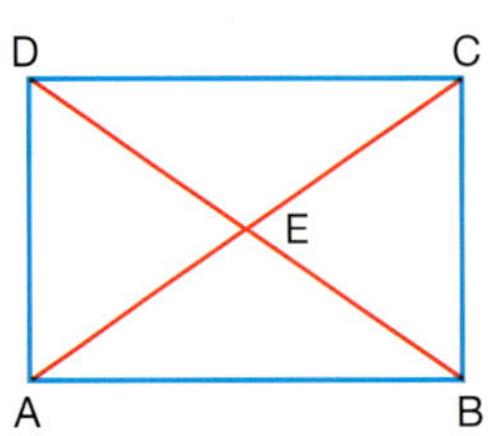

b)

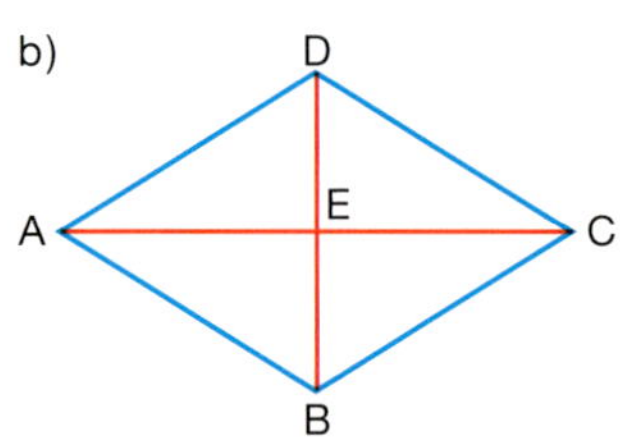

c)

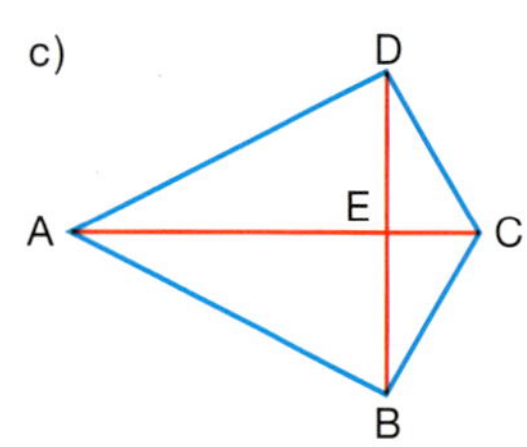

1

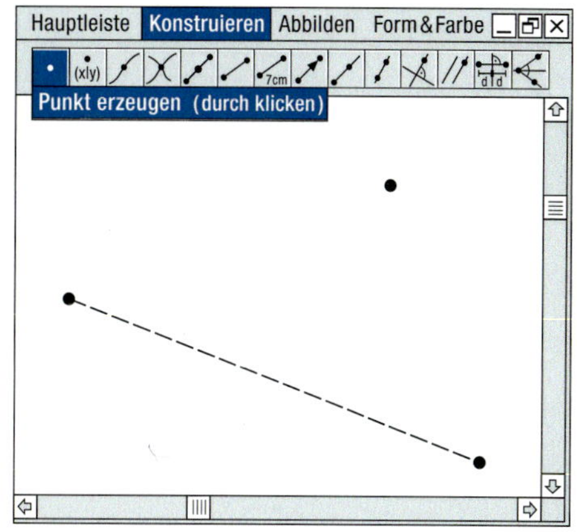

a) Auf dem Zeichenblatt soll ein Dreieck erstellt werden.
Welche Felder der Menüleisten haben die Schülerinnen und Schüler dazu mit der Maustaste angeklickt? In welcher Reihenfolge haben sie die Felder angewählt?

b) 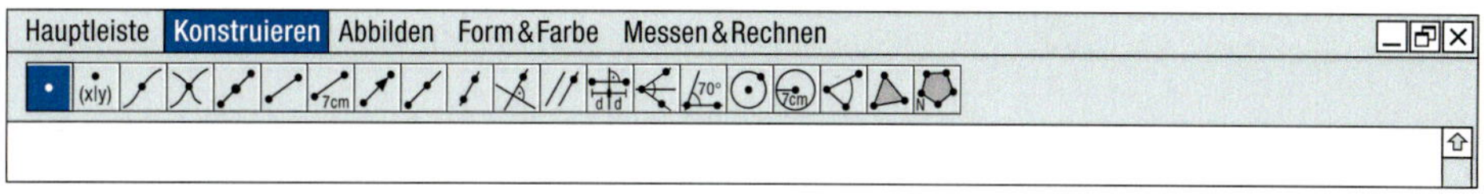

Welche geometrischen Figuren kannst du mithilfe der abgebildeten Symbole auf dem Zeichenblatt erstellen?

c) Erzeuge auf dem Zeichenblatt ein Dreieck.
Versuche anschließend die Lage eines Eckpunktes zu verändern. Wähle dazu mit dem Cursor einen Eckpunkt aus, halte die linke Maustaste gedrückt und ziehe den Punkt in eine andere Position.

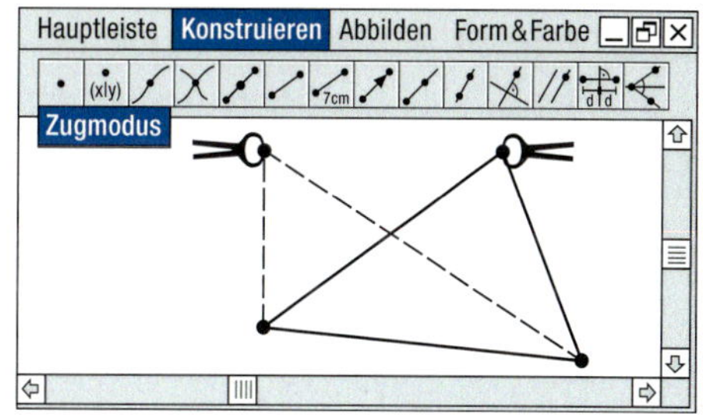

d) Erstelle auf dem Zeichenblatt ein Dreieck. Benenne jeweils die Eckpunkte und die Seiten eines Dreiecks, indem du den entsprechenden Menüpunkt auswählst.
Verändere anschließend die Lage eines Eckpunktes. Was stellst du fest?

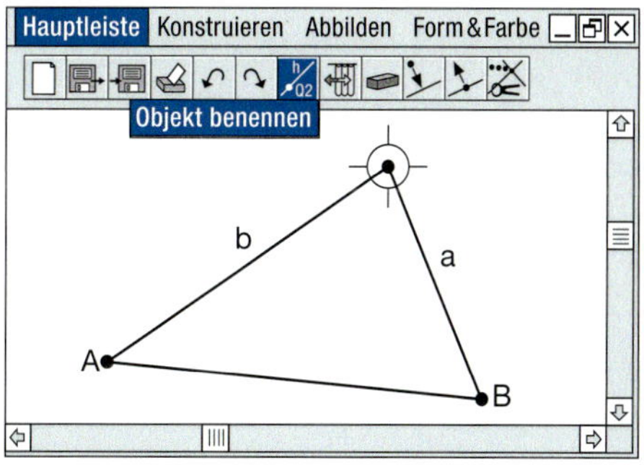

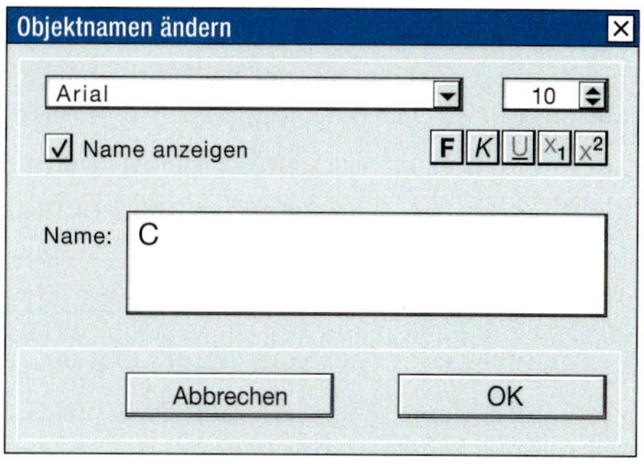

2

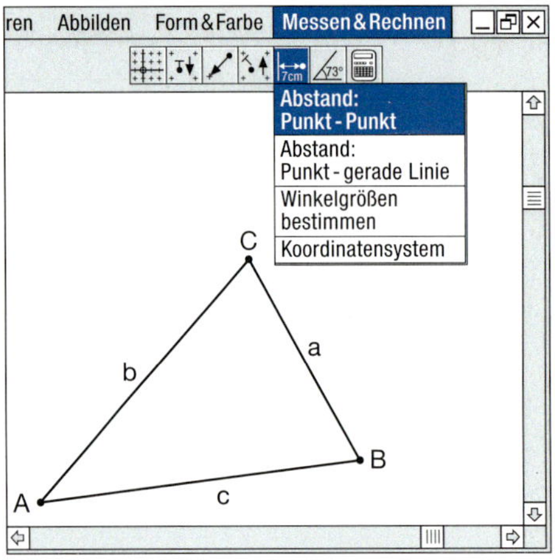

a) Klicke den Menüpunkt **„Messen"** an und bestimme die einzelnen Seitenlängen deines Dreiecks.

b) Verändere die Lage eines Eckpunktes. Beschreibe deine Beobachtungen. Überprüfe dabei auch den folgenden Satz: Zwei Dreiecksseiten sind zusammen stets länger als die dritte Seite.

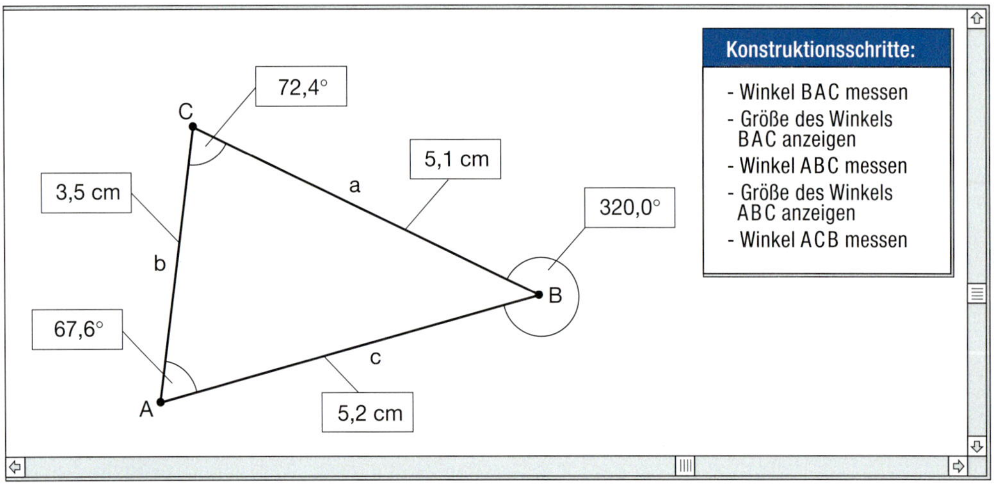

c) Auf dem abgebildeten Zeichenblatt wird die Größe eines Innenwinkels nicht angezeigt. Stelle fest, welcher Eingabefehler gemacht wurde. Betrachte dazu das geöffnete Fenster.

d) Verändere auf dem Zeichenblatt die Lage einzelner Eckpunkte. Erzeuge dadurch verschiedene spitzwinklige und stumpfwinklige Dreiecke.
Halte die Größe der einzelnen Innenwinkel in einer Tabelle fest. Beträgt die Summe der Innenwinkel deiner Dreiecke jeweils 180°?

∢ BAC	∢ CBA	∢ ACB	Summe
67,6°	40,0°	72,4°	
27,4°	47,3°	105,3°	

1 

Aus einem Physikbuch:

Wird ein Körper unter seinem Schwerpunkt gestützt, kippt er nicht.

Die Artistin in der Abbildung balanciert mit einem Stab einen Teller. Sie weiß, dass sie den Teller an einer bestimmten Stelle unterstützen muss.
Lies in einem Physikbuch oder in einem Lexikon nach, wenn du mehr über den Schwerpunkt eines Körpers erfahren willst.

Schwerpunkt **2** Auf dem Foto siehst du, wie in einer Physikstunde der Schwerpunkt einer dreieckigen Blechplatte ermittelt wird. Beschreibe das Experiment. Betrachte auch die bereits eingezeichneten „Lotlinien“. Was fällt dir auf?

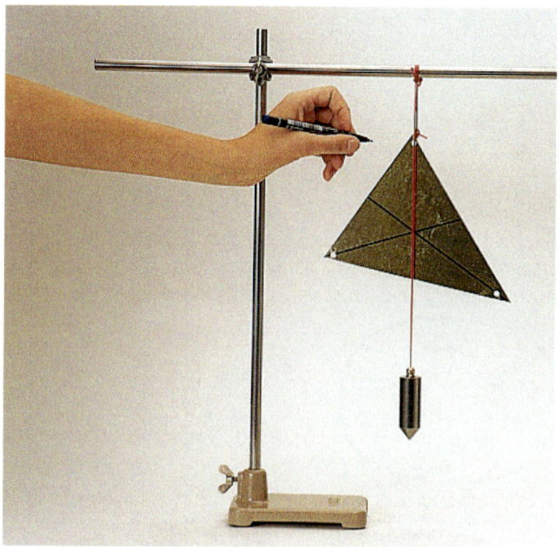

3

a) Agnes und Ferrit bestimmen den Schwerpunkt des abgebildeten Dreiecks. Warum zeichnen sie auf dem Dreieck die Linie ein, die genau über der Linealkante liegt?
b) Versucht in eurer Tischgruppe den Schwerpunkt eines Dreiecks zu ermitteln. Müsst ihr dazu das Dreieck auf eine Linealkante legen? Begründet eure Antwort.

4 a) Zeichne auf Karton ein Dreieck. Halbiere die Seite a und verbinde diesen Mittelpunkt mit dem gegenüberliegenden Eckpunkt A. Du erhältst die **Seitenhalbierende s_a**. Zeichne ebenso die Seitenhalbierenden s_b und s_c.
b) Schneide anschließend das Dreieck aus und versuche es auf einer Bleistiftspitze zu balancieren. Welchen Punkt musst du auf die Bleistiftspitze legen, damit das Dreieck im Gleichgewicht bleibt?

1

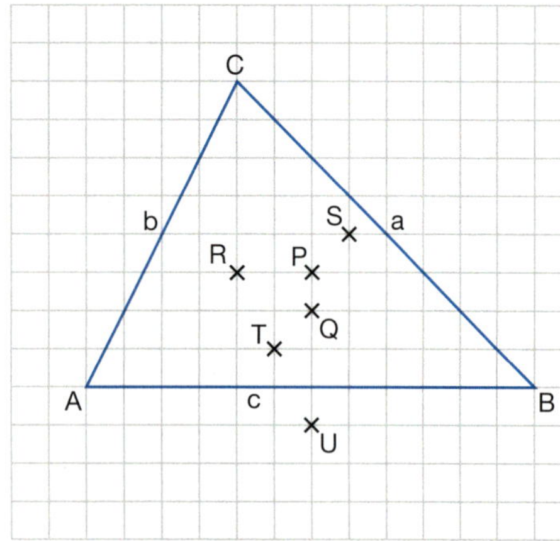

a) Übertrage das Dreieck und die markierten Punkte in dein Heft. Zähle dazu die Kästchen aus.
b) Versuche einen Kreis durch die Eckpunkte A und B zu zeichnen. Welchen der markierten Punkte kannst du dafür als Mittelpunkt auswählen? Begründe deine Antwort.
c) Zeichne weitere Mittelpunkte. Verbinde die Punkte. Was fällt dir auf?

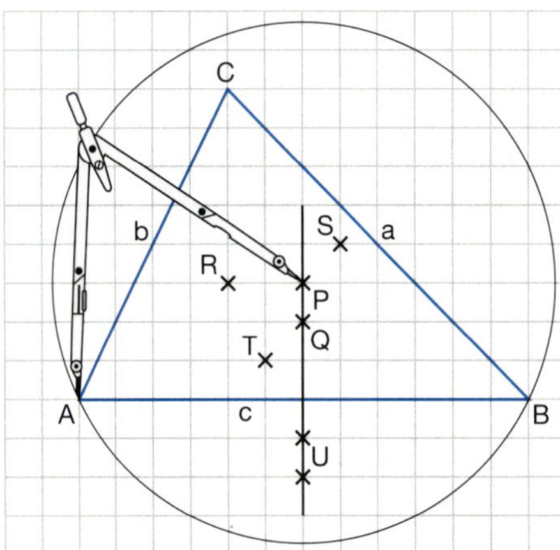

d) Welcher der Punkte Q, R, S oder T ist der Mittelpunkt eines Kreises, auf dem die Eckpunkte B und C liegen? Zeichne weitere Mittelpunkte. Erläutere, wie du dabei vorgehst.
e) Kannst du den Mittelpunkt des Kreises angeben, der durch alle Eckpunkte des abgebildeten Dreiecks geht? Begründe deine Antwort.

2 Zeichne in ein spitzwinkliges (rechtwinkliges, stumpfwinkliges) Dreieck die Geraden, die jeweils durch den Mittelpunkt einer Seite gehen und senkrecht zu ihr stehen.

Umkreis

Der Schnittpunkt dieser drei **Mittelsenkrechten** ist der Mittelpunkt des **Umkreises,** auf dem die drei Eckpunkte des Dreiecks liegen.
Zeichne den Umkreis.

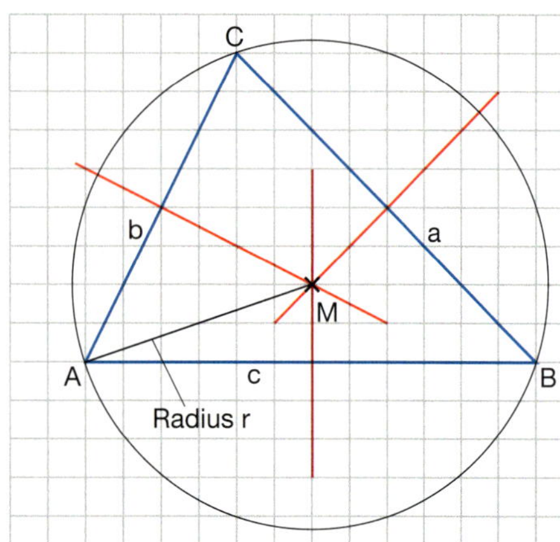

1 a) In einem gleichseitigen Dreieck ist S der Schnittpunkt der Seitenhalbierenden und der Mittelpunkt des Inkreises. Der Inkreis berührt alle Dreiecksseiten.
Bestimme anhand der Zeichnung jeweils den Abstand, den der Kreismittelpunkt von den einzelnen Dreiecksseiten hat.

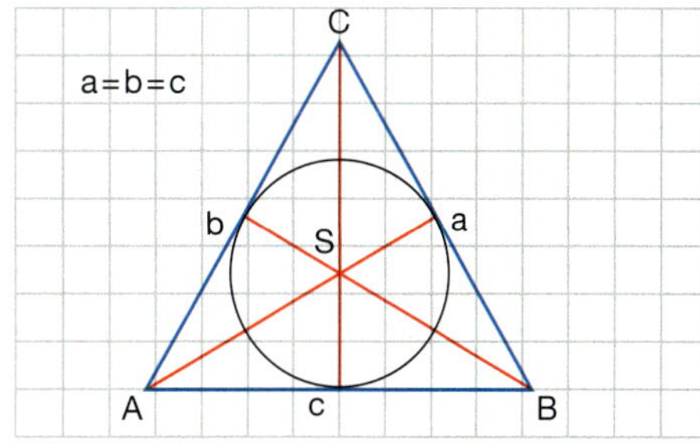

b) Zeichne verschieden große unregelmäßige Dreiecke. Untersuche, ob der Schnittpunkt der Seitenhalbierenden (Mittelsenkrechten) jeweils auch der Mittelpunkt des Inkreises ist.

2

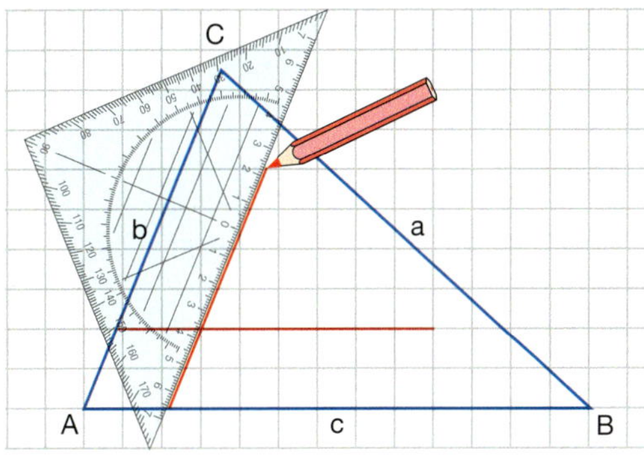

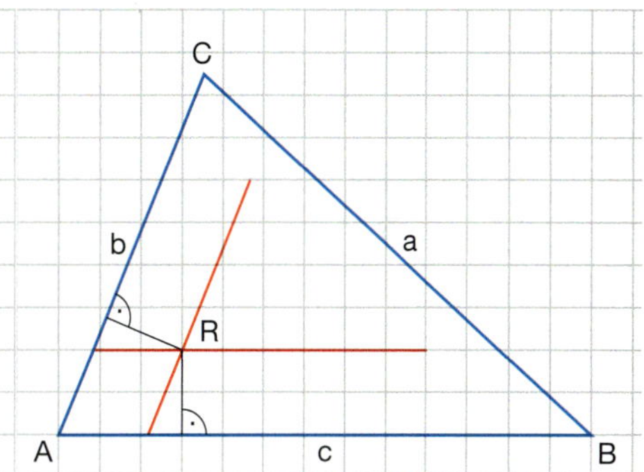

Der markierte Punkt R hat von den Seiten b und c jeweils denselben Abstand. Erkläre anhand der Abbildungen, wie dieser Punkt bestimmt wird.

3

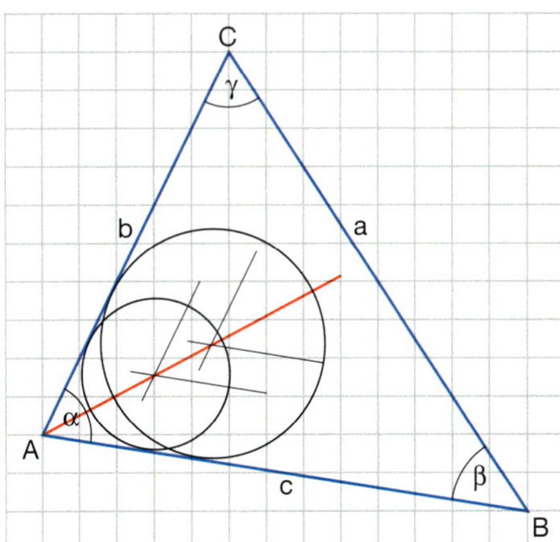

a) Zeichne in ein unregelmäßiges Dreieck einen Kreis, dessen Mittelpunkt von den Seiten b und c jeweils 1,0 cm (1,5 cm) Abstand hat.
b) Versuche vom Eckpunkt A aus einen Strahl durch die Kreismittelpunkte zu zeichnen.
Welche Eigenschaften hat dieser Strahl?

c) Zeichne in dein Dreieck einen weiteren Kreis, der von den Seiten a und c jeweils denselben Abstand hat. Erläutere, wie du dabei vorgehst.
d) Wo liegt der Mittelpunkt des Kreises, der alle Dreiecksseiten berührt? Begründe deine Antwort.

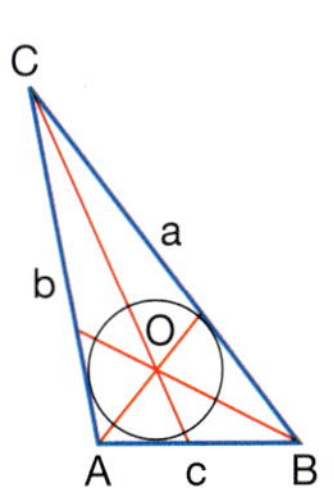

4 Zeichne ein beliebiges nicht zu kleines Dreieck. Halbiere die einzelnen Innenwinkel. Der Schnittpunkt dieser **Winkelhalbierenden** ist der Mittelpunkt des **Inkreises.** Zeichne den Inkreis.

1

Julia, Robert und ihr Vater haben für den Dachausbau eine dreieckige Holzplatte ausgesägt. Anschließend überprüfen sie, ob sich die Holzplatte durch die Haustür tragen lässt. Welche Messungen müssen sie dafür durchführen?

2 a) Zeichne ein beliebiges spitzwinkliges Dreieck ABC. Fälle das Lot von Punkt C auf die gegenüberliegende Seite c. Bezeichne den Fußpunkt des Lotes mit D.

Höhen

Die Strecke $\overline{CD}$ heißt **Höhe h_c** des Dreiecks ABC.

b) Trage entsprechend die Höhen $\mathbf{h_a}$ und $\mathbf{h_b}$ ein. Was stellst du fest?

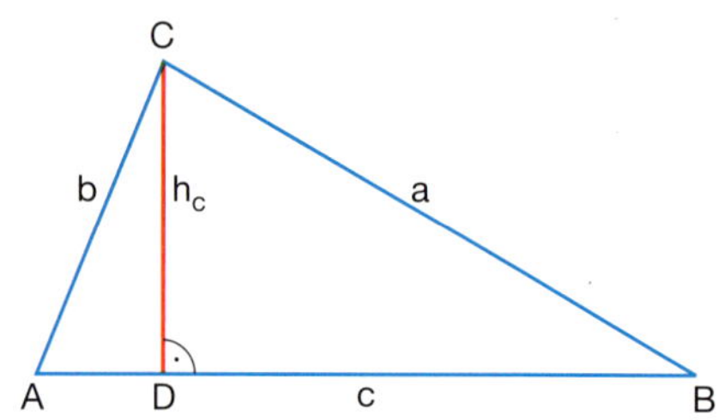

3

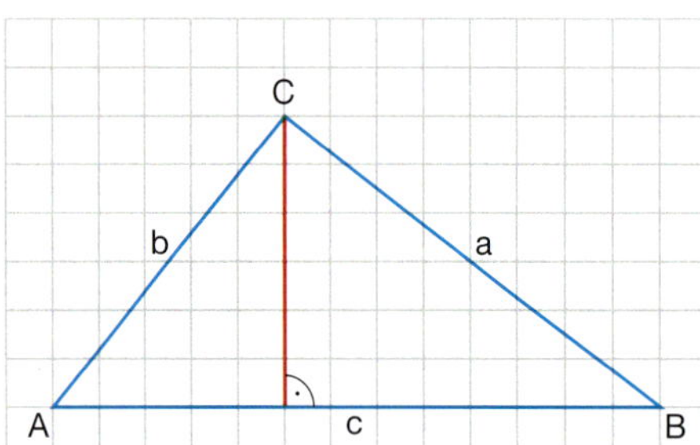

Was meinst du? Begründe deine Antwort.

4 a) Übertrage das abgebildete stumpfwinklige Dreieck, die Höhen h_a und h_b in dein Heft.
Zeichne anschließend die Höhe h_c ein.
b) Versuche, den Schnittpunkt der Höhen zu bestimmen. Beschreibe, wie du dabei vorgehst.

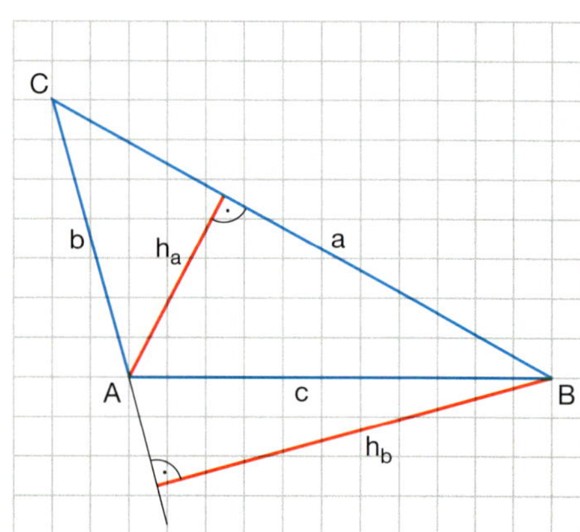

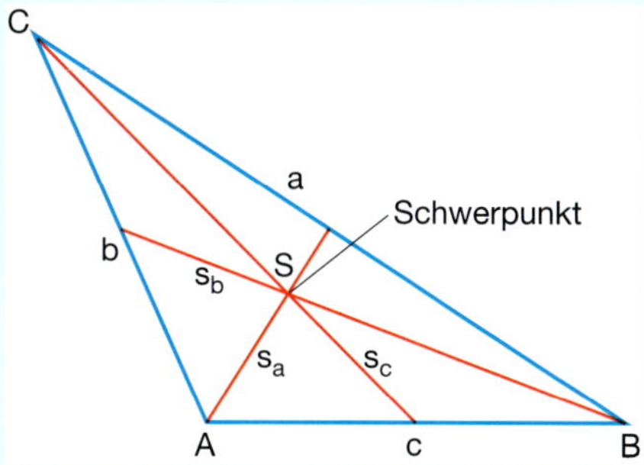

Die drei Seitenhalbierenden eines Dreiecks schneiden sich in einem Punkt, dem **Schwerpunkt** des Dreiecks.

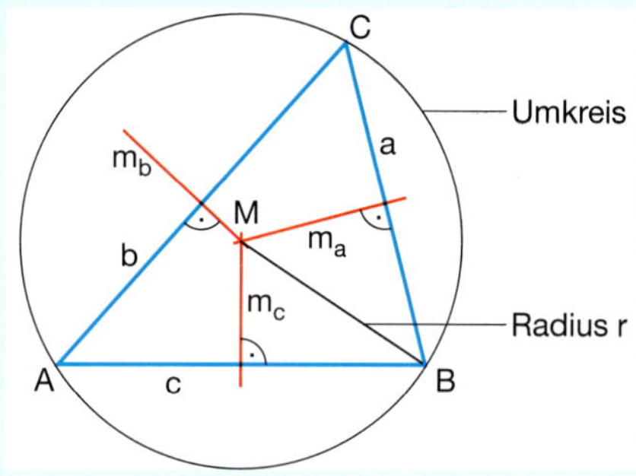

Die drei Mittelsenkrechten eines Dreiecks schneiden sich in einem Punkt. Dieser Schnittpunkt ist der Mittelpunkt des **Umkreises.**

Griechischer Buchstabe: rho (ϱ)

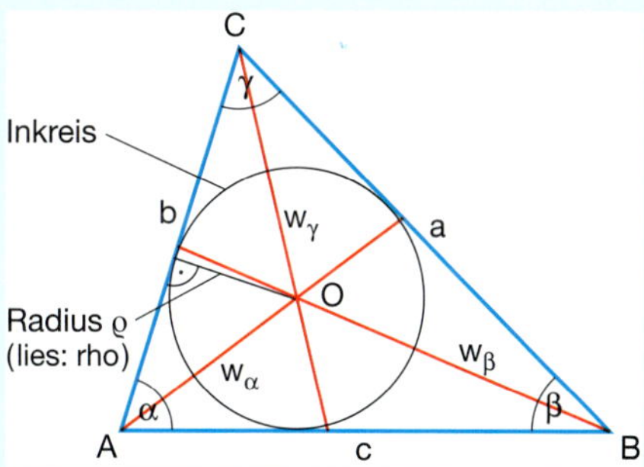

Die drei Winkelhalbierenden eines Dreiecks schneiden sich in einem Punkt.
Dieser Schnittpunkt hat von jeder Seite des Dreiecks denselben Abstand. Er ist der Mittelpunkt des **Inkreises.**

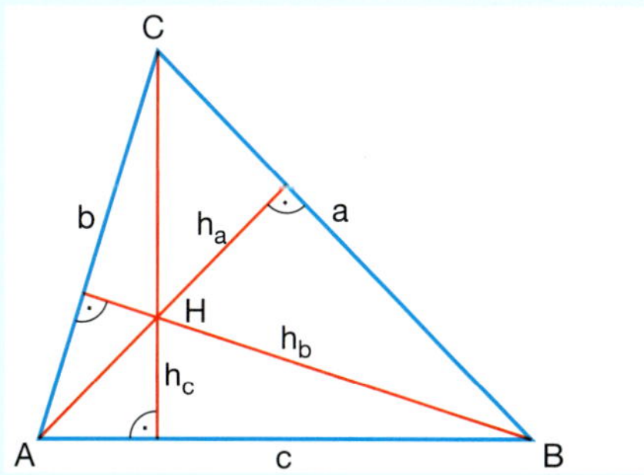

Die drei Höhen eines Dreiecks oder ihre Verlängerungen schneiden sich in einem Punkt.

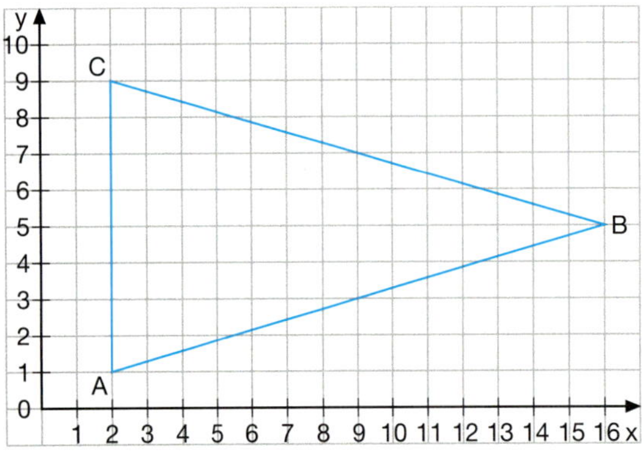

1 a) Übertrage das Koordinatensystem und das eingezeichnete Dreieck in dein Heft.

b) Zeichne die Seitenhalbierenden des Dreiecks und gib die Koordinaten des Schwerpunktes S an.

2 Zeichne das Dreieck ABC mit den angegebenen Eckpunkten in ein Koordinatensystem (Einheit 0,5 cm). Trage die Seitenhalbierenden ein. Gib die Koordinaten des Schwerpunktes S an.

a) A (1|2), B (17|2), C (9|14)
b) A (2|2), B (14|2), C (2|14)
c) A (2|2), B (14|8), C (2|20)
d) A (3|5), B (11|1), C (1|17)

3

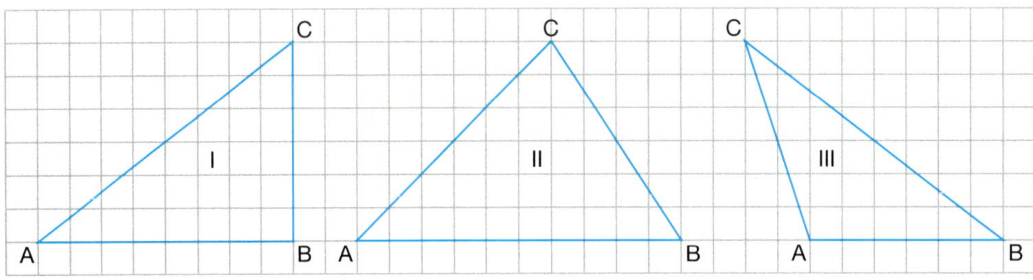

a) Übertrage die abgebildeten Dreiecke in dein Heft. Zeichne anschließend jeweils die Mittelsenkrechten und den Umkreis des Dreiecks.

b) Beschreibe die Lage der einzelnen Mittelpunkte. Was fällt dir auf? Zeichne weitere Dreiecke in dein Heft und überprüfe deine Vermutungen.

4 Zeichne das Dreieck ABC in ein Koordinatensystem (Einheit 0,5 cm). Zeichne die Mittelsenkrechten und den Umkreis des Dreiecks. Gib die Koordinaten seines Mittelpunktes an.

a) A (4|1), B (14|11), C (10|19)
b) A (3|2), B (15|2), C (9|20)
c) A (1|9), B (17|1), C (17|17)
d) A (1|11), B (17|3), C (13|15)

5 Eine Windkraftanlage soll von den abgebildeten Orten A, B und C gleich weit entfernt errichtet werden.

a) Übertrage die Abbildung in dein Heft und bestimme zeichnerisch den zukünftigen Standort der Windkraftanlage.

b) Wie viele Meter ist die Anlage jeweils von den Punkten A, B und C entfernt? Beachte den Maßstab.

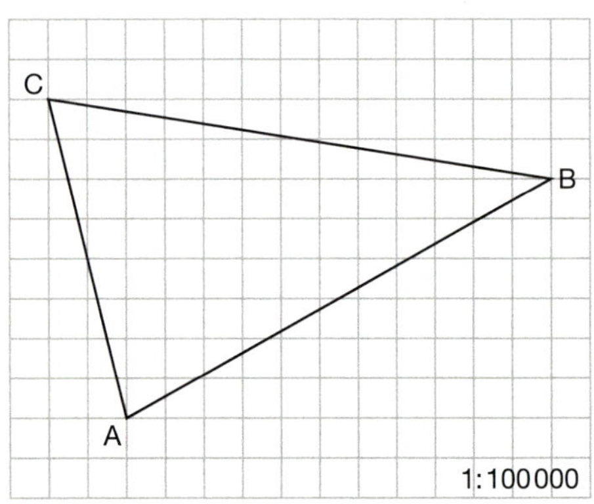

6 a) Zeichne ein Koordinatensystem (Einheit 0,5 cm) und trage die folgenden Punkte ein: A (4|16), B (12|0) und C (20|16).
Konstruiere einen Punkt M, der von A, B und C jeweils gleich weit entfernt ist. Gib die Koordinaten von Punkt M an.

b) Zeichne in einem Koordinatensystem (Einheit 0,5 cm) die Kreislinie, zu der die Punkte A (3|11), B (13|1) und C (7|19) gehören.

7 a) Zeichne einen Kreis mit dem Radius r = 3 cm, ohne seinen Mittelpunkt vorher zu kennzeichnen.
Markiere anschließend Punkte auf der Kreislinie und konstruiere den Mittelpunkt des Kreises. Begründe deine Lösung.

b) Zeichne einen Kreis mit dem Radius r = 2,5 cm (3,7 cm; 4,2 cm) und konstruiere den Kreismittelpunkt.

8

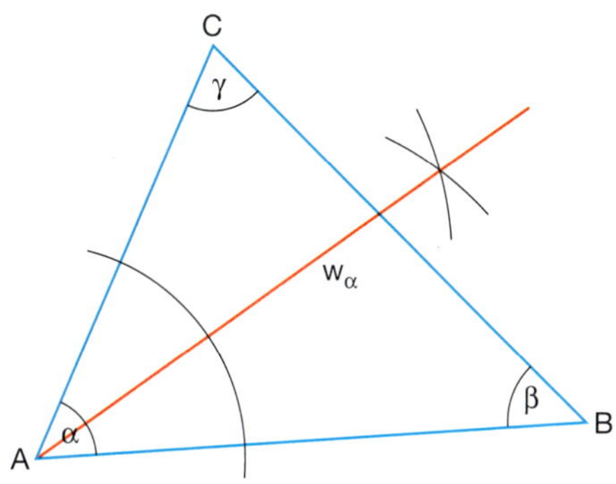

Zeichne das Dreieck ABC mit den angegebenen Eckpunkten in ein Koordinatensystem (Einheit 0,5 cm).
Konstruiere die Winkelhalbierende und zeichne den Inkreis des Dreiecks. Gib die Koordinaten des Kreismittelpunktes an.

a) A (2|2), B (22|2), C (2|17)
b) A (1|1), B (16|1), C (16|21)

9 Zeichne das Dreieck ABC mit den angegebenen Eckpunkten in ein Koordinatensystem (Einheit 0,5 cm). Trage die Höhen des Dreiecks ein. Verlängere dazu gegebenenfalls die Seiten.
Bezeichne den Schnittpunkt der Höhen mit H und gib seine Koordinaten an.

a) A (2|2), B (16|2), C (6|12)
b) A (1|9), B (15|2), C (15|17)
c) A (1|2), B (17|2), C (9|10)
d) A (8|7), B (14|7), C (2|19)
e) A (3|1), B (17|1), C (7|11)
f) A (1|1), B (16|4), C (4|12)
g) A (1|1), B (17|1), C (9|5)
h) A (1|1), B (21|1), C (6|6)

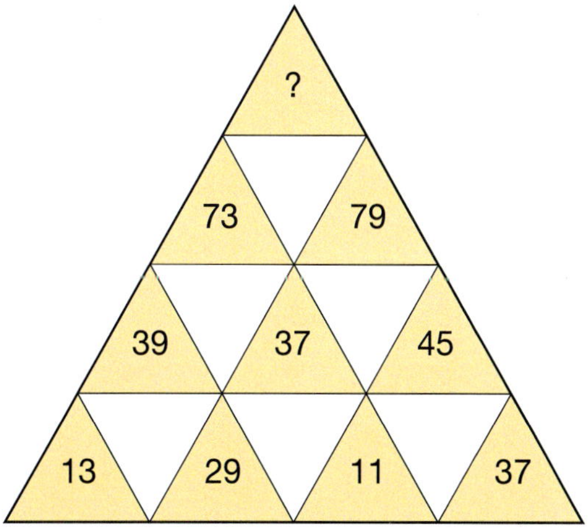

Welche Zahl gehört in das oberste Dreieck?

10 Zeichne ein nicht zu kleines gleichschenkliges Dreieck. Konstruiere seinen Umkreis und seinen Inkreis.

11 Überprüfe anhand einer Zeichnung folgende Aussage:
In einem gleichseitigen Dreieck schneiden sich die drei Mittelsenkrechten, die drei Seitenhalbierenden, die drei Höhen und die drei Winkelhalbierenden in demselben Punkt.

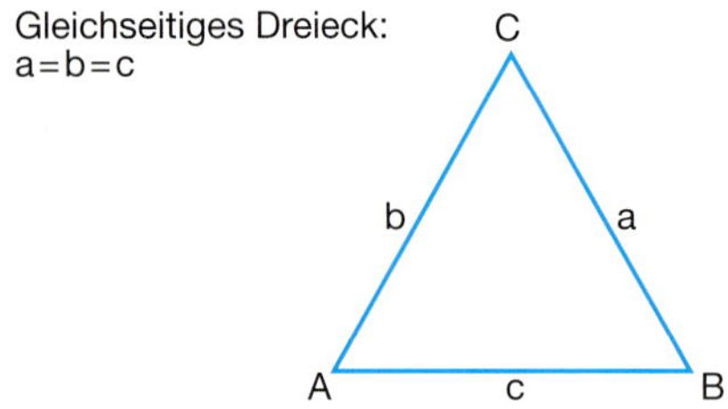

12 a) Zeichne ein Dreieck ABC mit A (2|1), B (14|1) und C (14|21) in ein Koordinatensystem (Einheit 0,5 cm). Trage die Seitenhalbierenden ein.
b) Beschrifte dein Dreieck wie abgebildet und vervollständige die Tabelle im Heft. Vergleiche jeweils die beiden Abschnittslängen einer Seitenhalbierenden miteinander. Was stellst du fest? Überprüfe deine Vermutung an weiteren Dreiecken.

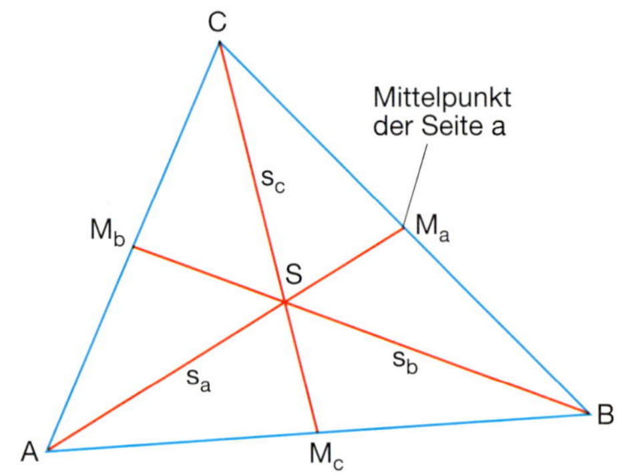

Länge der Seitenhalbierenden	Abschnittslänge	Abschnittslänge
$s_a \approx 7{,}8$ cm	$\overline{AS} \approx 5{,}2$ cm	$\overline{SM_a} \approx$
$s_b \approx$	$\overline{BS} \approx$	$\overline{SM_b} \approx$
$s_c \approx$	$\overline{CS} \approx$	$\overline{SM_c} \approx$

13 In einem Dreieck liegen der Umkreismittelpunkt M, der Höhenschnittpunkt H und der Schwerpunkt S auf einer Geraden. Diese Gerade heißt „Eulersche* Gerade“.

Zeichne ein nicht zu kleines spitzwinkliges Dreieck. Überprüfe, ob der Umkreismittelpunkt, der Höhenschnittpunkt und der Schwerpunkt auf einer Geraden liegen.

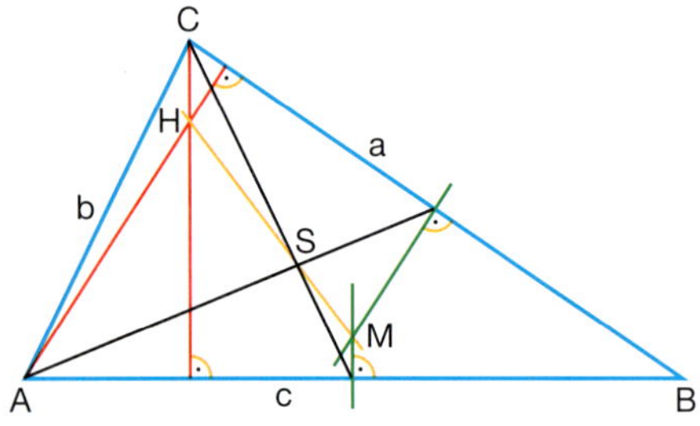

* Leonard Euler, schweizer. Mathematiker (1707–1783)

1

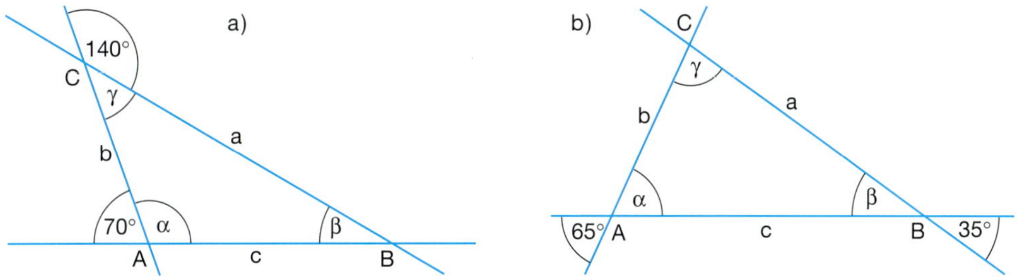

In den abgebildeten Dreiecken wurden die einzelnen Seiten jeweils über die Eckpunkte hinaus verlängert. Es entsteht eine Figur, in der sich drei Geraden in den Punkten A, B und C schneiden.
Bestimme anhand der Zeichnung die Größe der Innenwinkel α, β und γ. Begründe deine Lösung.

2 a) Übertrage die Figur in dein Heft. Markiere Paare gleich großer Winkel mit gleichfarbigen Kreisbögen.
b) Welche Winkelpaare haben jeweils zusammen eine Größe von 180°?

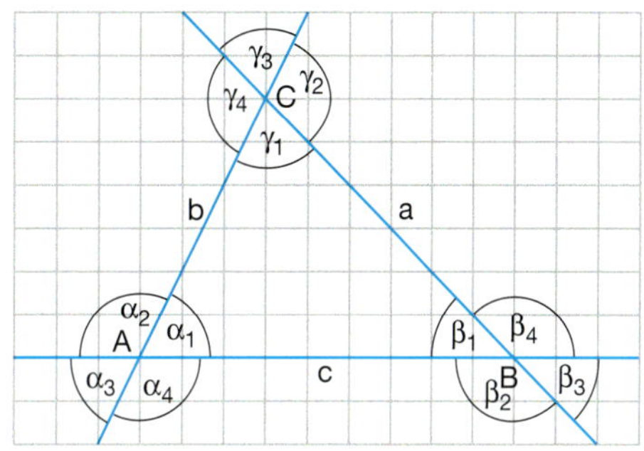

3 Die Gerade g durch den Punkt C verläuft parallel zu der Geraden AB. Diese beiden Parallelen werden von den Geraden AC und BC geschnitten.
Erläutere, wie du die Größe der einzelnen Innenwinkel des Dreiecks ABC ermitteln kannst.

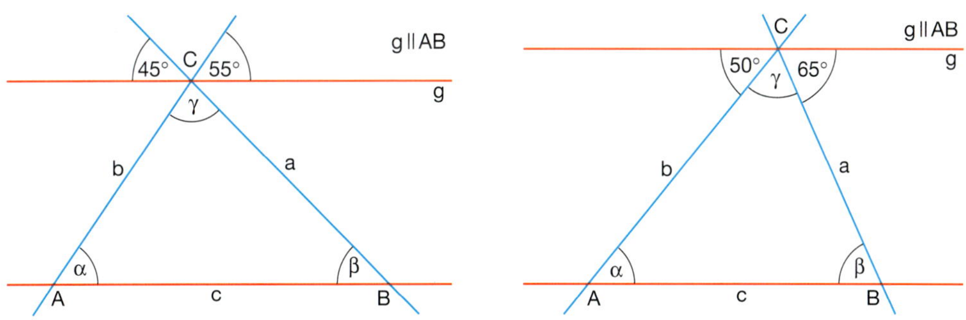

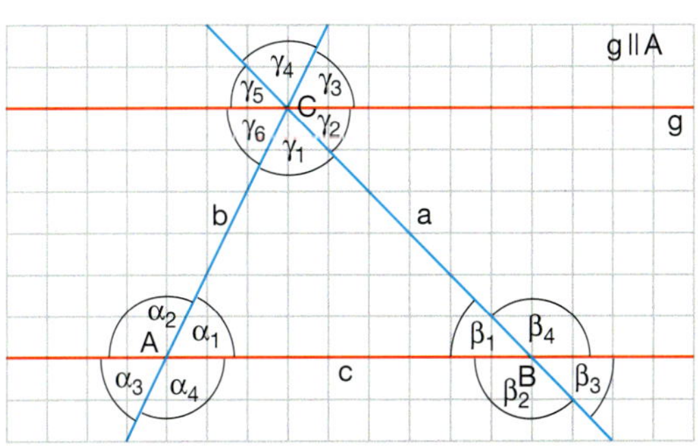

4 a) Übertrage die Figur in dein Heft. Markiere gleich große Winkel mit gleichfarbigen Kreisbögen.
b) Der Winkel α_2 soll 140° groß sein; die Winkelgröße von γ_4 beträgt 110°.
Bestimme mithilfe der Abbildung die fehlenden Winkelgrößen.

An zwei sich schneidenden Geraden gilt: Gegenüber liegende Winkel heißen **Scheitelwinkel;** sie sind gleich groß.

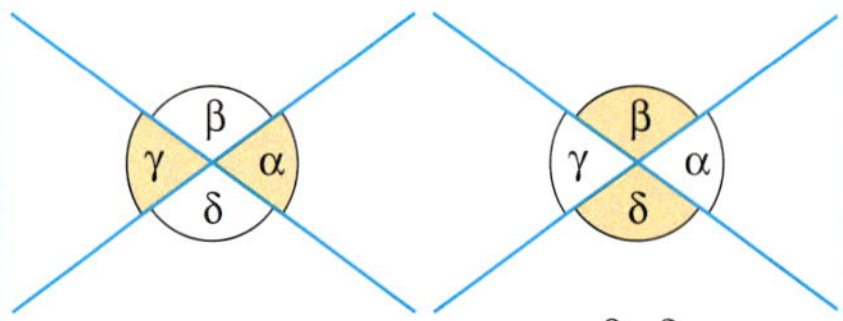

$\alpha = \gamma$ $\beta = \delta$

Die Winkel α und γ sowie β und δ sind Scheitelwinkel.

An zwei sich schneidenden Geraden gilt: Nebeneinander liegende Winkel heißen **Nebenwinkel;** sie haben zusammen eine Größe von 180°.

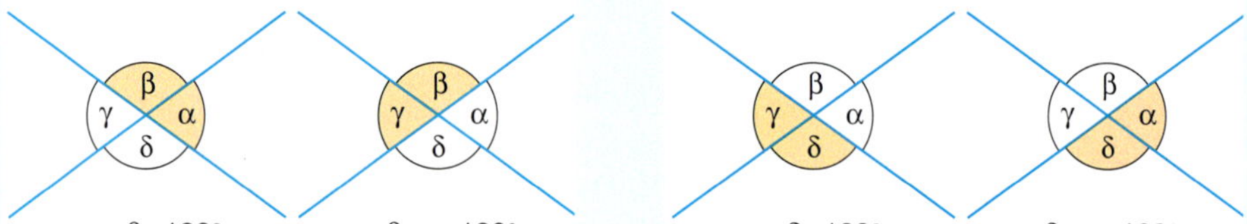

$\alpha + \beta = 180°$ $\beta + \gamma = 180°$ $\gamma + \delta = 180°$ $\delta + \alpha = 180°$

Die Winkel α und β, β und γ, γ und δ sowie δ und α sind Nebenwinkel.

Werden parallele Geraden von einer weiteren Geraden geschnitten, so entstehen **Stufenwinkel** und **Wechselwinkel.**

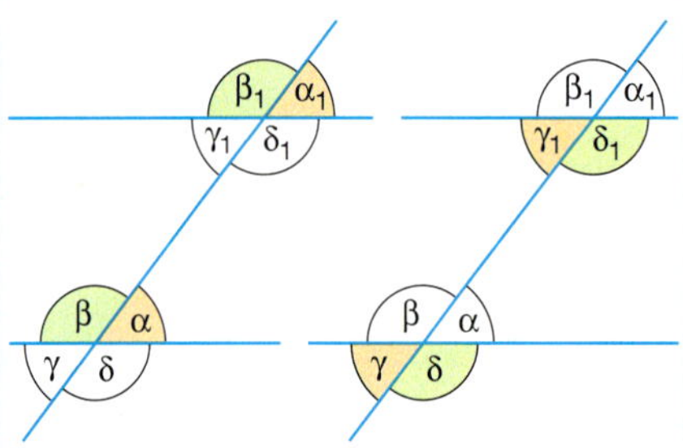

$\alpha = \alpha_1$ $\beta = \beta_1$ $\gamma = \gamma_1$ $\delta = \delta_1$

Die Winkel α und α_1, β und β_1, γ und γ_1 sowie δ und δ_1 sind Stufenwinkel.

Stufenwinkel an parallelen Geraden sind gleich groß.

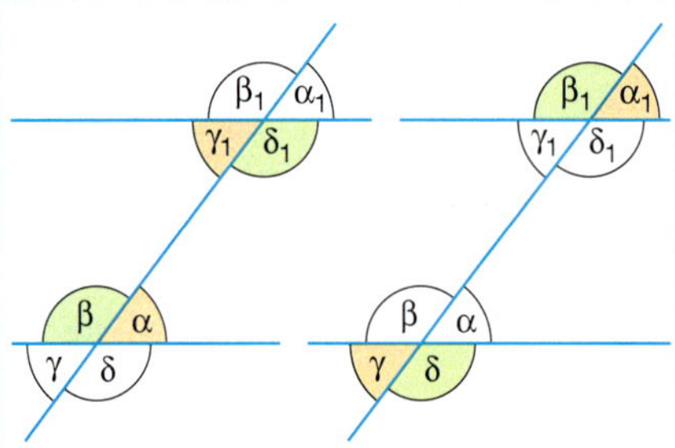

$\alpha = \gamma_1$ $\beta = \delta_1$ $\gamma = \alpha_1$ $\delta = \beta_1$

Die Winkel α und γ_1, β und δ_1, γ und α_1 sowie δ und β_1 sind Wechselwinkel.

Wechselwinkel an parallelen Geraden sind gleich groß.

1 

Bestimme die fehlenden Winkelgrößen am Schnittpunkt der Geraden.

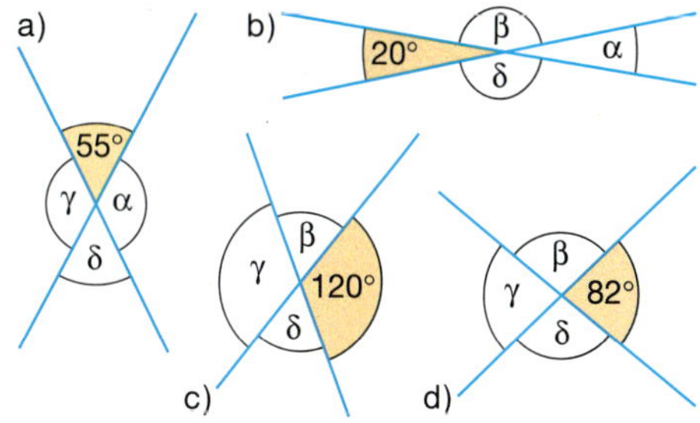

2 Zeichne einen 65° großen Winkel. Ergänze deine Zeichnung so, dass du ein Nebenwinkelpaar erhältst. Wie viele Möglichkeiten findest du?
Vervollständige anschließend eine Zeichnung, so dass auch ein Scheitelwinkelpaar entsteht.

3 Berechne die Größe des Winkels α.

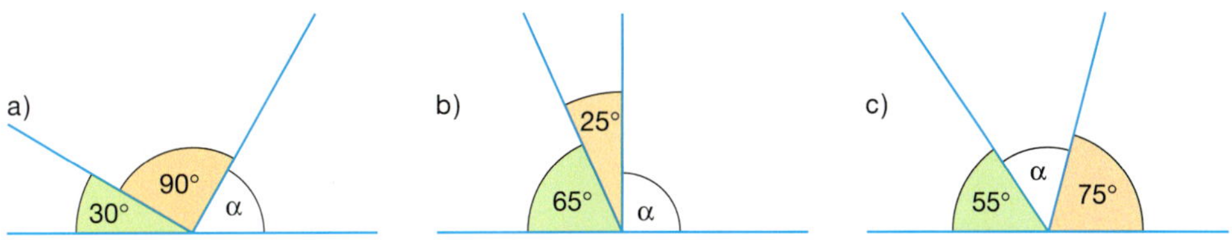

4 Bestimme die fehlenden Winkelgrößen.

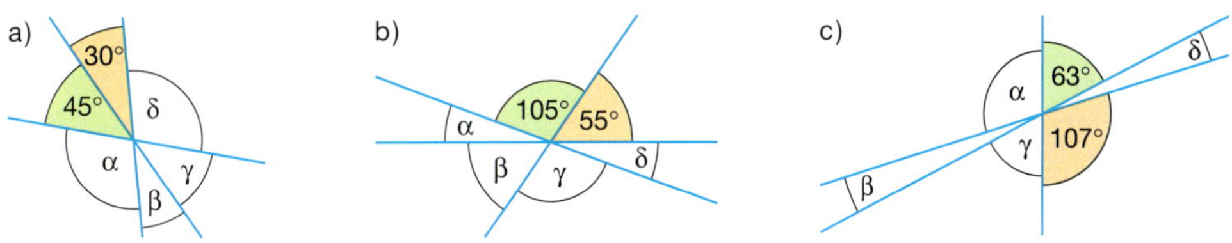

5 Übertrage die Tabelle in dein Heft und bestimme anhand der Abbildung die fehlenden Winkelgrößen.

	α_1	α_2	α_3	α_4	α_5	α_6
a)	30°		80°			
b)				45°		75°
c)		38°	87°			
d)		127°		18°		

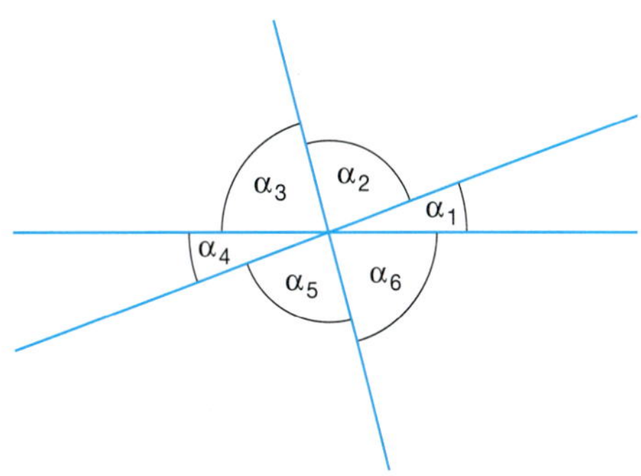

6 Bestimme die fehlenden Winkelgrößen.

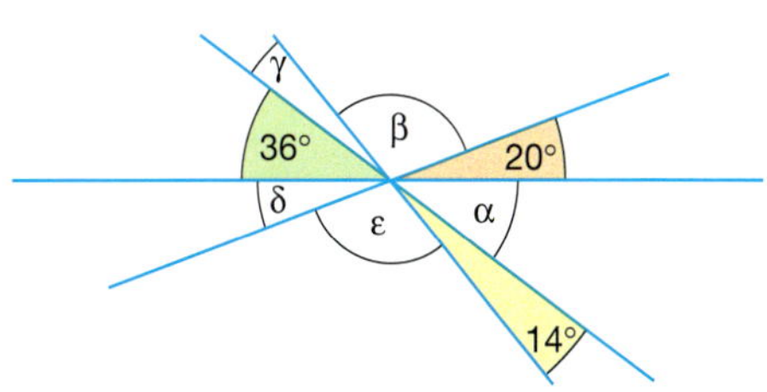

1 Trage alle Paare von gleich großen Stufenwinkeln (Wechselwinkeln) in eine Tabelle ein.

Stufenwinkel	Wechselwinkel
α_1, α_2	α_1, γ_2

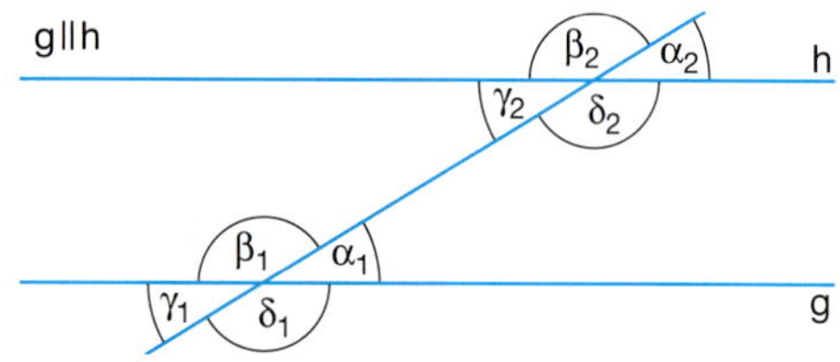

2 Bestimme die fehlenden Winkelgrößen. Die Geraden g und h sind zueinander parallel.

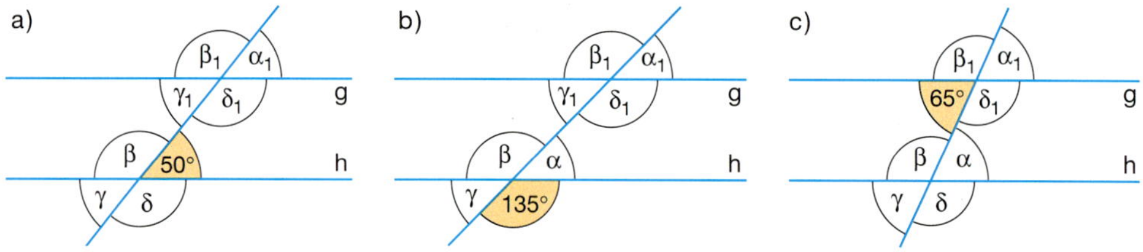

3 Gib anhand der Abbildung die fehlenden Winkelgrößen an:

a) $\beta = 140°$ b) $\beta_1 = 125°$ c) $\delta = 155°$
d) $\gamma_1 = 48°$ e) $\alpha = 63°$ f) $\delta_1 = 114°$
g) $\gamma = 67°$ h) $\alpha_1 = 22°$ i) $\beta_1 = 8°$

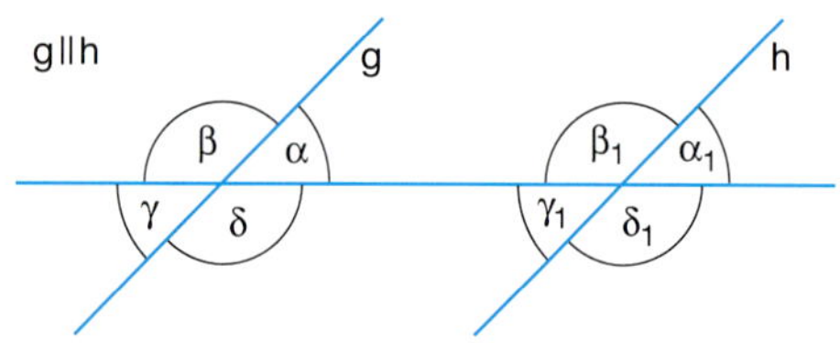

4 Bestimme die Größe der einzelnen Winkel. Die Geraden g und h sind zueinander parallel.

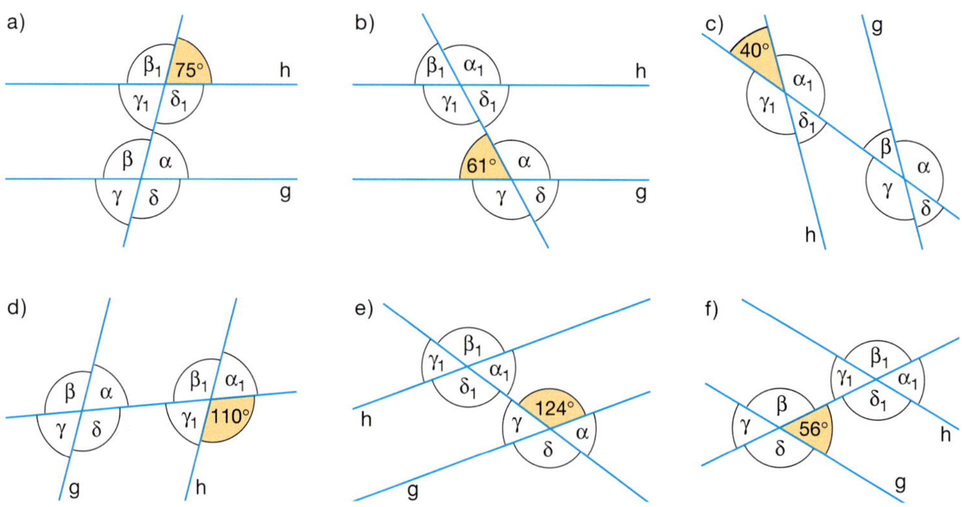

5 Bestimme anhand der Abbildung die fehlenden Winkelgrößen.

a) $\alpha_1 = 63°$ b) $\beta = 118°$ c) $\gamma_1 = 94°$
d) $\delta_2 = 113°$ e) $\alpha_3 = 88°$ f) $\gamma_2 = 66°$
g) $\gamma = 27°$ h) $\beta_3 = 172°$ i) $\delta = 111°$

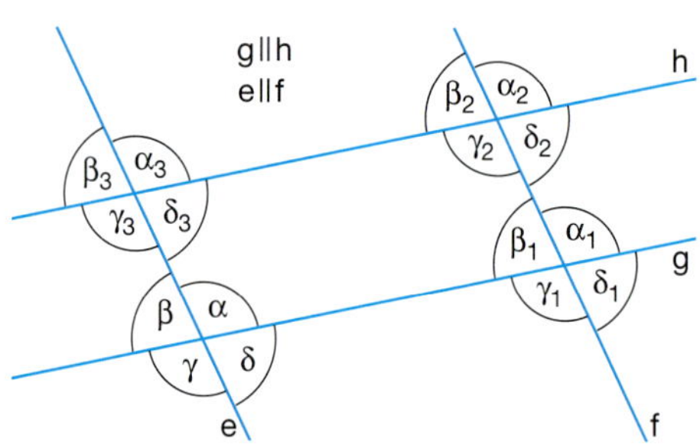

1

Innenwinkelsatz

Tanja will die Frage beantworten. Sie schneidet deshalb aus Papier ein Dreieck mit sehr unterschiedlichen Seitenlängen aus.
Anschließend schneidet sie alle Ecken des Dreiecks ab und legt sie wie abgebildet zusammen.

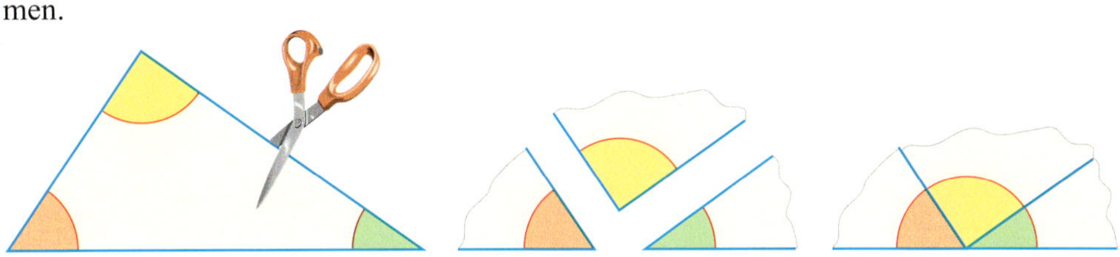

Hat sie die Frage beantwortet? Was meinst du?

2

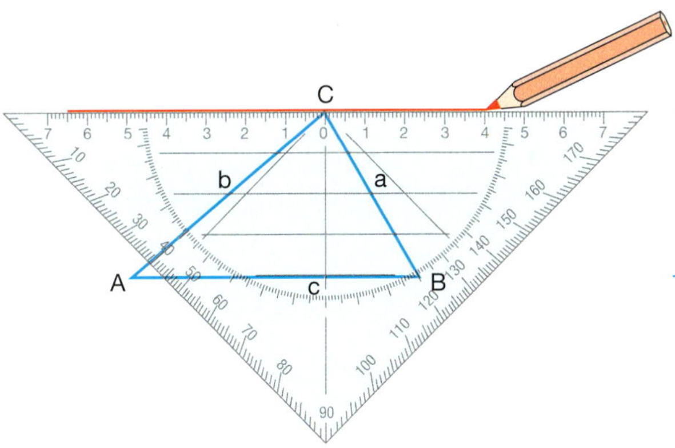

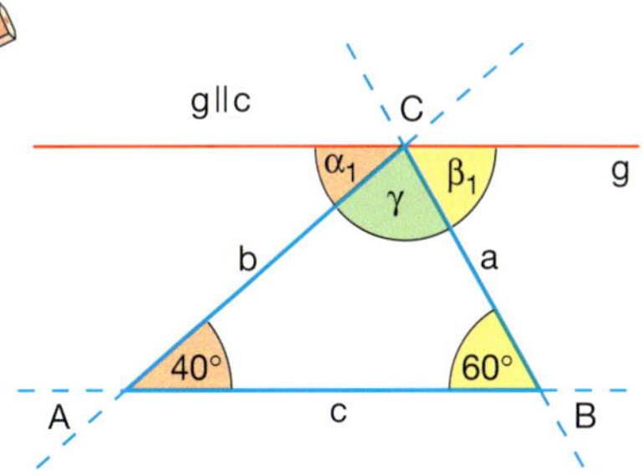

Durch den Eckpunkt C des abgebildeten Dreiecks ABC wird eine Parallele g zur Seite c gezogen.
In der Zeichnung erkennst du, dass die beiden Parallelen g und c von den Dreiecksseiten a beziehungsweise b geschnitten werden.

a) Gib, ohne zu messen, die Größe von α_1 und β_1 an. Begründe deine Ergebnise.
b) Zeige anhand der Abbildung, dass gilt: Die Summe der Innenwinkel in einem Dreieck beträgt 180°.

3 a) In dem abgebildeten Dreieck ABC wurde jede Seite über den Eckpunkt hinaus verlängert.
Wie viele neue Winkel entstanden dadurch an jedem Eckpunkt?

Außenwinkelsatz

b) Zwei der neuen Winkel liegen jeweils **neben dem Innenwinkel.** Sie werden **Außenwinkel** genannt.
Begründe, warum die an einem Eckpunkt liegenden Außenwinkel gleich groß sind.

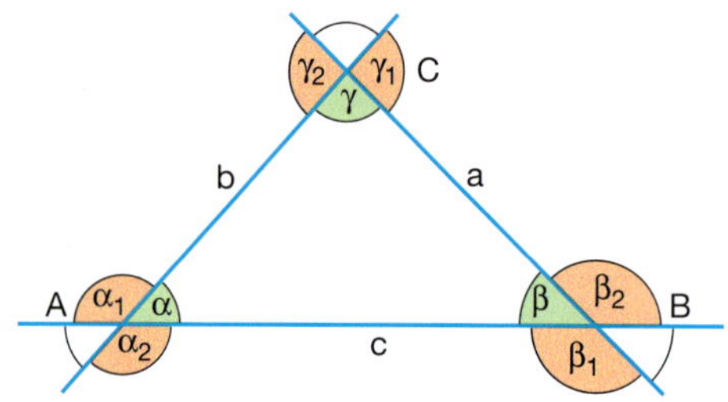

Außenwinkel: α_1, α_2
β_1, β_2
γ_1, γ_2

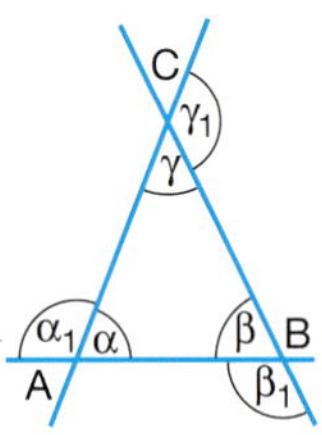

c)

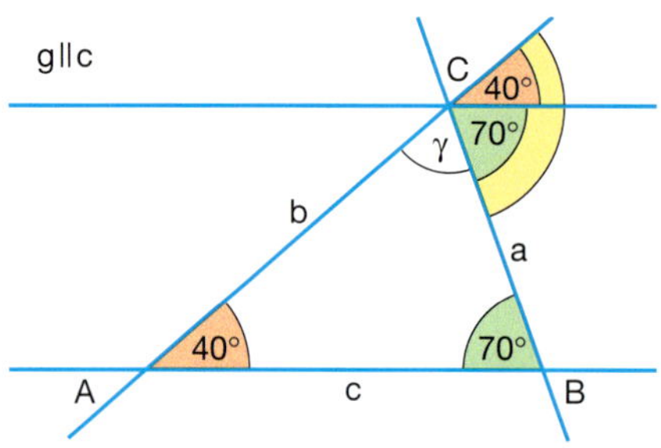

Warum sind in dem abgebildeten Dreieck ABC die mit derselben Farbe gekennzeichneten Winkel gleich groß? Begründe deine Antwort.

$\alpha_1 = \beta + \gamma$
$\beta_1 = \alpha + \gamma$
$\gamma_1 = \alpha + \beta$

d) Erläutere anhand der Abbildung, dass gilt: Die Größe jedes Außenwinkels eines Dreiecks ist gleich der Summe der beiden ihm nicht anliegenden Innenwinkel.

4 a) So kannst du zeigen, dass sich die Mittelsenkrechten m_a, m_b und m_c eines Dreiecks ABC im Mittelpunkt M des Umkreises schneiden:

Umkreis

1. m_a und m_b schneiden sich in M.
$\overline{BM} = \overline{CM}$
$\overline{AM} = \overline{CM}$
Daraus folgt: $\overline{BM} = \overline{AM}$
Also geht m_c auch durch M.

2. Die Eckpunkte A, B und C liegen also auf demselben Kreis um M mit
$r = \overline{AM} = \overline{BM} = \overline{CM}$

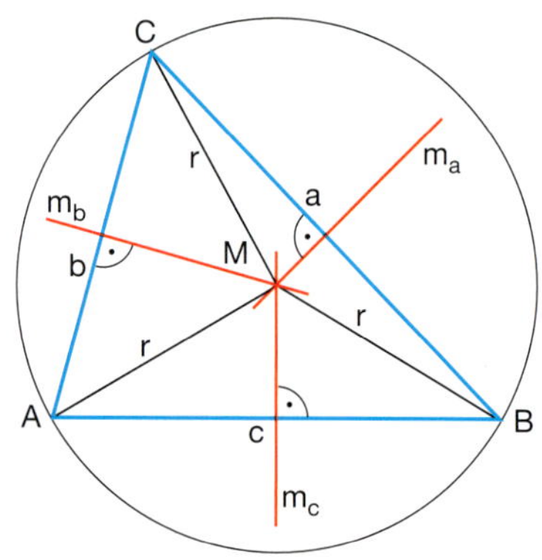

Erläutere die einzelnen Schritte des Beweises.

Inkreis

b) Zeige ebenso, dass die Winkelhalbierenden w_α, w_β und w_γ eines Dreiecks ABC sich im Mittelpunkt O des Inkreises schneiden.

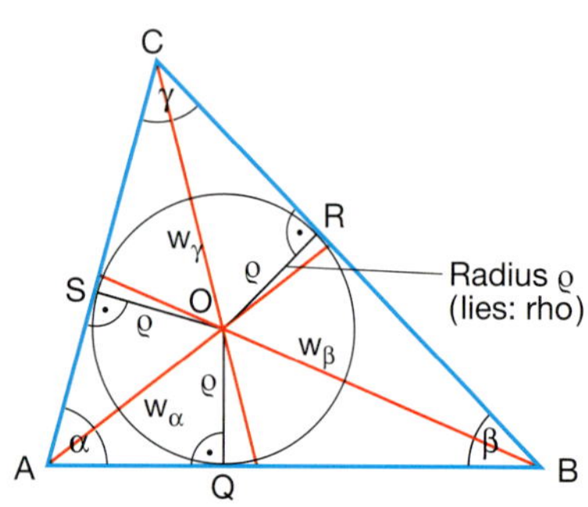

1

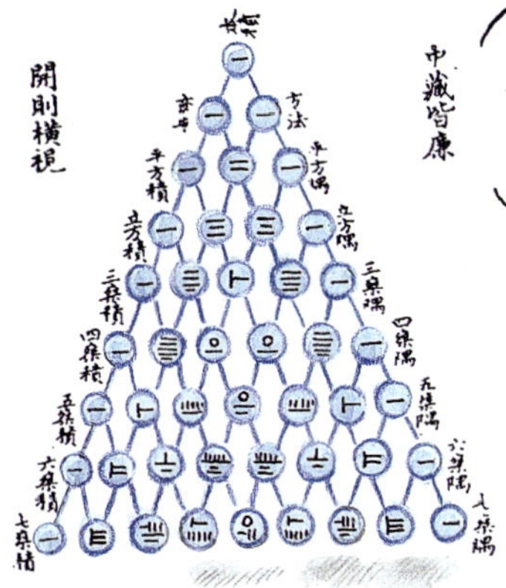

Merle zeichnet mehrere Quadrate an die Wand ihres Zimmers. Die Abbildung zeigt dir, dass die Anordnung der Quadrate dem Aufbau des chinesischen Zahlendreiecks entsprechen.

Anzahl der Reihen	Anzahl der Quadrate insgesamt
1	1
2	3
3	6
4	10
5	15
6	21
7	28

a) Wie viele Quadrate hätte Merle bei einem Dreieck aus 8 (9; 10; 11; 12) Reihen insgesamt an die Wand zeichnen müssen?

b) Schreibe die ersten zwölf Zahlen dieser **Dreieckszahlen** in dein Heft: 1; 3; 6; 10; ...

2 Merle hat unter die Dreieckszahlen eine Reihe besonderer Zahlen geschrieben. Wie hat sie die einzelnen Zahlen dieser Reihe gebildet? Ergänze die Reihe im Heft um sechs weitere Zahlen.

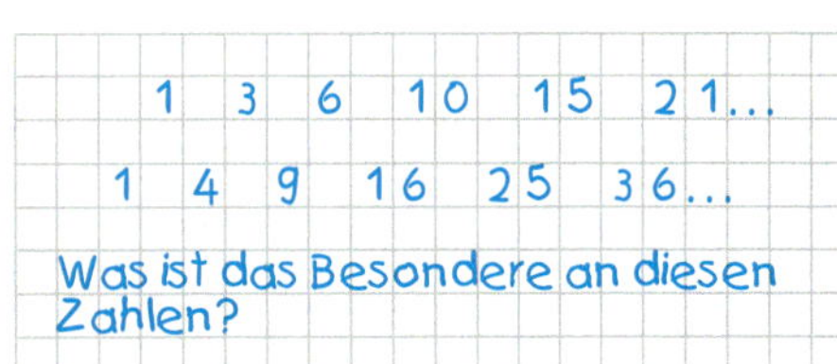

3

17 = 1 + 6 + 10
24 = 21 + 3
43 = ?

Nennt in eurer Tischgruppe Zahlen zwischen 1 und 150.
Findet höchstens drei Dreieckszahlen, aus denen sich die genannte Zahl zusammensetzen lässt.

4 Merle hat die ersten vier Reihen des chinesischen Zahlendreiecks beziffert.

a) Übertrage das Zahlendreieck in euer Heft und ergänzt es nach unten um weitere acht Reihen. Viele der Zahlen könnt ihr ohne lange zu rechnen in die Quadrate eintragen.

b) Findest du in deinem Zahlendreieck auch die Dreieckszahlen wieder? Markiere sie.

c) Addiere die Zahlen, die in einer Reihe stehen. Was fällt dir auf? Schreibe die ersten zehn Zahlen dieser Folge auf.

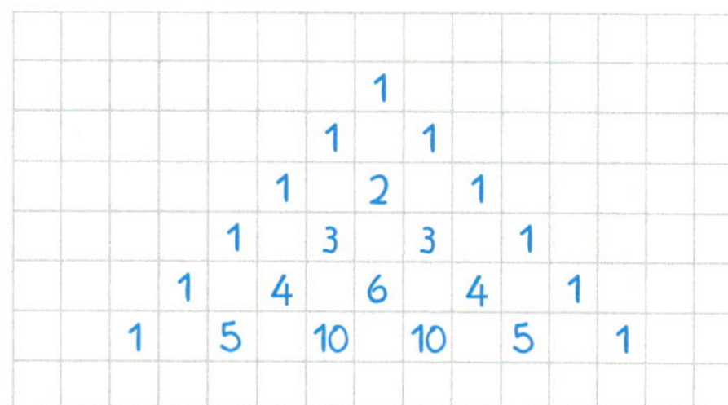

Blaise Pascal,
fr. Mathematiker
(1623–1662)

5

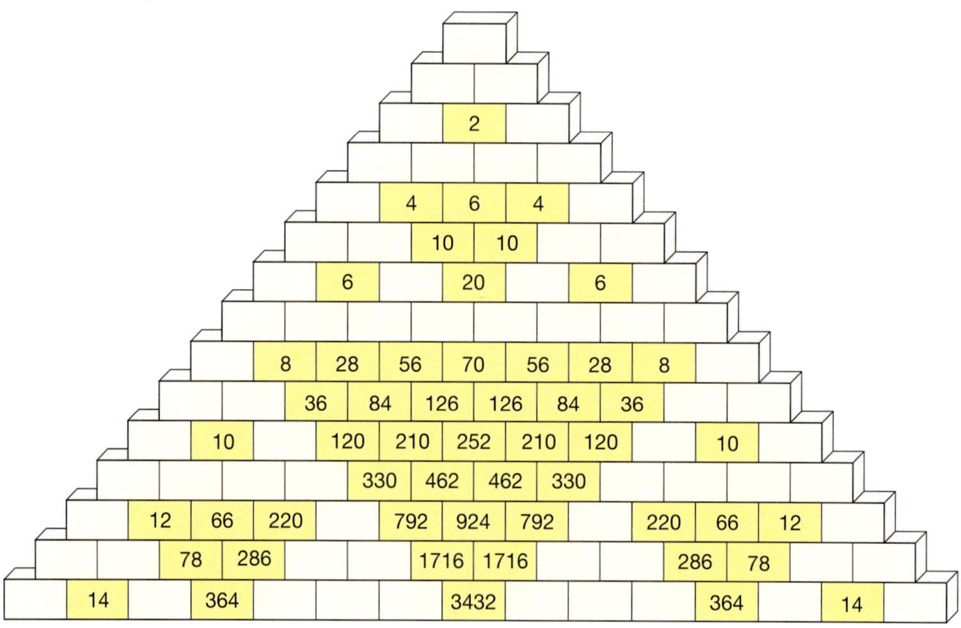

a) Welche Zahlen hat Merles Schwester Maren in dem abgebildeten Zahlendreieck farbig markiert?

b) Malt mit einem Farbstift in eurem Zahlendreieck alle Zahlen aus, die sich durch 3 (5) teilen lassen.
Beschreibt das Muster, das ihr dadurch erhaltet.

1 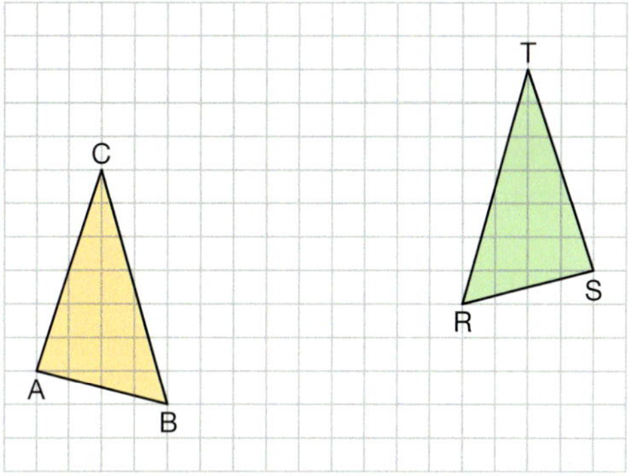

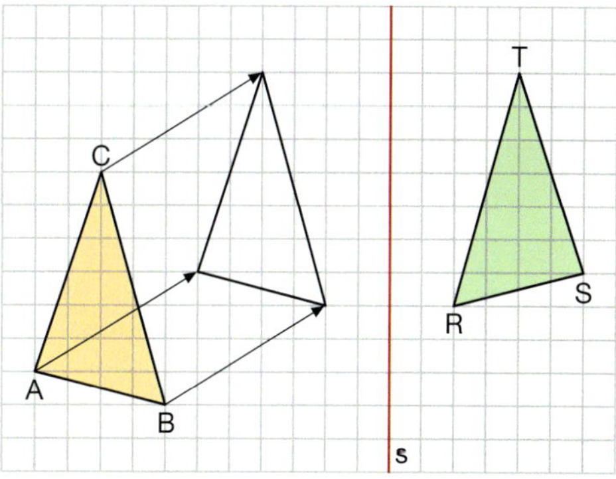

a) Maximilian will feststellen, ob die Dreiecke ABC und RST zueinander kongruent sind. Dazu misst er in jedem Dreieck die Seitenlängen und die Winkelgrößen.
Miriam kann durch eine Verschiebung und eine anschließende Achsenspiegelung zeigen, dass die beiden Dreiecke zueinander kongruent sind.

b) Übertrage die beiden Dreiecke in dein Heft und markiere die einander entsprechenden Strecken.

2 In zueinander kongruenten Dreiecken sind alle einander entsprechenden Seiten und Winkel gleich groß.
Ella möchte wissen, ob Dreiecke bereits kongruent sind, wenn sie nur in der Größe eines Stückes (Seite, Winkel) übereinstimmen.

a) Vergleiche in den abgebildeten Dreiecken die einander entsprechenden Stücke. Welches Stück hat in jedem Dreieck die gleiche Größe?

b) Sind alle Dreiecke zueinander kongruent? Begründe deine Antwort.

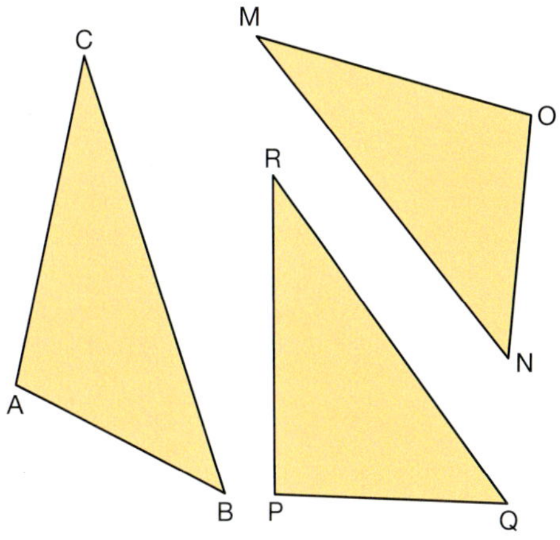

3 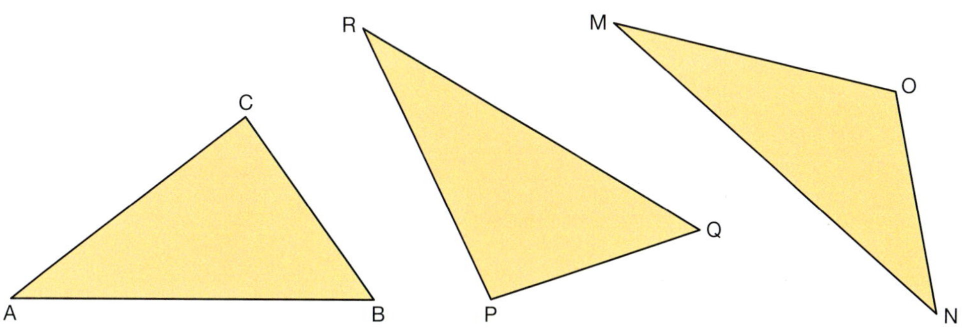

In jedem der abgebildeten Dreiecke ist eine Seite 4 cm und eine zweite Seite 3 cm lang. Überprüfe, ob die Dreiecke zueinander kongruent sind.

4 Konstruiere, wenn möglich, mehrere Lösungsdreiecke ABC aus folgenden Stücken:
$c = 6$ cm und $\alpha = 40°$ ($a = 5,3$ cm und $\gamma = 90°$; $\alpha = 50°$ und $\beta = 70°$). Sind die Dreiecke jeweils kongruent zueinander?

1 So kannst du ein Dreieck ABC aus den Seitenlängen c = 7 cm, a = 4,5 cm und b = 6,5 cm konstruieren:

1. Fertige zunächst eine Planfigur an, in der du alle gegebenen Stücke markierst.

Planfigur

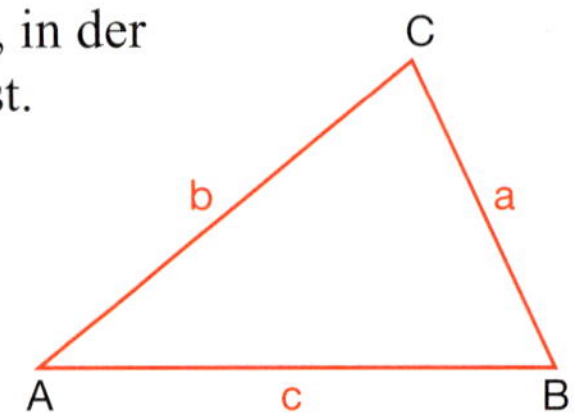

Gegebene Größen:
c = 7 cm; a = 4,5 cm;
b = 6,5 cm

2. Konstruiere das Dreieck schrittweise. Überlege zunächst, mit welchem gegebenen Stück du beginnen kannst.

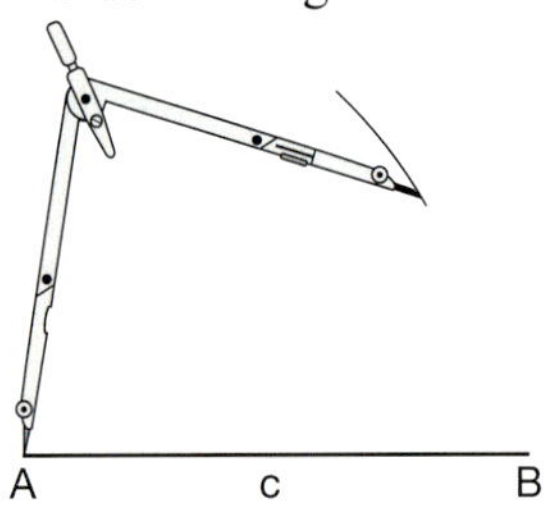

Zeichne die Strecke $\overline{AB}$ mit der Länge c = 7 cm. Zeichne um A den Kreis mit dem Radius b = 6,5 cm.

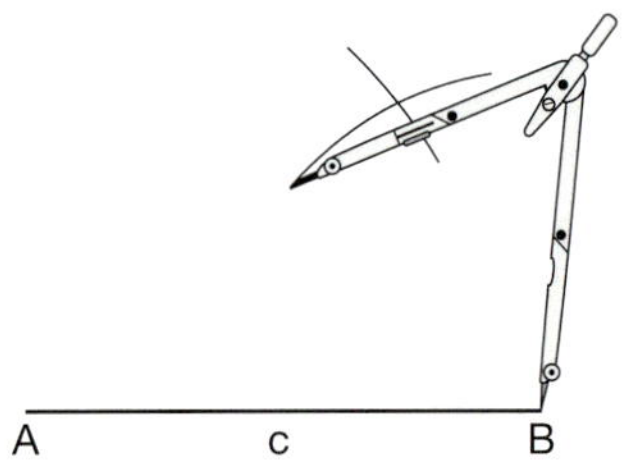

Zeichne um B den Kreis mit dem Radius a = 4,5 cm.

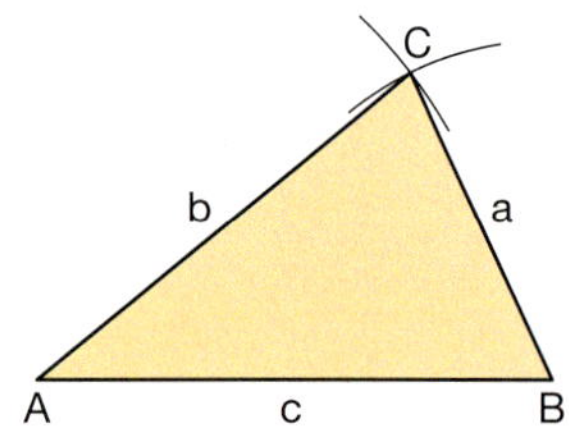

Bezeichne den Schnittpunkt mit C. Verbinde C jeweils mit A und B.

Konstruiere das Dreieck ABC mit den angegebenen Seitenlängen. Beschreibe die Konstruktion.

a)	b)	c)	d)	e)
a = 7 cm	a = 8 cm	a = 5,5 cm	a = 9 cm	a = 85 mm
b = 4 cm	b = 4 cm	b = 5,5 cm	b = 4 cm	b = 58 mm
c = 5 cm	c = 6 cm	c = 5,5 cm	c = 5 cm	c = 37 mm

2 Aus den Seitenlängen a, b und c sind zwei Dreiecke ABC_1 und ABC_2 konstruiert worden. Warum sind die Dreiecke kongruent zueinander?

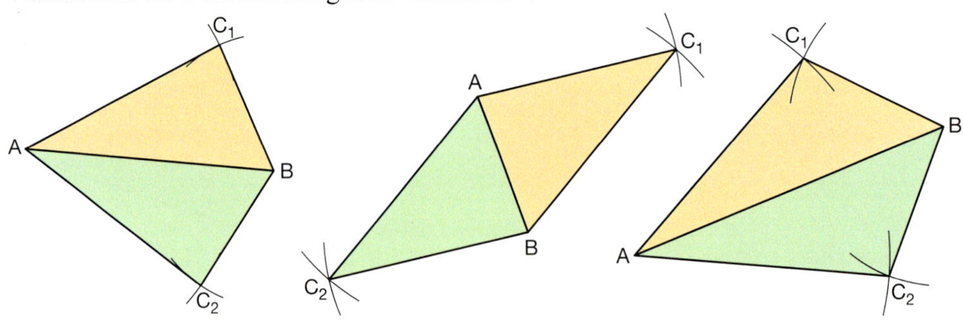

Dreiecke sind zueinander kongruent, wenn sie in den Längen ihrer drei Seiten übereinstimmen.

1 So kannst du ein Dreieck ABC aus den Seitenlängen c = 6 cm und b = 4,8 cm und der Größe des eingeschlossenen Winkels $\alpha = 50\,°$ konstruieren:

1. Fertige zunächst eine Planfigur an, in der du alle gegebenen Stücke markierst.

Gegebene Größen:
c = 6 cm; b = 4,8 cm;
$\alpha = 50°$

Planfigur

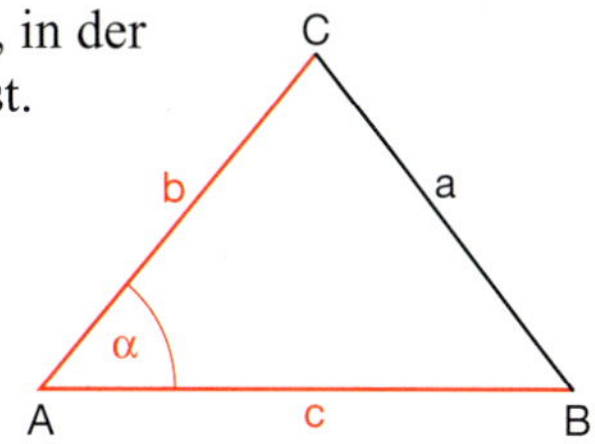

2. Konstruiere das Dreieck schrittweise. Überlege zunächst, mit welchem gegebenen Stück du beginnen kannst.

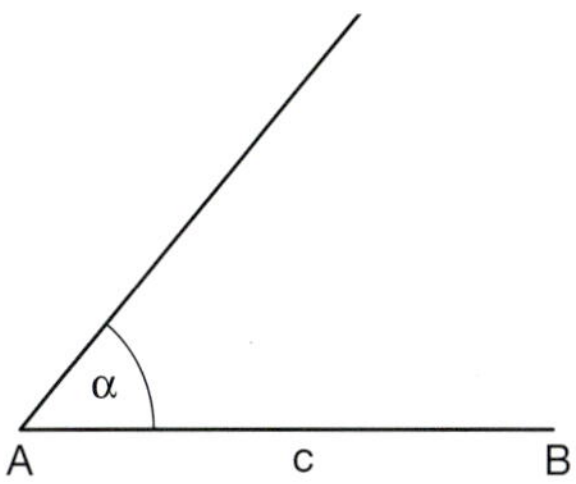

Zeichne die Strecke $\overline{AB}$ mit der Länge c = 6 cm. Trage in A an $\overline{AB}$ den Winkel $\alpha = 50°$ an.

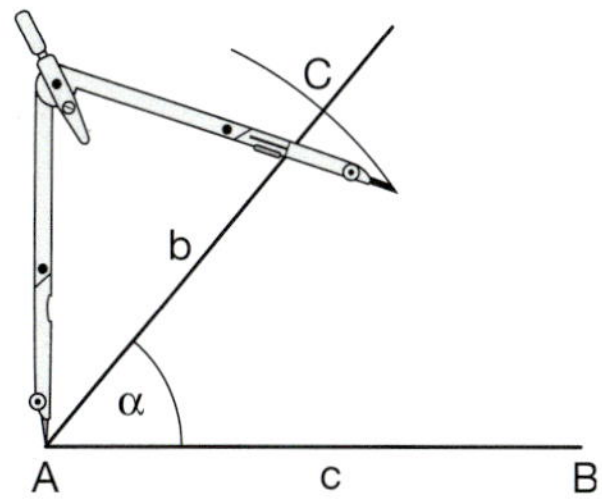

Zeichne um A den Kreis mit dem Radius b = 4,8 cm. Bezeichne den Schnittpunkt mit dem Schenkel mit C.

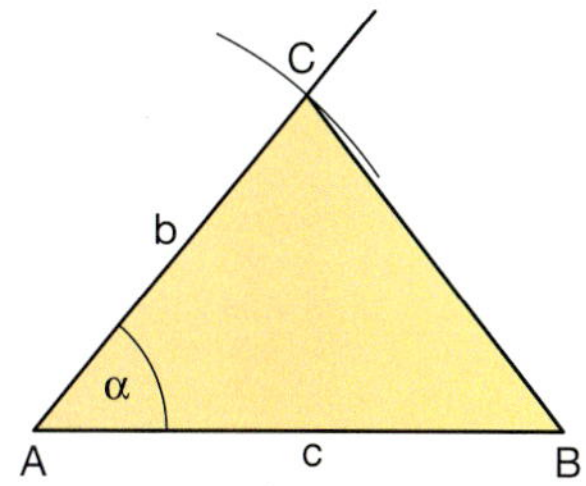

Verbinde den Punkt C mit dem Punkt B.

Konstruiere jeweils das Dreieck ABC. Fertige zunächst eine Planfigur an. Beschreibe deine Konstruktion.

a)	b)	c)	d)	e)
c = 4,8 cm	c = 4,3 cm	a = 7,4 cm	b = 82 mm	c = 7,6 cm
b = 5,5 cm	a = 6,4 cm	b = 4,8 cm	a = 3,6 mm	a = 7,6 cm
$\alpha = 58°$	$\beta = 100°$	$\gamma = 84°$	$\gamma = 65°$	$\alpha = 40°$

2 a) Konstruiere ein gleichschenkliges Dreieck ABC mit der Schenkellänge a = 5,8 cm und der Größe des Winkels an der Spitze $\gamma = 42°$ (b = 6,1 cm; $\gamma = 57°$).
b) Zeichne die Höhe h_c des Dreiecks ein. Begründe, warum diese Strecke das gleichschenklige Dreieck in zwei kongruente Dreiecke zerlegt.

3 Konstruiere ein gleichschenklig-rechtwinkliges Dreieck ABC ($\gamma = 90°$). Fertige zuerst eine Planfigur an. Beschreibe deine Konstruktion.
a) a = 3,8 cm b) b = 4,5 cm c) c = 6 cm

Dreiecke sind zueinander kongruent, wenn sie in der Länge zweier Seiten und der Größe des eingeschlossenen Winkels übereinstimmen.

1 So kannst du ein Dreieck ABC aus der Seitenlänge c = 5 cm und den Größen der anliegenden Winkel α = 40° und β = 60° konstruieren:

1. Fertige zunächst eine Planfigur an, in der du alle gegebenen Stücke markierst.

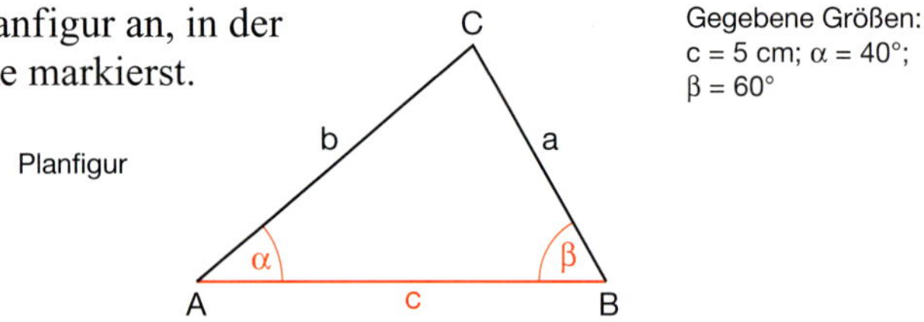

2. Konstruiere das Dreieck schrittweise. Überprüfe zunächst, mit welchem gegebenen Stück du beginnen kannst.

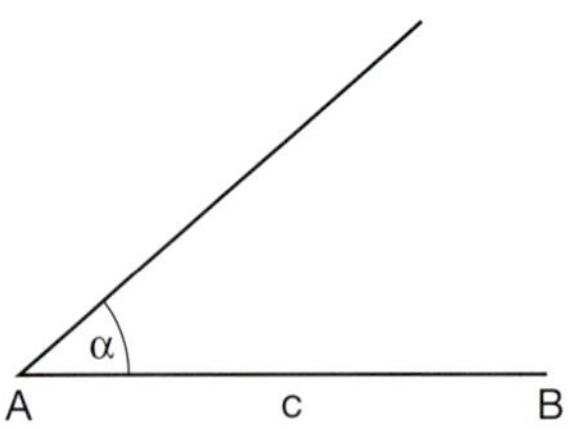

Zeichne die Strecke $\overline{AB}$ mit der Länge c = 5 cm. Trage in A an $\overline{AB}$ den Winkel α = 40° an.

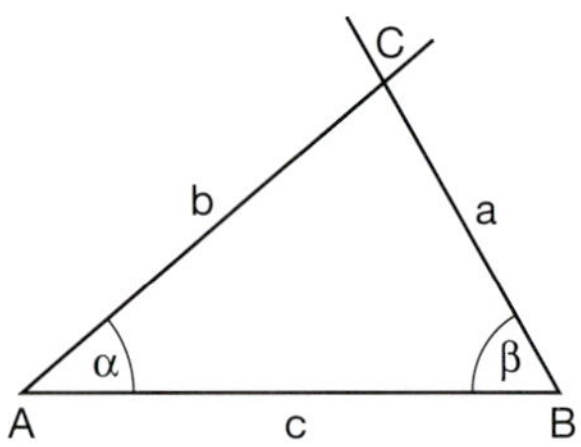

Trage in B an der Strecke $\overline{AB}$ den Winkel β = 60° an.

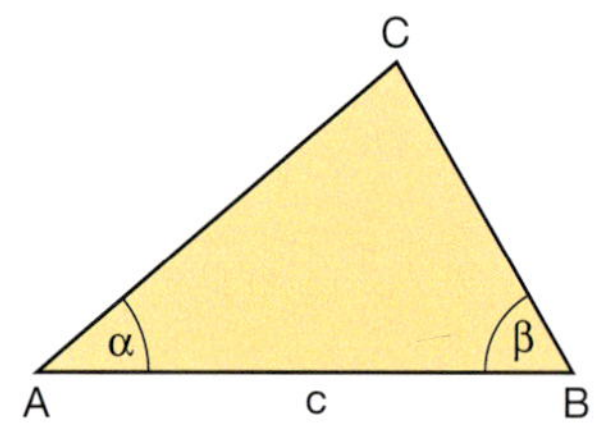

Bezeichne den Schnittpunkt der freien Schenkel von α und β mit C.

Konstruiere jeweils das Dreieck ABC. Fertige zunächst eine Planfigur an und beschreibe die Konstruktion des Dreiecks.

a)	b)	c)	d)	e)
b = 4,2 cm	a = 7,5 cm	a = 65 mm	b = 0,6 dm	c = 70 mm
α = 35°	β = 42°	γ = 65°	β = 41°	α = 63°
γ = 115°	γ = 27°	β = 75°	γ = 82°	β = 63°

2 Versuche, aus den angegebenen Stücken ein Dreieck ABC zu zeichnen.
a) c = 4,5 cm; α = 70°; β = 30°
b) c = 5,5 cm; α = 65°; β = 115°
c) c = 3,5 cm; α = 125°; β = 80°
Begründe, warum eine Lösung nicht in jedem Fall möglich ist.

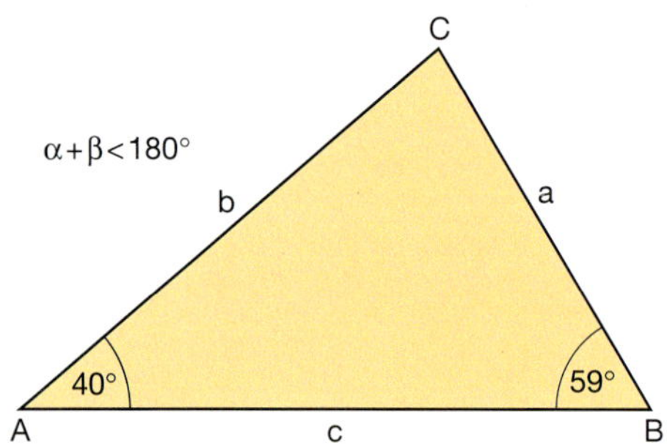

Dreiecke sind zueinander kongruent, wenn sie in der Länge einer Seite und der Größe der beiden anliegenden Winkel übereinstimmen.

1 Aus zwei Seiten und der Größe des Winkels, der der größeren Seite gegenüberliegt, sollen Dreiecke konstruiert werden.

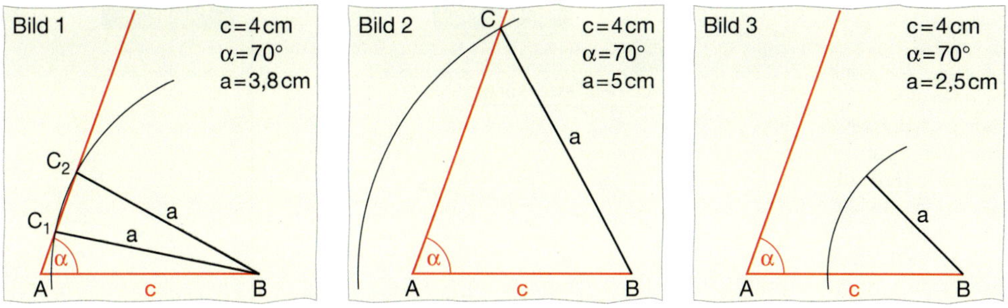

Unter welchen Bedingungen ist die Konstruktion eindeutig möglich?

2 So kannst du ein Dreieck ABC aus den Seiten c = 4 cm und a = 4,5 cm und der Größe des Winkels α = 55° konstruieren:

1. Fertige zunächst eine Planfigur an, in der du alle gegebenen Stücke markierst.

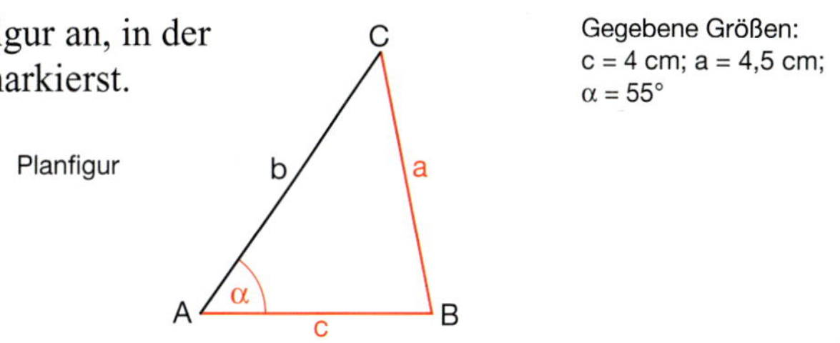

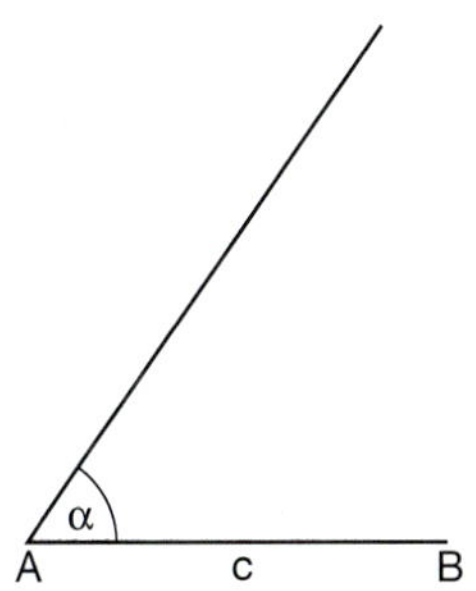

Zeichne die Strecke $\overline{AB}$ mit der Länge c = 4 cm. Trage in A an $\overline{AB}$ den Winkel α = 55° an.

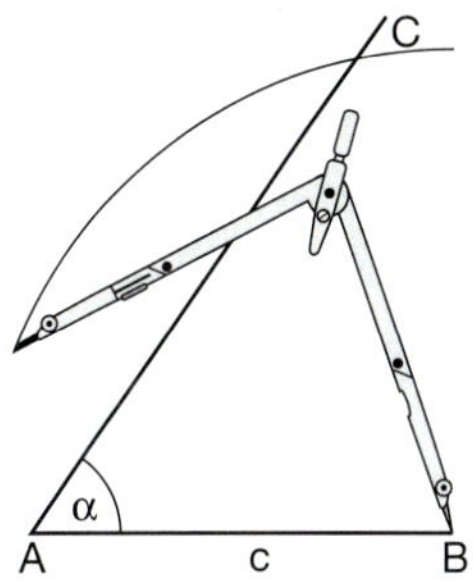

Zeichne in B den Kreis mit dem Radius a = 4,5 cm. Bezeichne den Schnittpunkt mit dem Schenkel mit C.

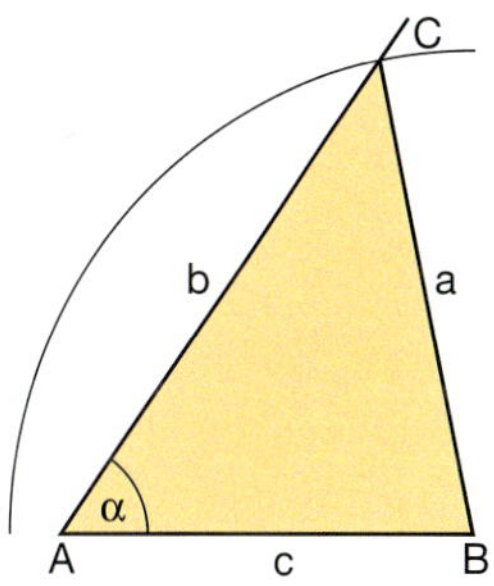

Verbinde den Punkt C jeweils mit A und B.

Konstruiere jeweils das Dreieck ABC. Fertige zunächst eine Planfigur an.

a)	b)	c)	d)	e)
a = 5,3 cm	c = 6 cm	a = 11,4 cm	c = 4,9 cm	a = 57 mm
c = 3,9 cm	b = 3,3 cm	b = 5,5 cm	b = 3,8 cm	c = 60 mm
α = 40°	γ = 106°	α = 112°	β = 50°	γ = 95°

Dreiecke sind zueinander kongruent, wenn sie in der Länge zweier Seiten und der Größe des Winkels, der der größeren Seite gegenüberliegt, übereinstimmen.

Fertige vor jeder Konstruktion am Computer eine Planfigur in deinem Heft an, damit du dir die Konstruktion besser vorstellen kannst.

1 a) Konstruiere mithilfe eines Geometrieprogrammes ein Dreieck ABC aus:
$c = 6{,}7$ cm; $\alpha = 77°$; $b = 3{,}5$ cm

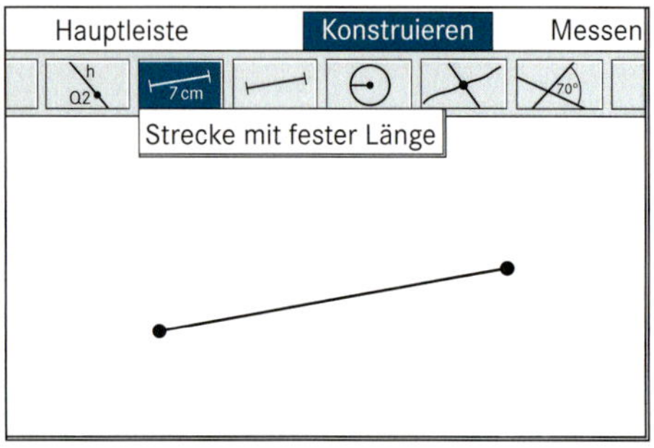

1. Wähle im Menü „Konstruieren“ die abgebildete Schaltfläche und erstelle die Seite $c = 6{,}7$ cm.

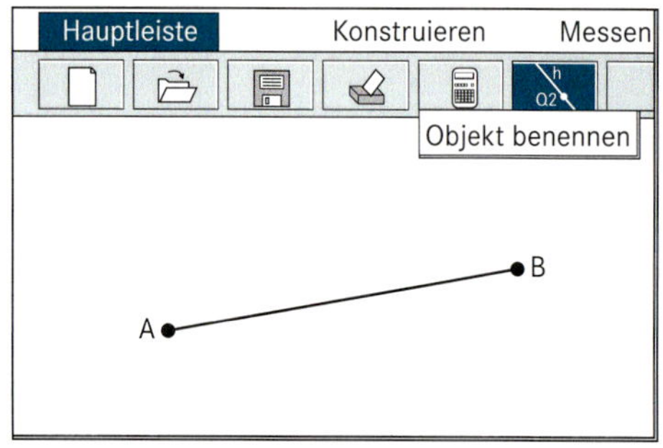

2. Wähle den Menüpunkt „Hauptleiste“ und benenne die Endpunkte mit A und B.

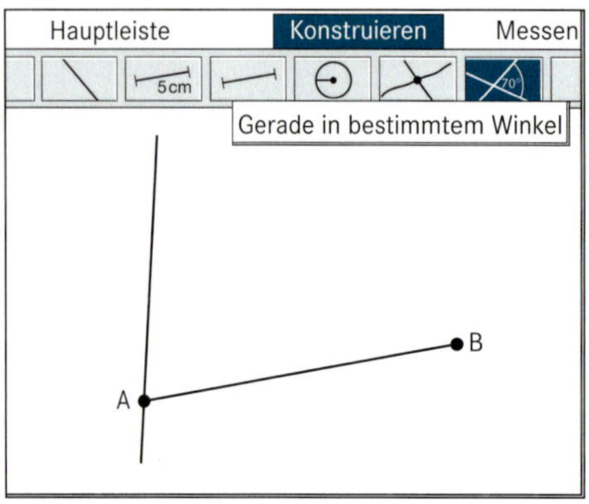

3. Zeichne eine Gerade durch Punkt A im Winkel von $\alpha = 77°$ zu $\overline{AB}$.

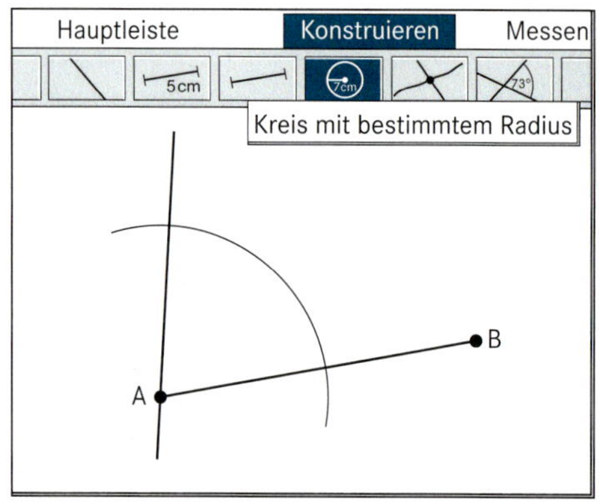

4. Zeichne einen Kreis mit dem Radius $r = 3{,}5$ cm um Punkt A.

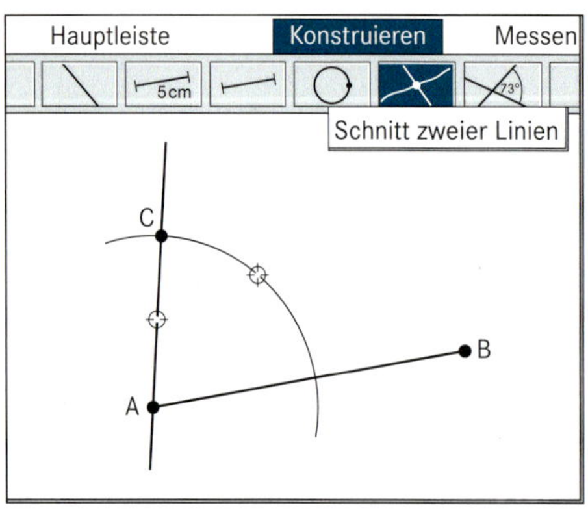

Wichtig:
5. Wähle den Button „Schnitt zweier Linien“ und markiere den Schnittpunkt von Kreis und Gerade durch Anklicken **beider** Objekte. Nenne ihn C.

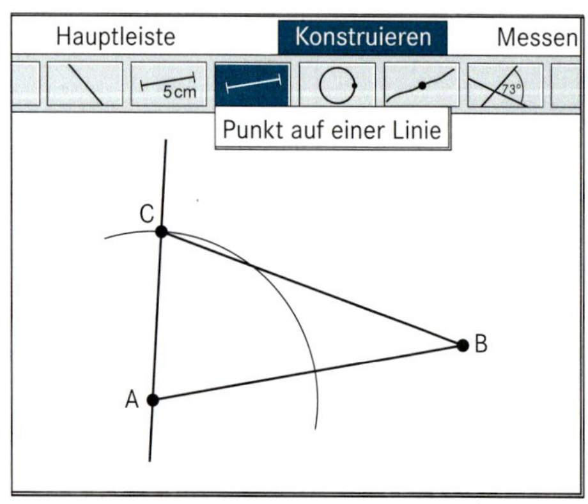

6. Verbinde Punkt B mit Punkt C.

b) Konstruiere ein Dreieck ABC aus $c = 7{,}3$ cm, $\beta = 65°$, $a = 4{,}6$ cm ($a = 8{,}2$ cm, $\beta = 85°$, $c = 6{,}7$ cm).

1 Konstruiere ein Dreieck ABC aus den angegebenen Stücken. Fertige zunächst eine Planfigur an.

	a)	b)	c)	d)	e)	f)	g)	h)
a	7,4 cm	■	11,6 cm	7,3 cm	95 mm	4,9 cm	■	■
b	5 cm	6,2 cm	■	■	50 mm	13 cm	0,43 dm	11,3 cm
c	8 cm	7 cm	7,7 cm	■	■	11 cm	0,9 dm	7,7 cm
α	■	114°	107°	■	■	■	80°	■
β	■	■	■	37°	■	■	■	119°
γ	■	■	■	106°	80°	■	■	■

2 Konstruiere ein Dreieck ABC aus einer Seite, einem anliegenden Winkel und dem der Seite gegenüberliegenden Winkel. Berechne zunächst den dritten Innenwinkel.

a) $a = 3{,}5$ cm; $\alpha = 75°$; $\beta = 40°$
b) $a = 4{,}3$ cm; $\alpha = 42°$; $\gamma = 108°$
c) $b = 5{,}3$ cm; $\alpha = 53°$; $\beta = 53°$
d) $b = 3{,}7$ cm; $\beta = 90°$; $\gamma = 45°$
e) $c = 6{,}2$ cm; $\alpha = 123°$; $\gamma = 42°$
f) $c = 4{,}8$ cm; $\beta = 32°$; $\gamma = 43°$

3 In einem **rechtwinkligen Dreieck** heißen die beiden Seiten, die den rechten Winkel einschließen, **Katheten.** Die dem rechten Winkel gegenüberliegende Seite heißt **Hypotenuse.**
Konstruiere jeweils ein rechtwinkliges Dreieck ABC und bestimme die Länge der Hypotenuse.

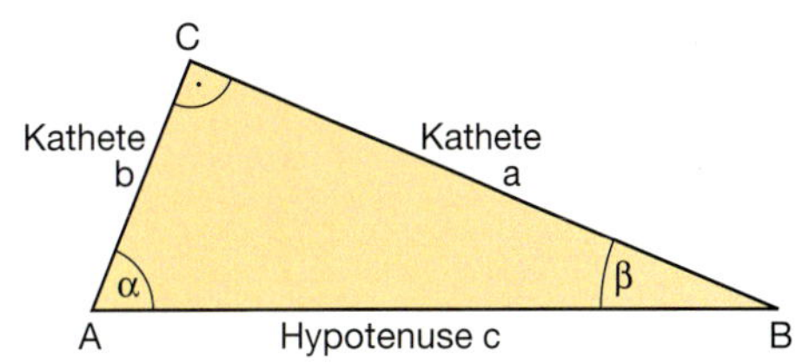

a) $a = 4$ cm; $b = 3$ cm
b) $a = 4$ cm; $b = 5{,}5$ cm
c) $a = 5{,}6$ cm; $b = 3{,}3$ cm
d) $c = 5{,}3$ cm; $\alpha = 34°$
e) $a = 6{,}3$ cm; $\beta = 51°$
f) $b = 6{,}7$ cm; $\beta = 43°$
g) $b = 5{,}6$ cm; $c = 7{,}8$ cm
h) $a = 3{,}5$ cm; $c = 5{,}9$ cm
i) $a = 53$ mm; $c = 68$ mm

4 Konstruiere jeweils ein gleichschenkliges Dreieck ABC. (a = b)

a) $a = 4{,}5$ cm; $c = 7$ cm
b) $b = 7{,}3$ cm; $\gamma = 125°$
c) $b = 4{,}7$ cm; $\beta = 72°$
d) $b = c = 7{,}5$ cm; $a = 3$ cm
e) $b = 6$ cm; $\alpha = 70°$
f) $a = 5{,}5$ cm; $\beta = 75°$

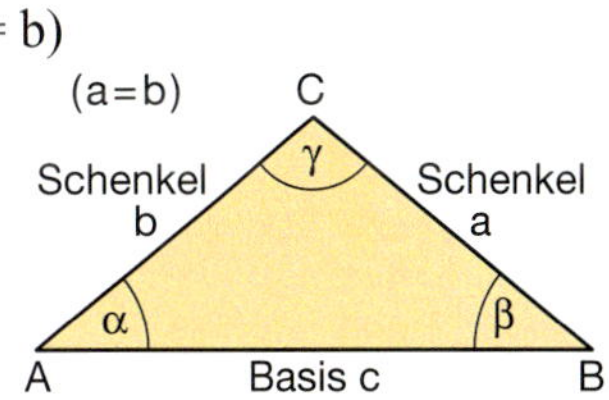

5 Konstruiere ein gleichseitiges Dreieck ABC aus a = 5,5 cm (4,2 cm; 6,5 cm).

6 Kannst du mit den gegebenen Stücken Dreiecke ABC eindeutig konstruieren?

a)	b)	c)	d)	e)	f)	g)	h)
a = 2,4 cm	a = 6,2 cm	a = 4,5 cm	a = 5,5 cm	b = 3,8 cm	a = 6,2 cm	b = 4,7 cm	a = 4,0 cm
b = 3,8 cm	b = 3,7 cm	c = 7,0 cm	b = 2,3 cm	c = 6,3 cm	b = 3,3 cm	α = 135°	α = 73°
c = 5,6 cm	c = 2,5 cm	β = 193°	γ = 83°	γ = 105°	β = 26°	γ = 45°	β = 42°

Beim Wandertag verteilt die Lehrerin Kekse an die Gewinner eines Wettspiels. Der Erste erhält $\frac{1}{4}$ der Kekse, der Zweite erhält $\frac{1}{3}$ der restlichen Kekse, der Dritte erhält die Hälfte vom Rest und der Vierte erhält die restlichen vier Kekse. Wie viele Kekse hat die Lehrerin verteilt? Wie viele Kekse erhält jeder?

Maßstabsgerechtes Konstruieren

1

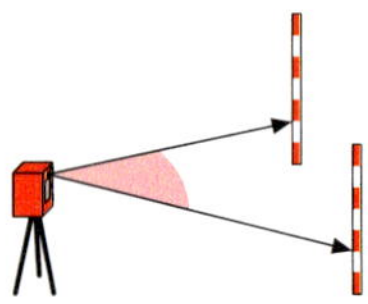

Horizontalwinkel

Wenn bei Messungen im Gelände direkte Entfernungsbestimmungen nicht möglich waren, wurden bis vor wenigen Jahren **Theodoliten** eingesetzt.
Der **Theodolit** ist ein Präzisionsgerät zur Messung von Horizontalwinkeln. Mit ihm konnten Winkelgrößen in vorher markierten Geländedreiecken bestimmt werden.
Die nicht messbaren Streckenlängen wurden durch eine maßstabsgerechte Zeichnung ermittelt. Heute werden **Tachymeter** eingesetzt. Sie sind außerdem mit einer Entfernungsmesseinrichtung ausgestattet.

Für den Bau einer Brücke soll die Entfernung der Geländepunkte A und B bestimmt werden.
Dazu haben die Vermessungsingenieure am Seeufer eine Standlinie AC abgesteckt. Außerdem messen sie mit einem Theodoliten die Größe der Winkel ∢ BAC und ∢ ACB.

So kannst du zeichnerisch Streckenlängen im Gelände bestimmen:

1. Zeichne das Geländedreieck in einem geeigneten Maßstab; verkleinere dabei die Seitenlängen, ändere die Winkelgrößen nicht.

Maßstab 1 : 10000	
Zeichnung	Wirklichkeit
1 cm	10000 cm = 100 m
5 cm	500 m

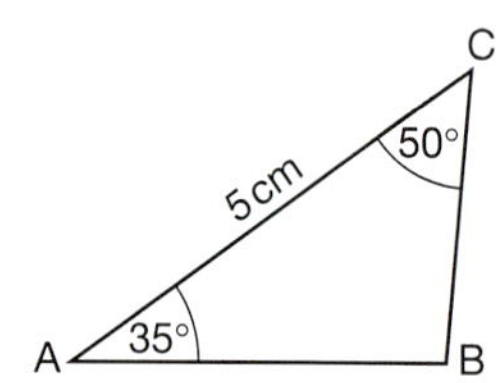

2. Miss in deiner Zeichnung die zu bestimmende Streckenlänge.
Berechne anschließend mithilfe des Maßstabes die Länge dieser Strecke im Geländedreieck.

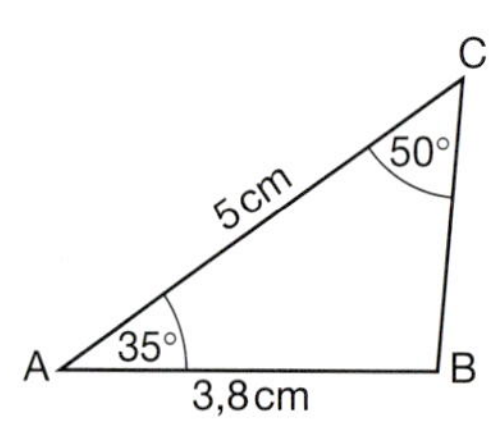

Maßstab 1 : 10000	
Zeichnung	Wirklichkeit
1 cm	10000 cm = 100 m
3,8 cm	**380 m**

a) Zeichne das Geländedreieck ABC im Maßstab 1 : 5000 und bestimme die Länge der Strecke $\overline{AB}$. Vergleiche dein Ergebnis mit der Lösung im Beispiel.
b) Ermittle die Länge der Strecke $\overline{BC}$.

2 Die Orte A und B sollen durch einen Tunnel verbunden werden.
Um die Länge des Tunnels zu ermitteln, werden von einem Punkt C aus die Längen der Strecken $\overline{AC}$ und $\overline{BC}$ sowie die Größe des Winkels ∢ ACB gemessen.
Wie lang ist die Strecke $\overline{AB}$?

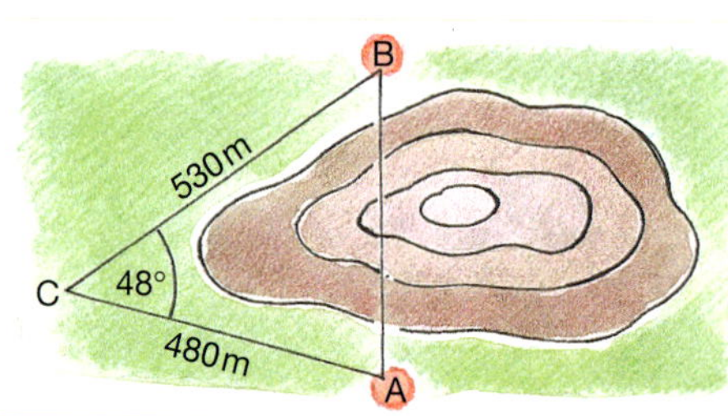

3 Vermessungsingenieure wollen die Höhe eines Turmes bestimmen. Sie haben dazu die Strecke $\overline{AB}$ gemessen und die Spitze C des Turmes unter dem **Höhenwinkel** ∢ BAC angepeilt.
Ermittle die Höhen des Turmes. Beachte die Höhe des Winkelmessgerätes.

Höhenwinkel

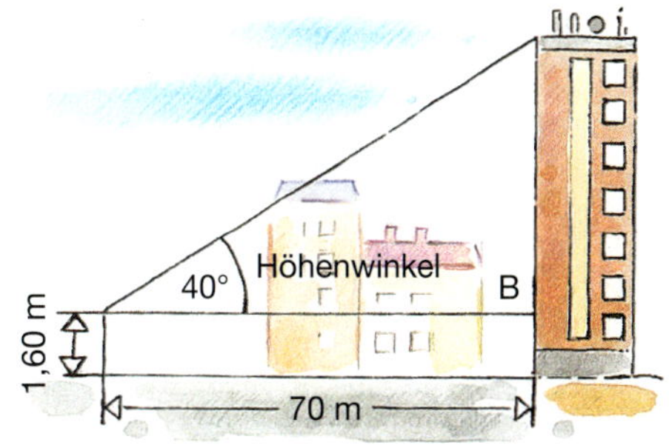

4 Um die Höhe eines Fernsehturmes zu bestimmen, wird von seinem Fußpunkt aus in 250 m Entfernung ein Punkt A auf der waagerechten Erdoberfläche festgelegt.
Mit einem Winkelmessgerät kann die Spitze des Turmes unter einem Höhenwinkel von 54° angepeilt werden. Wie hoch ist der Turm, wenn sich der Theodolit 1,70 m über der Erdoberfläche befindet?

5 Die Höhe eines Schornsteins soll bestimmt werden.
Vermessungsingenieure haben eine Standlinie AB markiert. Außerdem messen sie die Größe der Winkel ∢ DAC und ∢ DBC.
Wie hoch ist der Schornstein?

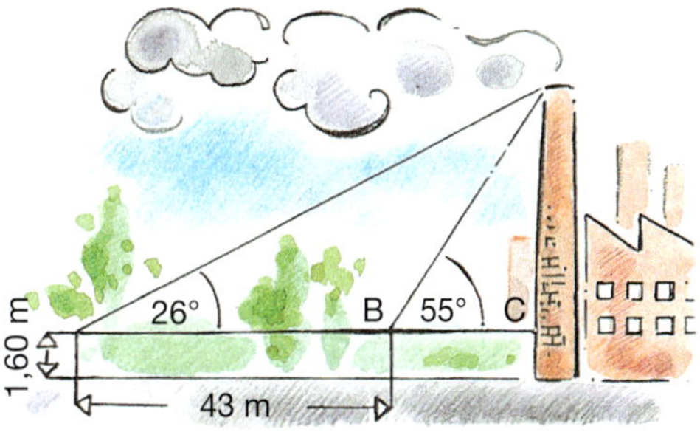

6 Aus 76 m Höhe über dem Meeresspiegel peilt ein Leuchtturmwärter den Bug eines Segelbootes unter einem **Tiefenwinkel** von 35° an.
Wie weit ist das Boot vom Fußpunkt A des Leuchtturmes entfernt?

Tiefenwinkel

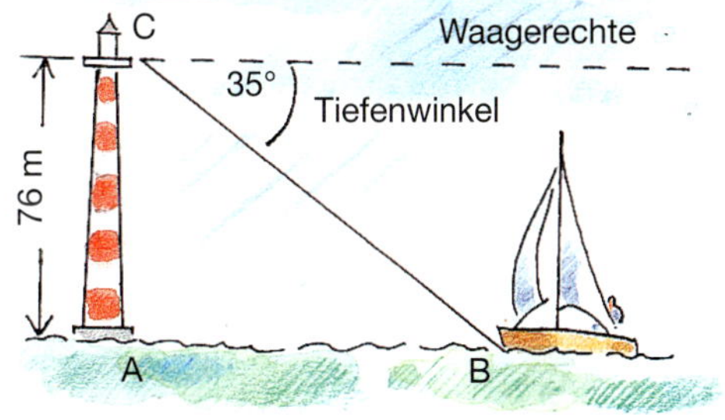

7 Von einem 13 m hoch gelegenen Fenster eines Hauses wird ein Flussufer unter einem Tiefenwinkel von 25° gesehen.
Wie weit ist das Haus vom Flussufer entfernt?

8 Um die Breite eines Flusses zu bestimmen, werden von einem Turm aus die beiden Flussufer unter den Tiefenwinkeln $\alpha = 42°$ und $\beta = 29°$ angepeilt.
Wie breit ist der Fluss?

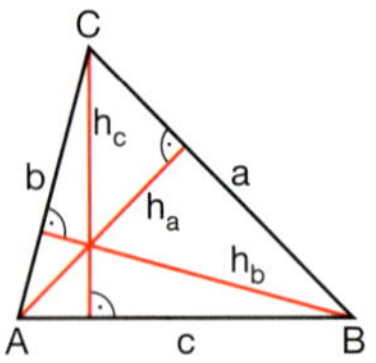

Höhen

1 So kannst du ein Dreieck ABC aus der Seitenlänge c = 7 cm, einem anliegenden Winkel $\alpha = 35°$ und der Höhe $h_c = 4$ cm konstruieren:

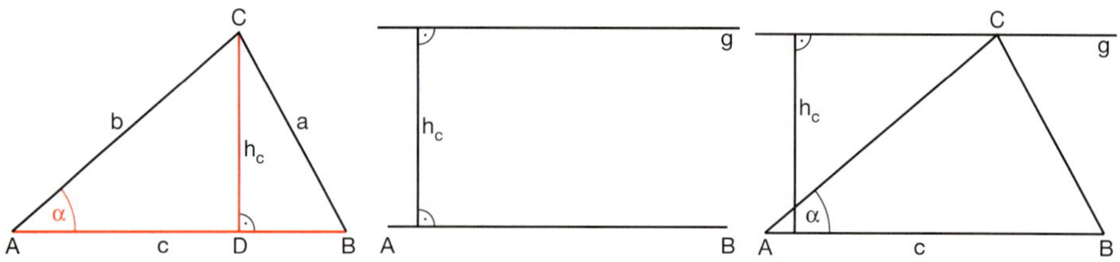

Gegebene Größen:
c = 7 cm; α = 40°, h_c = 4 cm

Fertige zunächst eine Planfigur und markiere die gegebenen Stücke farbig.

Zeichne die Strecke $\overline{AB}$ mit der Länge c = 7 cm sowie eine Parallele g im Abstand von $h_c = 4$ cm.

Trage in A an $\overline{AB}$ den Winkel $\alpha = 30°$ an. Der Schnittpunkt mit g liefert den Punkt C. Verbinde den Punkt C mit B.

Konstruiere ein Dreieck ABC aus den gegebenen Stücken. Beschreibe die Konstruktion. Beachte, dass auch mehrere Lösungen vorkommen können.

a)	b)	c)	d)
c = 5 cm	c = 6 cm	c = 5,3 cm	a = 5,8 cm
h_c = 4,2 cm	a = 3 cm	b = 3,5 cm	h_c = 3,3 cm
α = 45°	h_c = 2,5 cm	h_c = 2,7 cm	γ = 60°

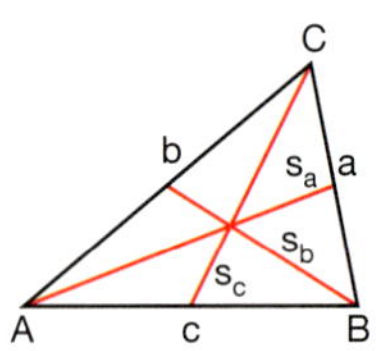

Seiten-halbierende

2 So kannst du ein Dreieck ABC mit der Seitenlänge c = 6 cm, dem anliegenden Winkel $\alpha = 37°$ und der Länge der Seitenhalbierenden $s_c = 2$ cm konstruieren:

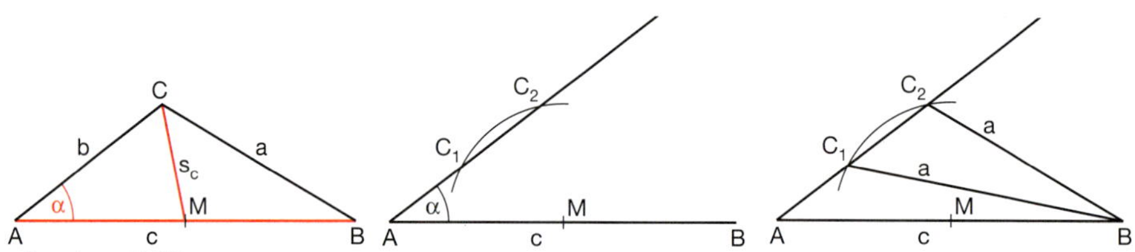

Gegebene Größen:
c = 6 cm; α = 37°, s_c = 2 cm

Fertige zunächst eine Planfigur und markiere die gegebenen Stücke farbig.

Zeichne die Strecke $\overline{AB}$ mit der Länge c = 6 cm: Trage in A an $\overline{AB}$ den Winkel $\alpha = 37°$ an. Bestimme den Mittelpunkt von $\overline{AB}$ und schlage um ihn den Kreis mit dem Radius $s_c = 2$ cm.

Die Punkte C_1 und C_2 sind die Schnittpunkte mit dem freien Schenkel. Verbinde die Punkte C_1 und C_2 mit B. Du erhältst die beiden Lösungsdreiecke ABC_1 und ABC_2.

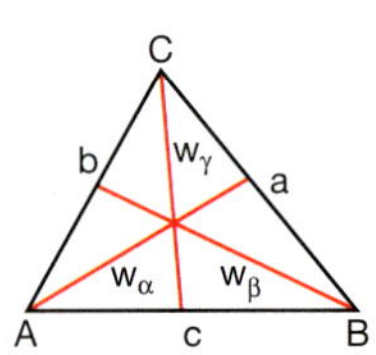

Konstruiere ein Dreieck ABC aus den gegebenen Stücken. Beschreibe die Konstruktion.

a)	b)	c)	d)
c = 12 cm	c = 6,5 cm	a = 4,2 cm	b = 3 cm
α = 40°	β = 55°	b = 5 cm	γ = 75°
s_c = 4 cm	s_a = 5,7 cm	s_b = 4,3 cm	s_b = 3,2 cm

Winkel-halbierende

3 Konstruiere das Dreieck ABC aus den gegebenen Stücken.
a) c = 6 cm; α = 50°; w_α = 5,5 cm b) a = 5 cm; γ = 80°; w_γ = 4 cm

1

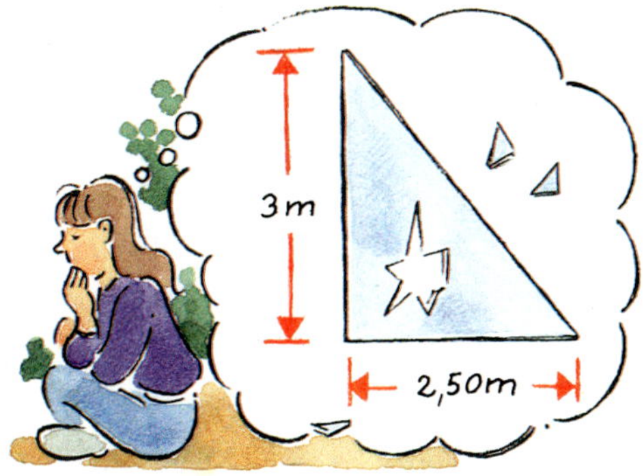

Die zerbrochene Scheibe soll ersetzt werden.
Marie beginnt, den Flächeninhalt der dreieckigen Glasscheibe zu berechnen.
Vervollständige ihre Rechnung.

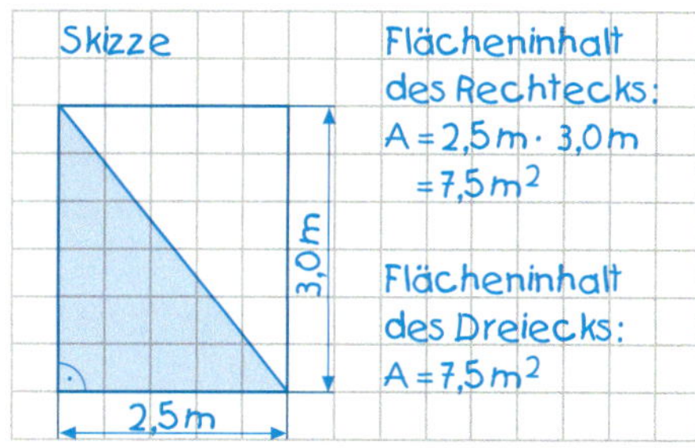

2 Übertrage das abgebildete rechtwinklige Dreieck in dein Heft.
Bestimme den Flächeninhalt des Dreiecks. Ergänze dazu das Dreieck zunächst zu einem Rechteck.

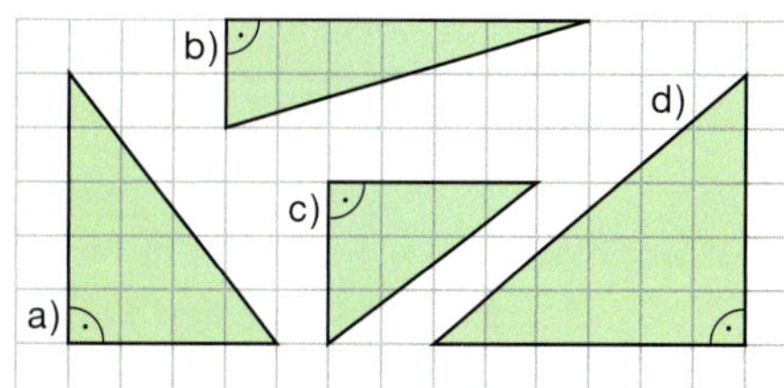

Höhen im Dreieck

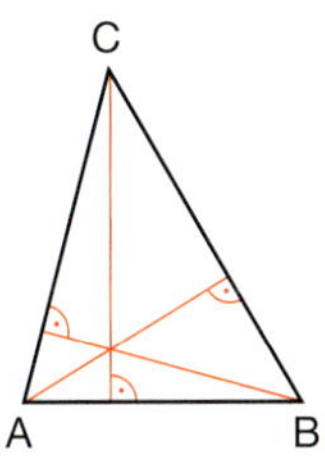

3 Carsten will den Flächeninhalt des Dreiecks ABC berechnen.
Er zeichnet zunächst die zu der Strecke $\overline{AB}$ gehörige Höhe h ein und zerlegt damit das Dreieck ABC in die beiden rechtwinkligen Dreiecke ADC und DBC.

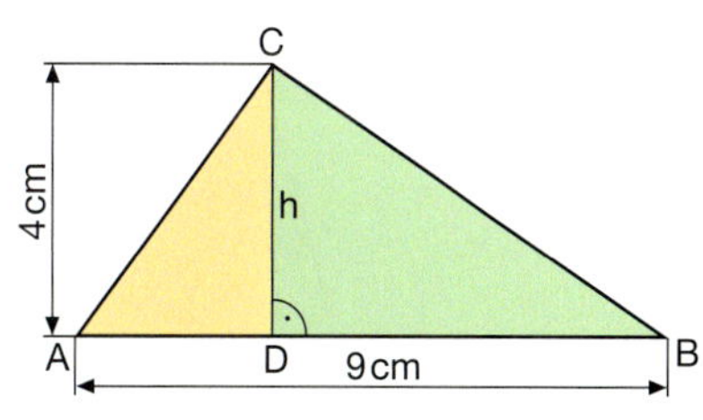

Anschließend ergänzt Carsten die beiden Teildreiecke ADC und DBC jeweils zu einem Rechteck und berechnet den Flächeninhalt des Dreiecks ABC.

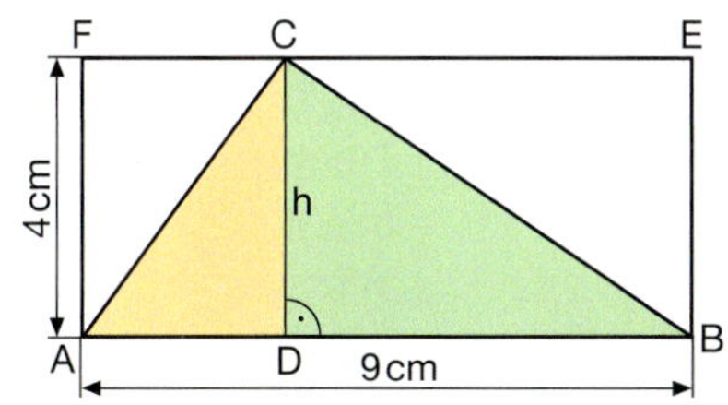

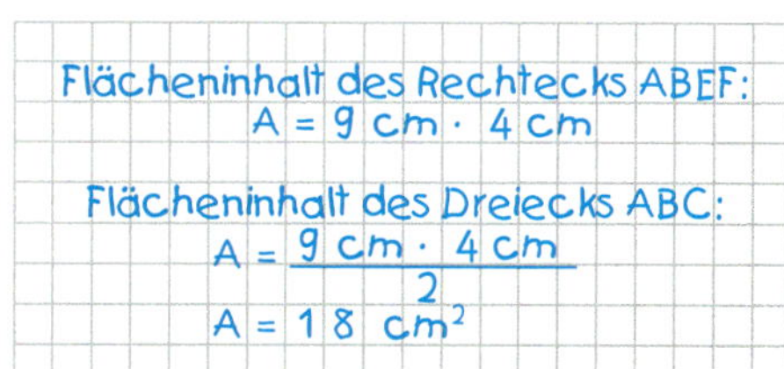

Begründe, warum der Flächeninhalt des Dreiecks ABC halb so groß ist wie der Flächeninhalt des Rechtecks ABEF.

Flächeninhalt eines Dreiecks

Du berechnest den Flächeninhalt eines Dreiecks, indem du zunächst die Länge einer Seite (Grundseite) mit der Länge der zugehörigen Höhe multiplizierst und anschließend das Ergebnis durch 2 dividierst.

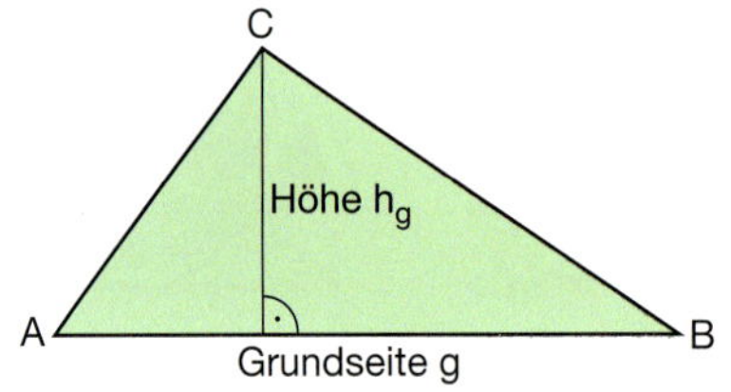

$$A = \frac{g \cdot h_g}{2}$$

4 a) Bestimme jeweils den Flächeninhalt der abgebildeten Dreiecke ABC_1, ABC_2 und ABC_3.
Was stellst du fest? Begründe deine Antwort.

b) Berechne den Flächeninhalt des Dreiecks.

	a)	b)	c)	d)
Grundseite g	24 dm	58 m	60 dm	170 cm
Höhe h_g	15 dm	73 m	12 m	0,24 m

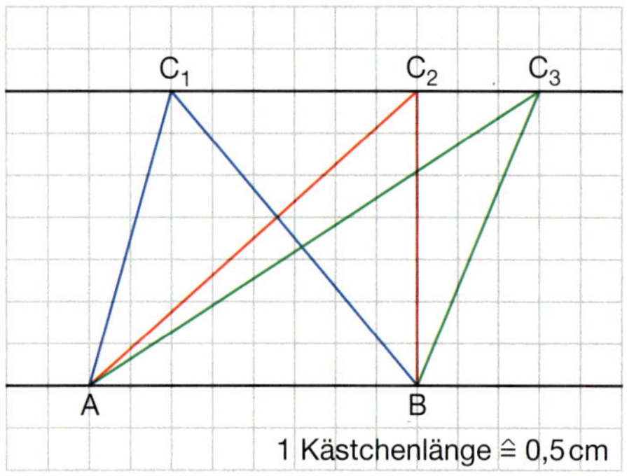

5 Bestimme den Flächeninhalt des Dreiecks. Entnimm die dafür notwendigen Längen der Zeichnung.

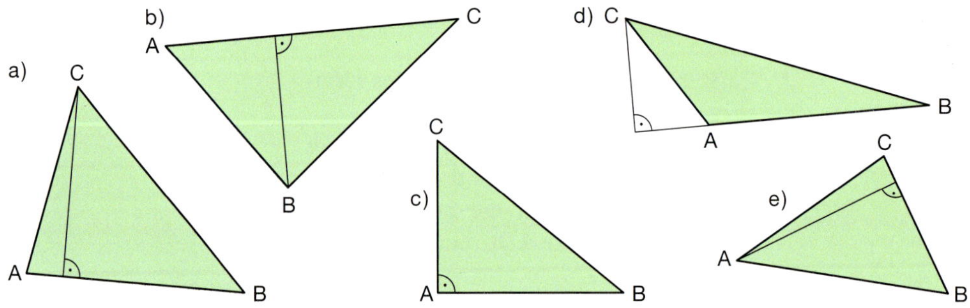

6

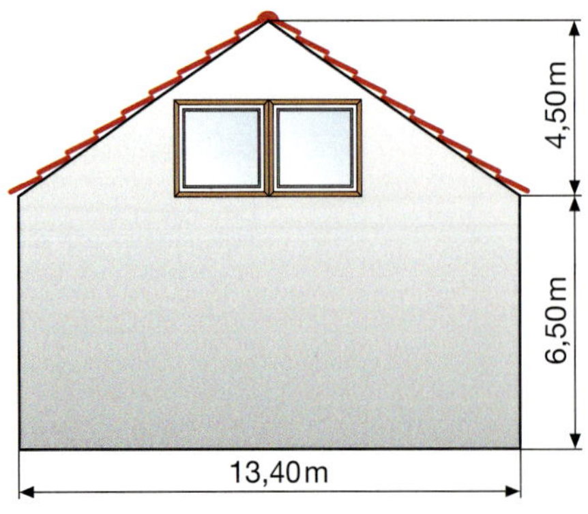

Die Giebelwand des abgebildeten Hauses soll gestrichen werden.
Die beiden Fenster bedecken zusammen eine 3,6 m^2 große Fläche.
Für 1 m^2 Fläche werden 800 g Wandfarbe benötigt.
Wie viel Kilogramm Farbe müssen für den Anstrich eingekauft werden?

7 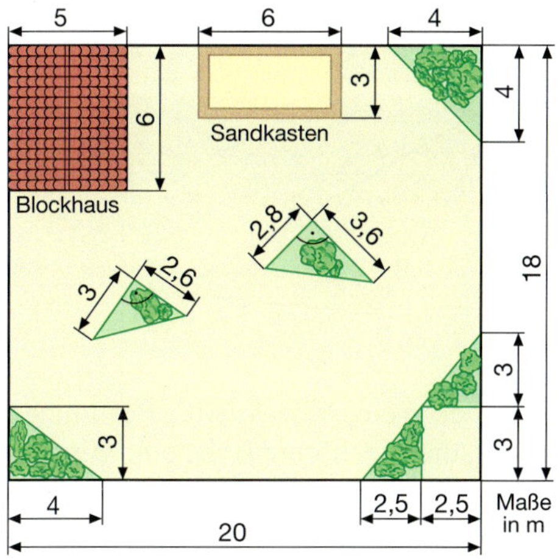

a) Auf dem abgebildeten Spielplatz werden dreieckige Flächen bepflanzt. Wie viel Quadratmeter werden insgesamt bepflanzt?
b) Wie viel Quadratmeter Fläche nimmt das Blockhaus ein?
c) Wie groß ist die Fläche, die den Kindern als Spielfläche bleibt?

8 Frau Bruns muss ihr Haus mit Dachziegeln neu eindecken. Für einen Quadratmeter der Dachfläche werden 15 Ziegel benötigt. Wie viele Ziegel muss sie mindestens bestellen?

9 Bei einem Haus werden die beiden Dachgiebel mit Holz verkleidet.
a) Berechne, wie viele Quadratmeter Holz für die Dreiecksflächen eingekauft werden müssen.
b) Für einen Quadratmeter Holz werden im Baumarkt 30 € bezahlt. Berechne die Materialkosten.

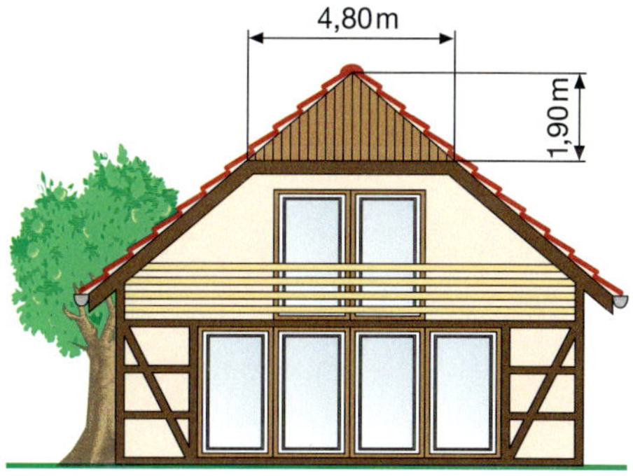

10 Das Dach des abgebildeten Gebäudes besteht aus acht gleich großen Dreiecken. Es soll einen Belag aus Zinkblech erhalten. Der Dachdecker verlangt für das Eindecken 90 € pro Quadratmeter. Wie viel Euro kostet das Eindecken der gesamten Dachfläche?

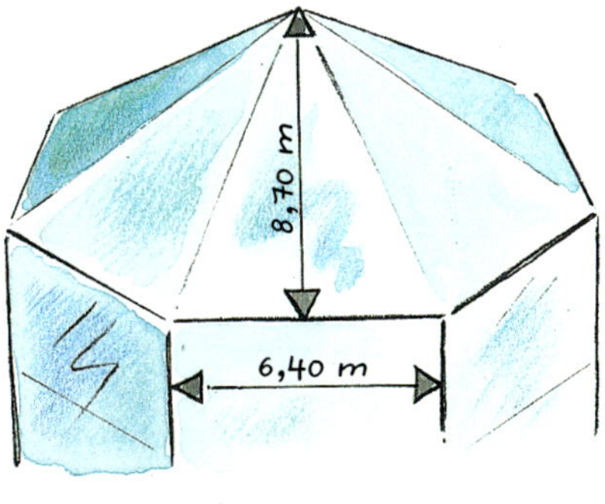

1 Berechne den Flächeninhalt des Dreiecks.

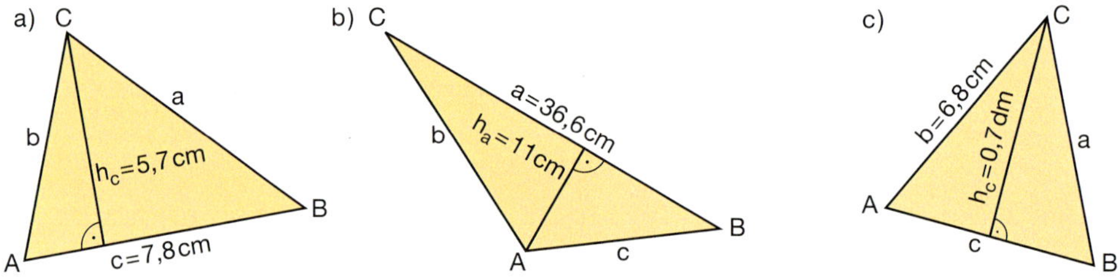

2 Konstruiere aus den gegebenen Stücken ein Dreieck ABC. Bestimme eine Seite als Grundseite und zeichne, falls notwendig, die zugehörige Höhe ein. Miss anschließend ihre Längen und berechne den Flächeninhalt.

a) a = 5 cm; b = 4 cm; c = 6 cm
b) a = 6,0 cm; b = 4,8 cm; c = 3,6 cm
c) a = 3,5 cm; β = 65°; γ = 77°
d) a = 5,2 cm; β = 35°; γ = 70°
e) b = 6,5 cm; c = 6,5 cm; α = 75°
f) a = 4,8 cm; c = 8,5 cm; γ = 90°

3 Berechne jeweils den Inhalt der farbigen Dreiecksflächen.

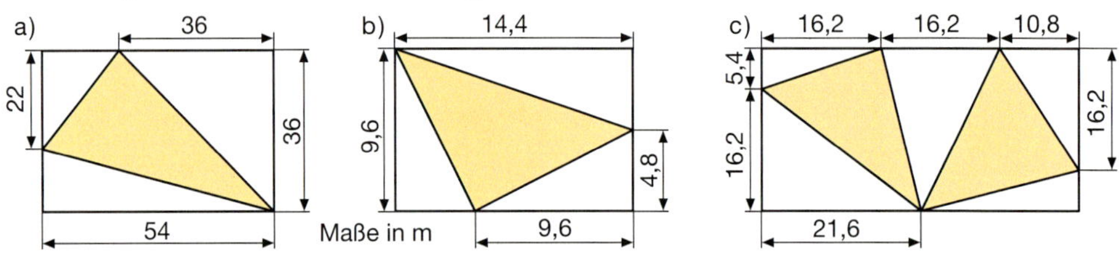

4 Die Außenflächen eines Giebels sollen verputzt werden.
Wie hoch sind die Kosten, wenn für einen Quadratmeter Fläche 30 € bezahlt werden müssen?

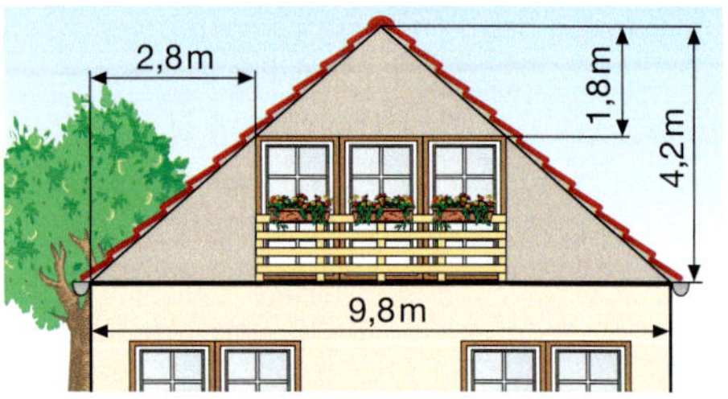

5 Eine neue Straße schneidet von einer quadratischen Wiese ein rechtwinkliges Dreieck ab.

a) Der Eigentümer erhält als Entschädigung für einen Quadratmeter 15 €. Wie viel Euro erhält der eigentümer für die abgegebene Fläche?
b) Wie große ist die restliche Fläche?

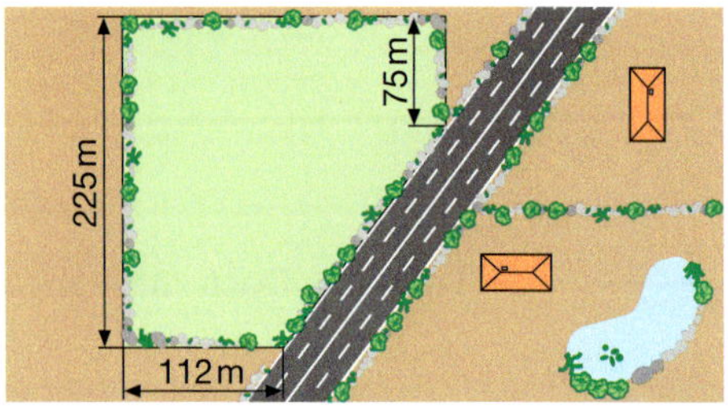

6 Berechne den Inhalt der abgebildeten dreieckigen Flächen.
Entnimm die dazu notwendigen Längen der Abbildung.
Beachte den Maßstab.

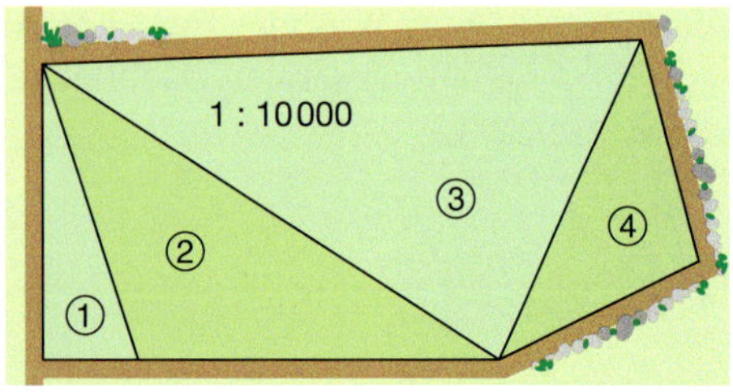

1

Carsten möchte ein großes Aquarium in seine Schrankwand einbauen. Dabei soll der vorhandene Raum möglichst gut ausgenutzt werden. In der Skizze hat er die Schrankmaße in Zentimeter eingetragen.
Das Aquarium will er aus einzelnen Glasplatten mithilfe von Silikon zusammensetzen. Wie viele Glasplatten muss Carsten kaufen, wenn das Aquarium oben offen bleiben soll?

2

Bezeichnung	Länge x Breite	
Frontwand	70 cm x 50 cm	
	x	
	x	
	x	
	x	
	x	

Um die Größe der Platten zu berechnen, macht Carsten eine weitere Skizze und legt anschließend eine Materialliste an.
Ergänze die Tabelle im Heft. Beachte die Glasstärke von 1 cm.

3

Welche Informationen kann Carsten der Preisliste entnehmen?

4 Beim Berechnen des Glasbedarfs hat Carsten mit der Frontscheibe begonnen.

$A = 70\ cm \cdot 50\ cm$

$A = 3500\ cm^2$

Bezeichnung	Länge x Breite	Flächeninhalt
Frontwand	70 cm x 50 cm	3500 cm^2
	x	
	x	
	x	
	x	

a) Berechne die Flächeninhalte der restlichen Glasplatten und trage die Ergebnisse in deine Tabelle ein.
b) Ermittle die Kosten, die Carsten für das Glas entstehen. Runde das Ergebnis auf Cent.

5 Carsten hat das Aquarium gebaut und will es mit Wasser füllen. Nachdem er vier Liter Wasser eingefüllt hat, stellt er fest, dass die Höhe des Wasserspiegels im Aquarium ungefähr 1 cm beträgt.

a) Wie viel Liter Wasser kann er in das Aquarium einfüllen?
b) Carsten will das Aquarium nicht vollständig füllen. Oben sollen 5 cm frei bleiben, um einen Deckel mit Beleuchtung einzubauen.
c) Wie oft muss Carsten Wasser holen, wenn er einen 10-Liter-Eimer benutzt?

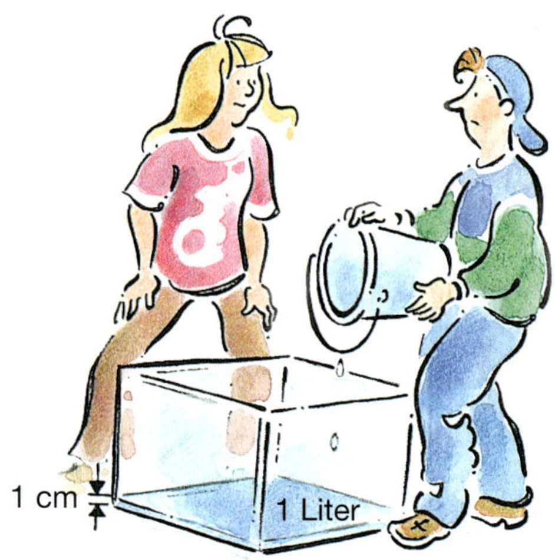

1

Vor dem Gartenhaus soll ein 4 m langer und 3 m breiter Grillplatz angelegt werden.

Beschreibe, wie Saskia und Jan den Flächeninhalt dieses Rechtecks bestimmen.

Saskias Rechnung:

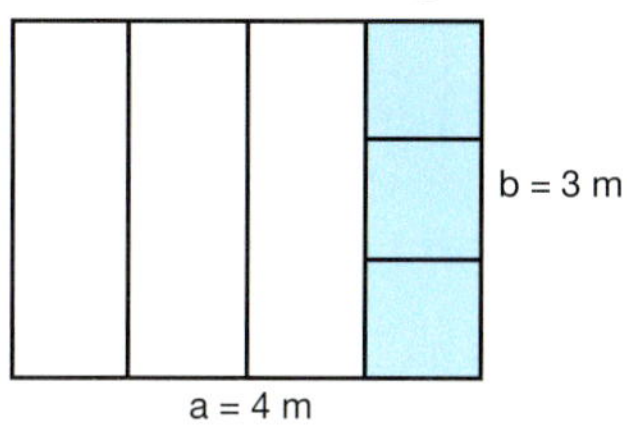

Anzahl der Streifen	·	Flächeninhalt eines Streifens	=	Flächeninhalt
4	·	$3\,m^2$	=	$12\,m^2$

Jans Rechnung:

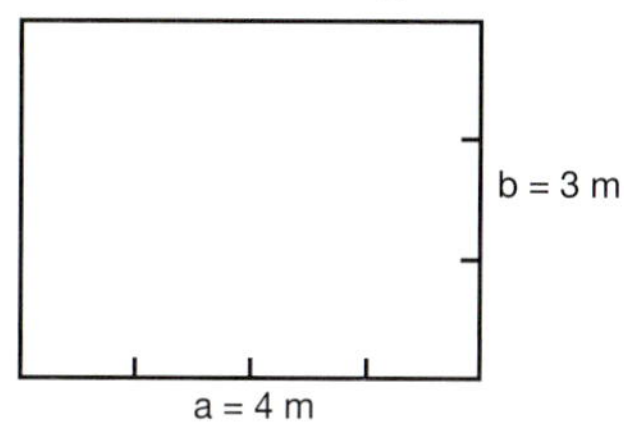

Länge a	·	Länge b	=	Flächeninhalt
4 m	·	3 m	=	$12\,m^2$

Flächeninhalt eines Rechtecks
mit den Seitenlängen a und b

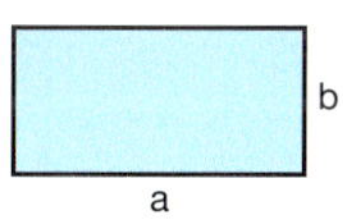

$A = a \cdot b$

Flächeninhalt eines Quadrats
mit der Seitenlänge a

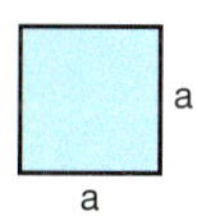

$A = a \cdot a$
$A = a^2$

2 Zeichne ein Rechteck mit den angegebenen Seitenlängen a und b in dein Heft. Berechne seinen Flächeninhalt.

	a)	b)	c)	d)	e)
a	2 cm	3 cm	8 cm	4,4 cm	6,2 cm
b	4 cm	5 cm	2 cm	2,5 cm	3,5 cm

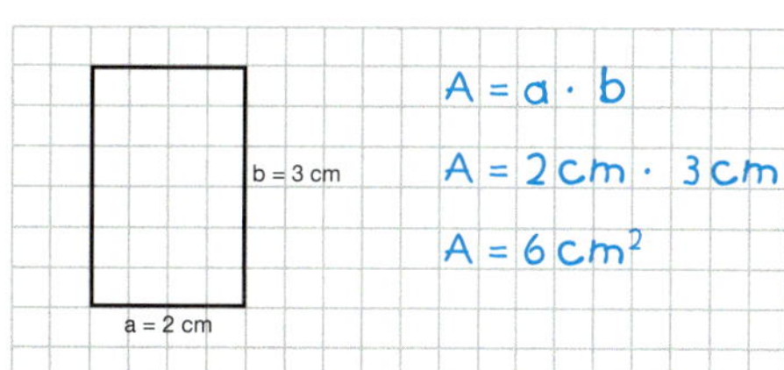

3 Ein Rechteck hat eine Länge von 6 dm und eine Breite von 4 dm.
a) Welchen Flächeninhalt hat das Rechteck?
b) Suche drei weitere Rechtecke mit dem gleichen Flächeninhalt. Gib deren Länge und Breite an.

4 Berechne den Flächeninhalt des Rechtecks mit den angegebenen Seitenlängen a und b.
Gib deine Lösung auch in der nächstgrößeren Flächeneinheit an.

	a)	b)	c)	d)
a	70 cm	550 cm	25 dm	360 m
b	40 cm	120 mm	84 dm	480 m

Flächeneinheiten

1 m² = 100 dm²
1 dm² = 100 cm²
1 cm² = 100 mm²

1 km² = 100 ha (Hektar)
1 ha = 100 a (Ar)
1 a = 100 m²

5 Bestimme den Flächeninhalt der abgebildeten Rechtecke. Gib den Flächeninhalt auch in Ar (a) und in Hektar (ha) an.

a) Maße in m b) c) d)

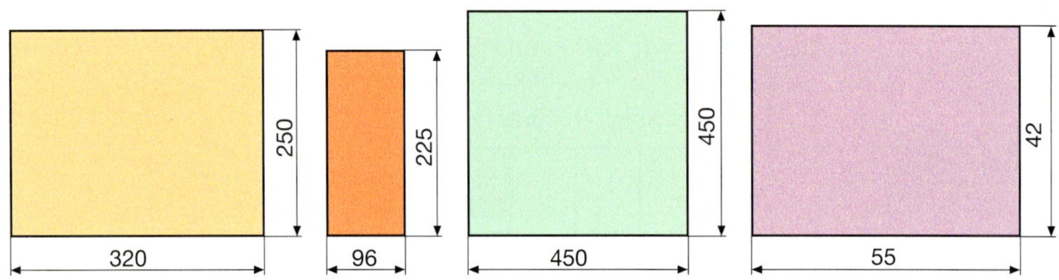

6 Familie Stanke besitzt ein 48 m langes und ein 36 m breites rechteckiges Grundstück. Im Tausch soll sie von ihrer Gemeindeverwaltung ein quadratisches Grundstück mit der Seitenlänge von 42 m erhalten. Welches Grundstück ist größer?

7 Ein quadratisches Rosenbeet mit der Seitenlänge 6 m wird gedüngt. Auf einen Quadratmeter werden 120 g Dünger gestreut. Wie viel Kilogramm Rosendünger müssen für das Beet eingekauft werden?

8 a) Bestimme anhand der Abbildung die Größe der befestigten und bebauten Flächen.
b) Wie groß ist die restliche Fläche?

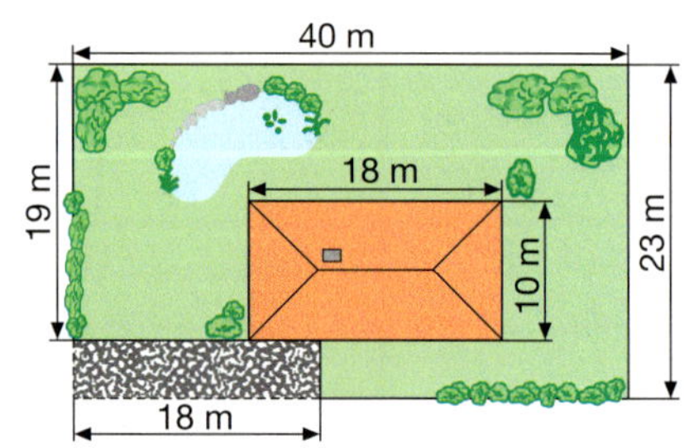

9 Berechne den Flächeninhalt der abgebildeten Figuren.

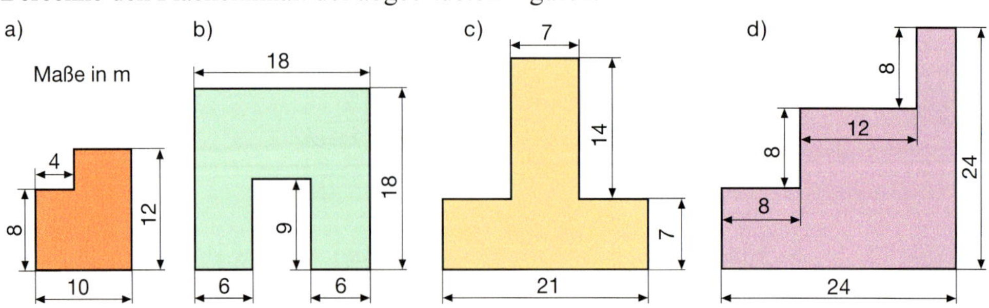

L von Nr. 6 bis 9: 4,320; 668; 1764; 104; 245; 352; 1728; 252; 270

1 Tanja will eine quaderförmige Spielzeugkiste aus Holz bauen. Die gegenüberliegenden Flächen möchte sie mit der gleichen Farbe anstreichen.
Alle Begrenzungsflächen des Quaders bilden zusammen die **Oberfläche** dieses Quaders. Tanja hat deshalb ein verkleinertes Netz des Quaders gezeichnet.
Erläutere, wie sie anschließend den Oberflächeninhalt A_O des Quaders berechnet hat.

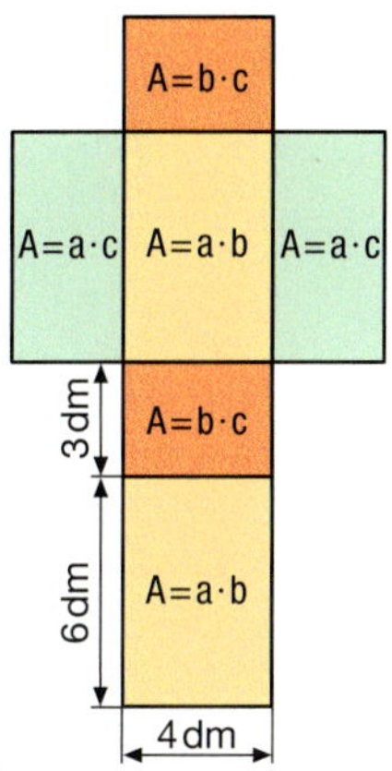

1. Flächeninhalt der Grund- und Deckfläche
   $A = 2 \cdot a \cdot b$
   $A = 2 \cdot 6\ dm \cdot 4\ dm$
   $A = 48\ dm^2$
2. Flächeninhalt der vorderen und hinteren Seitenfläche
   $A = 2 \cdot a \cdot c$
   $A = 2 \cdot 6\ dm \cdot 3\ dm$
   $A = 36\ dm^2$
3. Flächeninhalt der linken und rechten Seitenfläche
   $A = 2 \cdot b \cdot c$
   $A = 2 \cdot 4\ dm \cdot 3\ dm$
   $A = 24\ dm^2$
4. Oberflächeninhalt des Quaders
   $A_O = 48\ dm^2 + 36\ dm^2 + 24\ m^2$
   $A_O = 108\ dm^2$

2 Christina will jede Schachtel mit Buntpapier bekleben. Wie viel Quadratzentimeter benötigt sie?

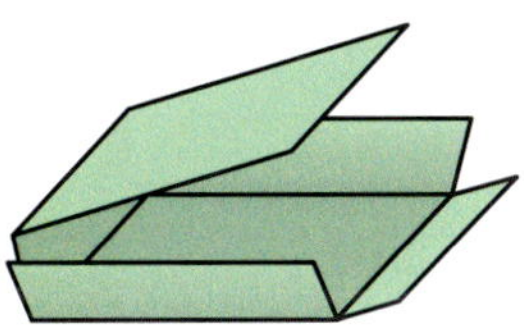

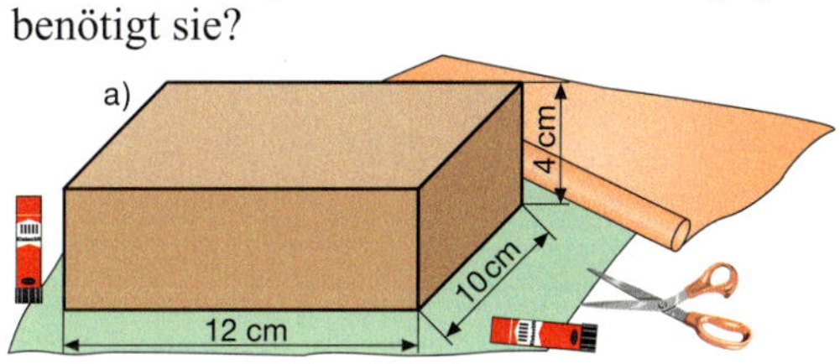

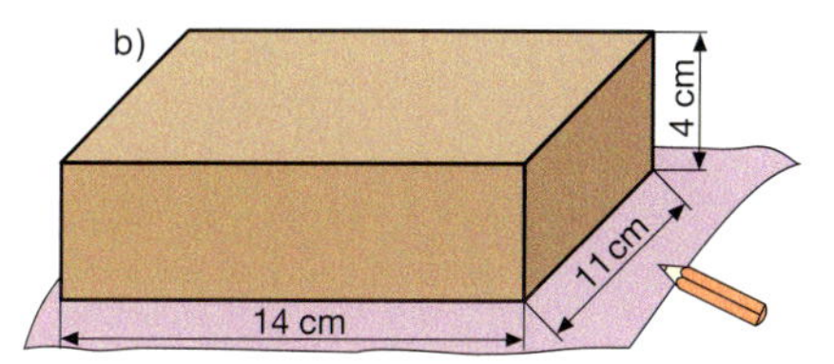

3 Berechne den Oberflächeninhalt folgender Quader.

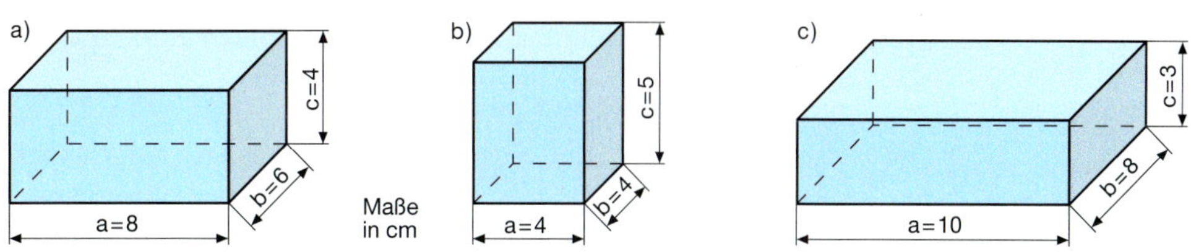

4 Berechne den Oberflächeninhalt folgender Würfel.

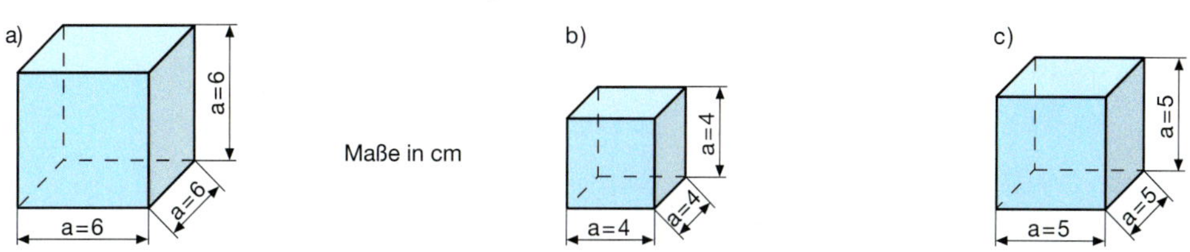

5 Meike und Thomas berechnen den Oberflächeninhalt des abgebildeten Quaders.
Vergleiche ihre Lösungswege miteinander.

Maße in m

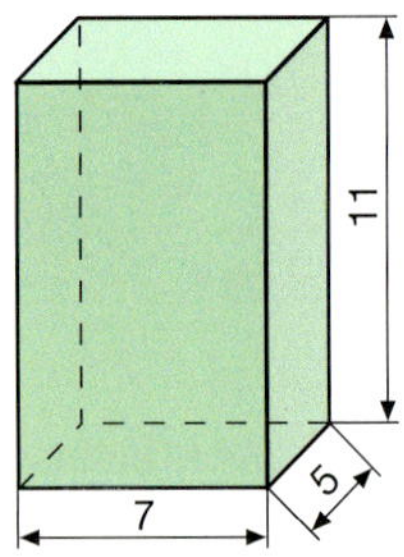

Meike

$A_O = 2 \cdot 7\,m \cdot 5\,m + 2 \cdot 7\,m \cdot 11\,m + 2 \cdot 5\,m \cdot 11\,m$

$A_O = 2 \cdot 35\,m^2 \quad + 2 \cdot 77\,m^2 \quad + 2 \cdot 55\,m^2$

$A_O = 70\,m^2 \quad + 154\,m^2 \quad + 110\,m^2$

$A_O = 334\,m^2$

Thomas

$A_O = 2 \cdot (7\,m \cdot 5\,m + 7\,m \cdot 11\,m + 5\,m \cdot 11\,m)$

$A_O = 2 \cdot (35\,m^2 \quad + 77\,m^2 \quad + 55\,m^2)$

$A_O = 2 \cdot 167\,m^2$

$A_O = 334\,m^2$

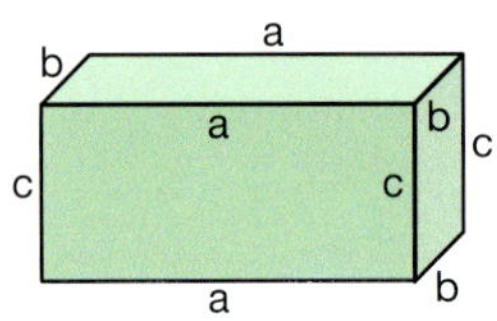

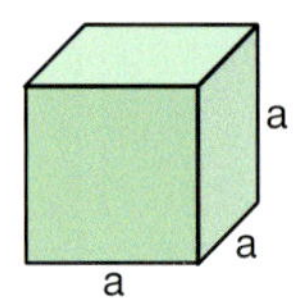

Oberflächeninhalt

Oberflächeninhalt eines Quaders mit den Kantenlängen a, b und c

$A_O = 2 \cdot a \cdot b + 2 \cdot b \cdot c + 2 \cdot a \cdot c$
oder $A_O = 2 \cdot (a \cdot b + b \cdot c + a \cdot c)$

Oberflächeninhalt eines Würfels mit der Kantenlänge a

$A_O = 6 \cdot a \cdot a$
$A_O = 6 \cdot a^2$

6 Berechne den Oberflächeninhalt folgender Quader. Achte auf die Einheiten.

a)	b)	c)	d)	e)
a = 2 cm	a = 4 dm	a = 20 cm	a = 8 dm	a = 2,5 cm
b = 8 cm	b = 6 dm	b = 6 dm	b = 2 dm	b = 40 mm
c = 6 cm	c = 9 cm	c = 90 cm	c = 40 cm	c = 2,2 cm

7 Berechne den Oberflächeninhalt eines Würfels mit der Kantenlänge 8 cm (0,7 m; 1,2 m).

8 In einer Ziegelei werden die Steine zu Quadern aufgeschichtet und anschließend in eine Folie eingeschweißt. Ein Stapel ist 1 m lang, 90 cm breit und 1,40 m hoch.
Berechne, wie viel Quadratmeter Folie benötigt wird.

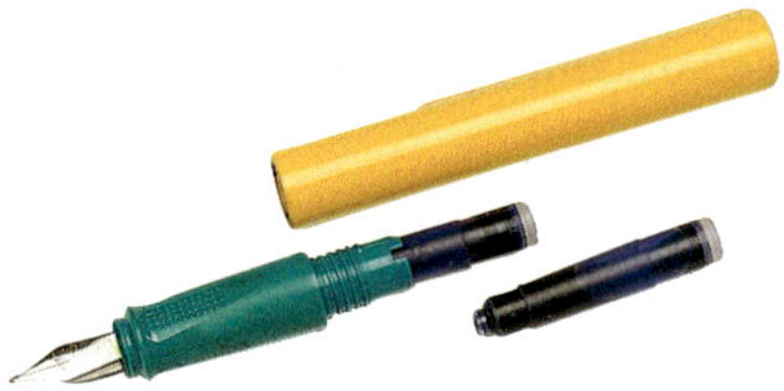

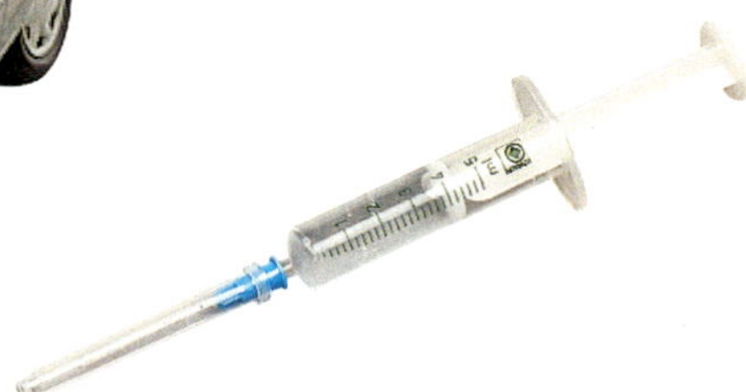

1 Betrachte die abgebildeten Körper und beschreibe Gemeinsamkeiten.

1 Nele und Marleen suchen einen neuen Behälter für ihre Spielsteine. Sie haben eine Schachtel gefunden und probieren, ob alle Steine hineinpassen.

a) Übertrage den Grundriss der Schachtel auf Kästchenpapier und versuche alle 12 Steine farbig einzuzeichnen.
b) Gib an, ob alle Steine in die Schachtel passen oder ob welche übrig bleiben.

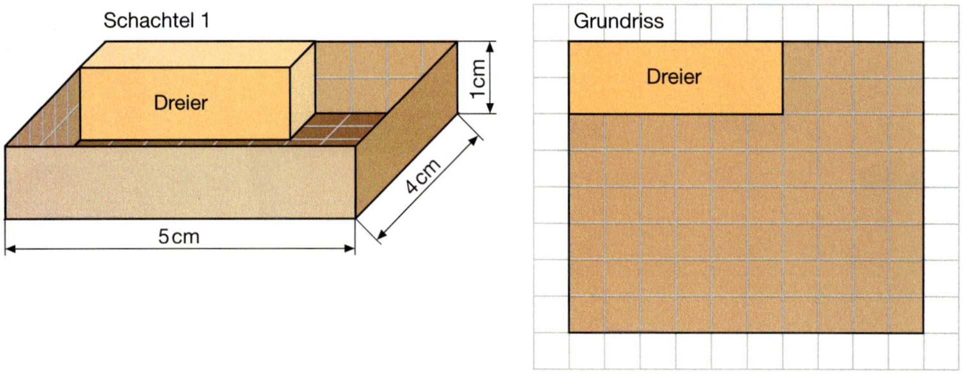

2 Nele überlegt, welche Maße eine Schachtel haben muss, damit alle Spielsteine hineinpassen. Sie hat zwei andere Pappschachteln gefunden.

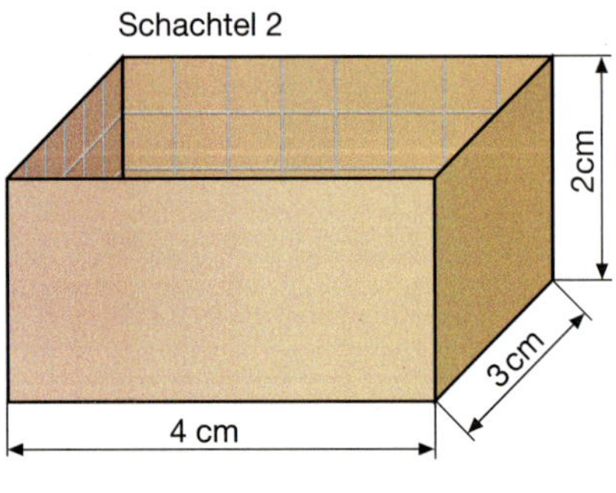

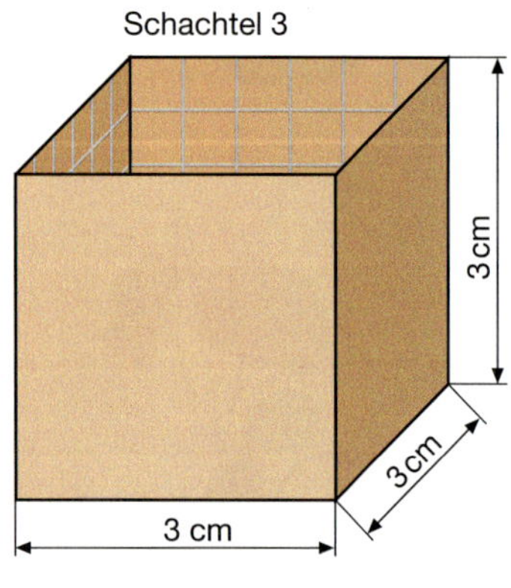

a) Überlege, welche Steine du auf den Boden von Schachtel 2 legen kannst.
Entwirf dazu einen Grundriss der Schachtel auf Kästchenpapier und zeichne die Spielsteine farbig ein. Kannst du die restlichen Steine in der „zweiten Etage" unterbringen?
b) Passen alle Steine in Schachtel 3? Gib an, wie du die Steine auf die einzelnen Ebenen der Schachtel verteilst.
c) In welche Schachtel passen die meisten „Einer"? Welche Schachtel hat den größten Rauminhalt?

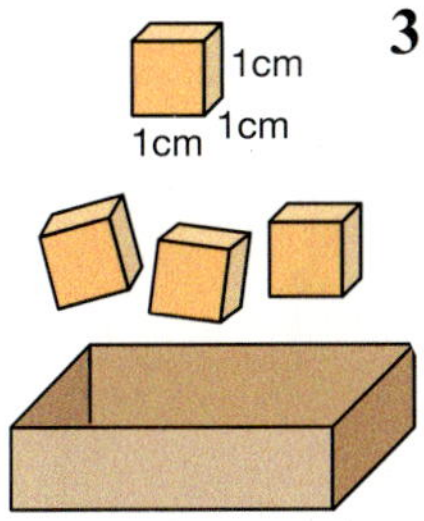

3

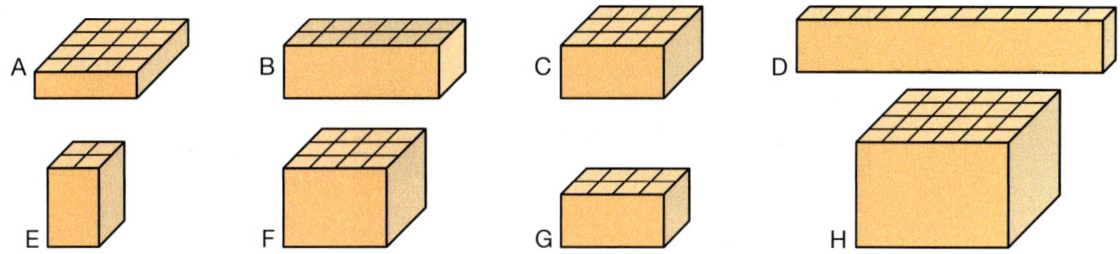

a) Wie viele Würfel passen in jede Schachtel?
Welche Schachtel besitzt den größten und welche den kleinsten Rauminhalt?
b) Der Rauminhalt von A ist genau so groß wie der von __.
c) Der Rauminhalt von B ist doppelt so groß wie der von __.
d) Der Rauminhalt von H ist __ mal so groß wie der von C und __ mal so groß wie der von A.
e) Der Rauminhalt von H ist __ mal so groß wie der von E und __ mal so groß wie der von D.

Rauminhalt (Volumen)

Der Rauminhalt eines Körpers wird mit Würfeln ausgemessen.
Für Rauminhalt sagt man auch Volumen.

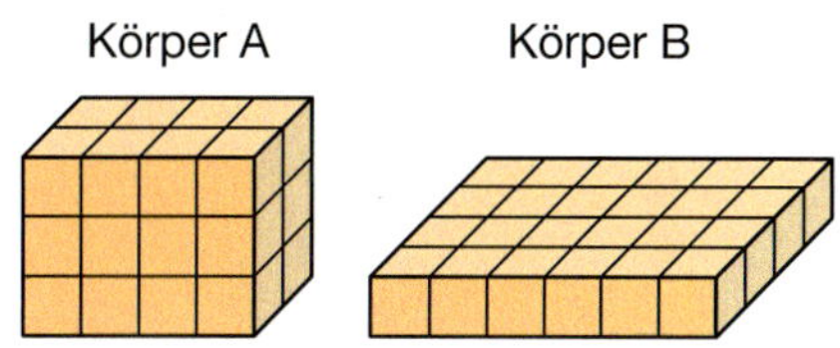

Der Rauminhalt des Körpers A ist ebenso groß wie der Rauminhalt des Körpers B.

4 a) Aus wie vielen Würfeln bestehen die einzelnen Körper?
b) Es sollen Quader entstehen. Wie viele Würfel müssen dazugelegt werden?

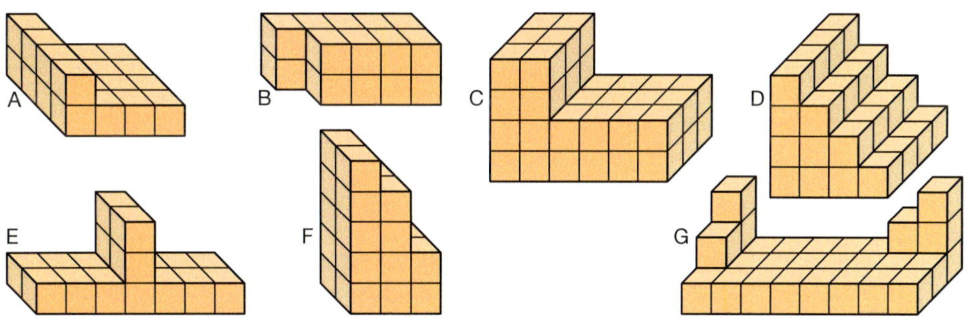

5 In welche Kiste kannst du am meisten Sand einfüllen?

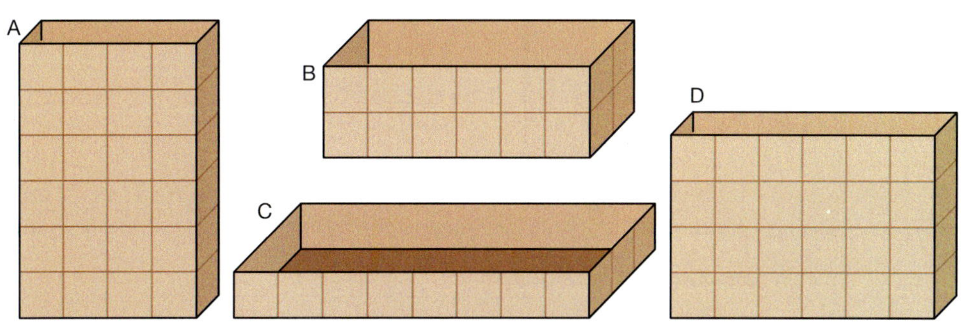

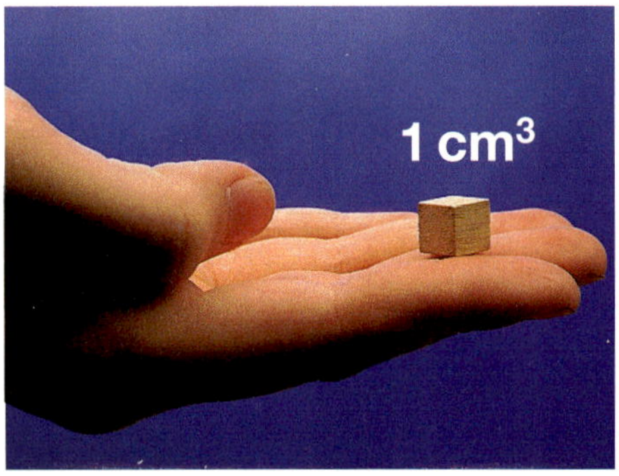

Ein Würfel mit der Kantenlänge 1 cm hat den Rauminhalt 1 cm^3.
Lies: „ein Kubikzentimeter“.

1 cm^3
Zahlenwert Einheit
Größe

Würfel mit der Kantenlänge	1 mm	1 cm	1 dm	1 m
Rauminhalt (Volumen)	1 mm^3	1 cm^3	1 dm^3	1 m^3
Name	Kubik-millimeter	Kubik-zentimeter	Kubik-dezimeter	Kubik-meter

1 In welchen Raumeinheiten werden die angegebenen Räume und Körper sinnvoll ausgemessen: Streichholz, Spielwürfel, Schrankfach, Streichholzschachtel, Schuhkarton, Klassenraum, Lkw-Ladung?

2

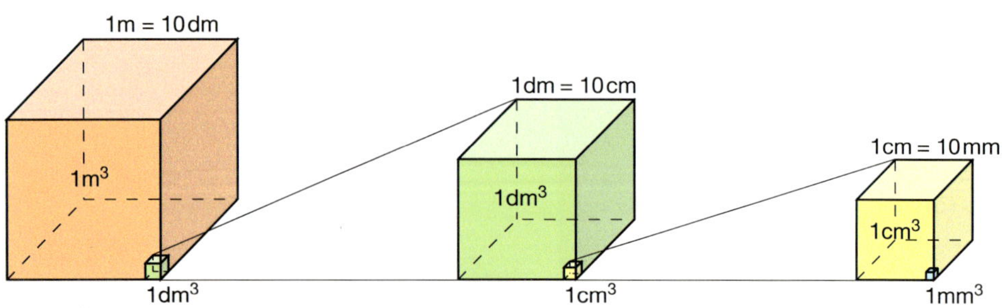

Ersetze die Platzhalter.

1 m^3 = ▪ dm^3 1 dm^3 = ▪ cm^3 1 cm^3 = ▪ mm^3

$1\ m^3 = 1000\ dm^3$

$1\ dm^3 = 1000\ cm^3$

$1\ cm^3 = 1000\ mm^3$

3 Verwandle in die nächstkleinere Einheit.

a) $27\ m^3$; $14\ m^3$; $8\ cm^3$
b) $21\ dm^3$; $118\ cm^3$; $7\ m^3$
c) $415\ m^3$; $77\ cm^3$; $111\ dm^3$
d) $3{,}246\ dm^3$; $5{,}517\ m^3$; $14{,}722\ cm^3$
e) $0{,}900\ m^3$; $1{,}080\ cm^3$; $0{,}003\ dm^3$

4 Schreibe in der nächstgrößeren Einheit.

a) $67\,000\ cm^3$; $74\,000\ mm^3$; $10\,000\ dm^3$
b) $300\,000\ cm^3$; $49\,000\ mm^3$; $420\,000\ dm^3$
c) $3200\ cm^3$; $1540\ dm^3$; $820\ mm^3$
d) $7000\ dm^3$; $8100\ cm^3$; $260\ mm^3$
e) $3344\ dm^3$; $80\ mm^3$; $7\ cm^3$

5 Wandle in die Einheit um, die in Klammern steht.

a) $1{,}732\ m^3\ (dm^3)$; $0{,}860\ m^3\ (dm^3)$; $0{,}002\ dm^3\ (cm^3)$
b) $47\ dm^3\ (cm^3)$; $5\ cm^3\ (mm^3)$; $129\ dm^3\ (cm^3)$
c) $345\ cm^3\ (dm^3)$; $11\ mm^3\ (cm^3)$; $4\ dm^3\ (m^3)$
d) $66\,000\ cm^3\ (dm^3)$; $1{,}270\ cm^3\ (mm^3)$; $24{,}360\ m^3\ (dm^3)$
e) $6\ m^3\ (cm^3)$; $3\ dm\ (mm^3)$; $4{,}340\ m^3\ (cm^3)$

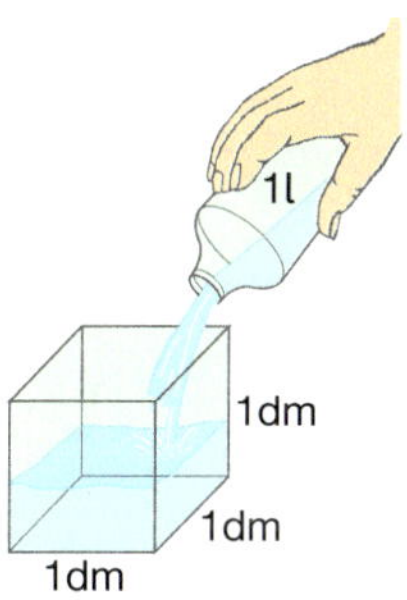

Der Rauminhalt von Körpern, die Flüssigkeiten enthalten (z. B. Flaschen, Fässer, Ampullen), wird oft in Litern (*l*) und in Millilitern ausgedrückt. Bei größeren Rauminhalten verwendet man auch Hektoliter (hl).

$1\ l = 1\ dm^3$	$1\ l = 1000$ ml *(Milliliter)*
$1\ hl = 100\ l$	$1\ ml = 1\ cm^3$
Hektoliter	

6 Wandle um in Liter.

a) 2 hl; 11 hl
b) $19\ dm^3$; $222\ dm^3$
c) 8,21 hl; 0,09 hl
d) 0,71 hl; 1,46 hl
e) 66 000 ml; 340 000 ml
f) $40\,000\ cm^3$; $216\,000\ cm^3$

7 Wandle in die angegebene Einheit um.

a) $7\ l\ (dm^3)$; $26\ l\ (dm^3)$
b) $4\ l$ (ml); $13\ l$ (ml)
c) $7\ cm^3$ (ml); $48\ cm^3$ (ml)
d) 3 hl (*l*); $45\ hl\ (dm^3)$
e) 2,46 hl (*l*); 0,18 hl (*l*)

8 Ordne die Raumeinheiten richtig.

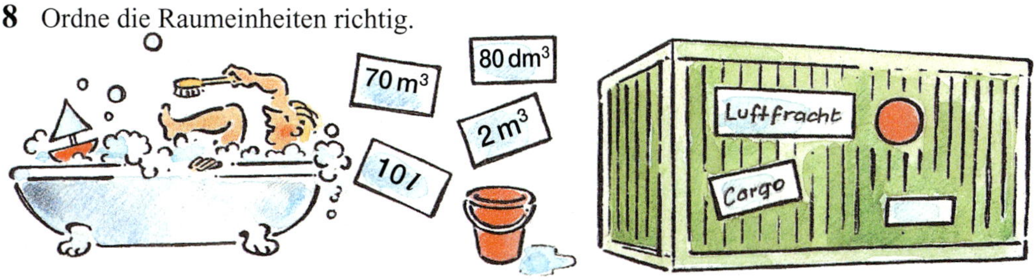

1

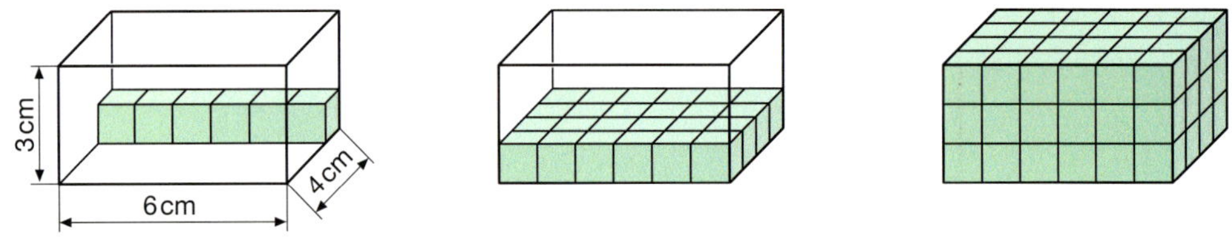

Kannst du vorteilhaft berechnen, wie viele Würfel mit dem Rauminhalt 1 cm^3 in den Quader passen? Denke dir deshalb den Quader in Stangen und Schichten aufgeteilt. Erläutere den Lösungsweg.

2 In dem Beispiel wird der Rauminhalt eines Quaders mit den Kantenlängen 5 cm, 4 cm und 3 cm bestimmt.

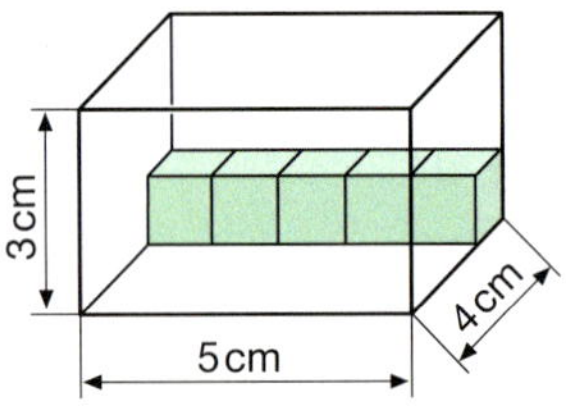

Rauminhalt einer Stange	·	Anzahl der Stangen	·	Anzahl der Schichten	=	Rauminhalt des Quaders
$5\ cm^3$	·	4	·	3	=	$60\ cm^3$

Berechne jeweils den Rauminhalt der abgebildeten Quader.

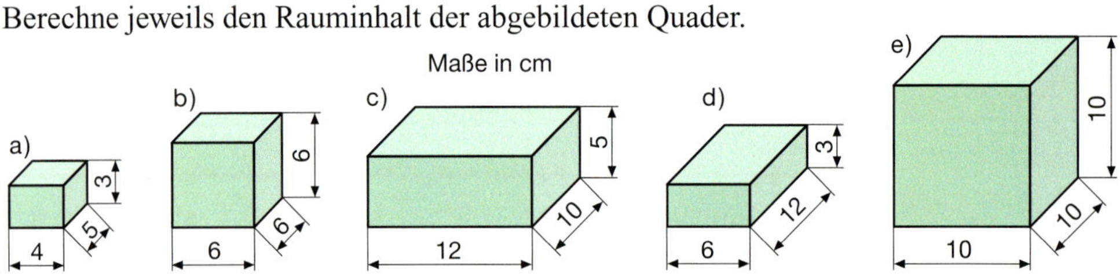

3 Der Luftraum eines 6 m langen, 4 m breiten und 3 m hohen Raumes soll ermittelt werden.
Um den Zahlenwert des Rauminhalts (oder Volumens) V zu berechnen, werden die Zahlenwerte der Kantenlängen miteinander multipliziert.
Bestimme ebenso den Rauminhalt V eines Quaders mit a = 17 dm, b = 12 dm und c = 8 dm sowie den eines Würfels mit der Kantenlänge a = 5 m.

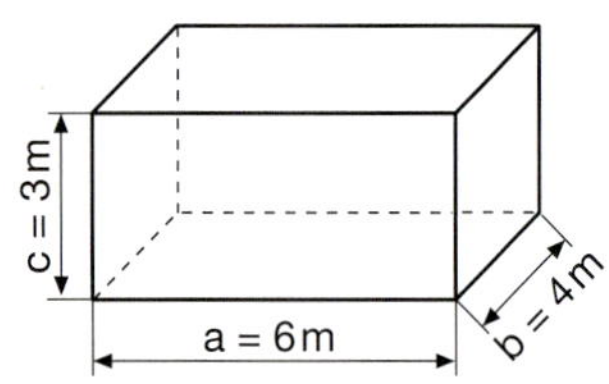

Rauminhalt eines Quaders
$V = 6\ m \cdot 4\ m \cdot 3\ m$
$V = 72\ m^3$

Rauminhalt (Volumen)

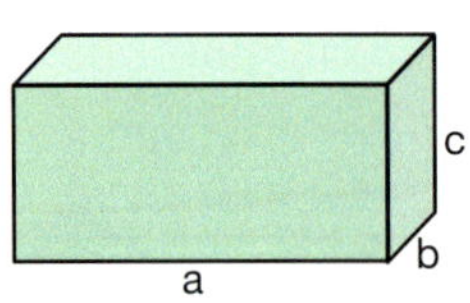

Rauminhalt (Volumen) eines Quaders mit den Kantenlängen a, b und c

$$V = a \cdot b \cdot c$$

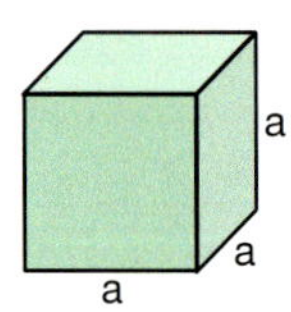

Rauminhalt (Volumen) eines Würfels mit der Kantenlänge a

$$V = a \cdot a \cdot a = a^3$$

4 Berechne den Rauminhalt (das Volumen) der einzelnen Körper.

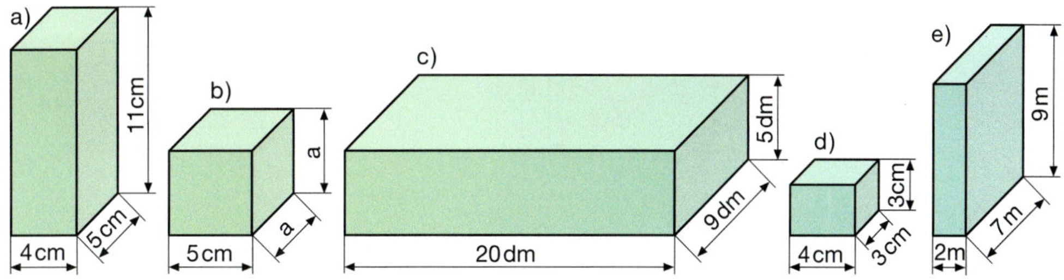

5 Berechne den Rauminhalt folgender Quader. Bringe, falls notwendig, die Kantenlängen a, b, c auf dieselbe Einheit.

Kantenlänge	a)	b)	c)	d)	e)	f)	g)
a	4 cm	17 dm	25 m	12 cm	3 m	6,4 m	1,5 cm
b	6 cm	6 dm	8 m	12 cm	25 dm	50 dm	24 mm
c	8 cm	6 dm	12 m	5 cm	2 m	3 m	6 cm

6 Ein Spielwürfel hat eine Kantenlänge von 2 cm, ein Schaumstoffwürfel eine Kantenlänge von 20 cm. Berechne den Rauminhalt jedes Würfels.

7 Eine Turnhalle ist 21 m breit, 45 m lang und 6 m hoch. Wie viel Kubikmeter Luft fasst die Turnhalle?

8 Ein Holzwürfel hat eine Kantenlänge von 5 cm (20 cm, 15 cm). Berechne sein Volumen.

9 Eine Milchpackung hat die Maße 13 cm lang, 6 cm breit und 13 cm hoch. Wie groß ist das Volumen?

10 Carsten plant, das Wasser in seinem Aquarium durch neues zu ersetzen. Vorher will er wissen, wie viel Liter er braucht.

a) Berechne das Volumen in Kubikzentimetern. Beachte die Glasstärke. Gib dein Ergebnis auch in Litern an.

b) Wie viel Liter Wasser braucht er, wenn er einen Teil des Wassers wie abgebildet im Aquarium lässt?

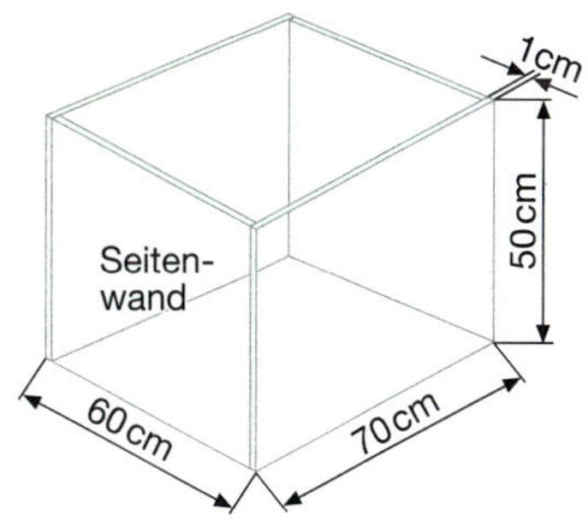

11 Berechne, wie viel Liter Wasser in ein Aquarium mit den folgenden Maßen passen: Länge 85 cm, Breite 55 cm, Höhe 70 cm, Glasstärke 1 cm.

1

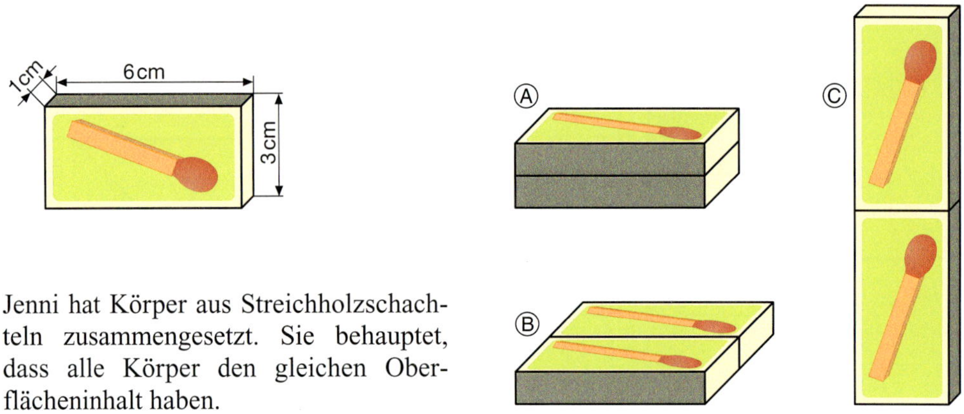

Jenni hat Körper aus Streichholzschachteln zusammengesetzt. Sie behauptet, dass alle Körper den gleichen Oberflächeninhalt haben.

2 Ein quaderförmiges Schwimmbecken ist 8 m lang und 3 m breit. Die Wassertiefe soll 1,70 m betragen. Wie viel Liter Wasser müssen eingefüllt werden?

3 Zwei Flachdachhäuser haben die unten abgebildeten Grundrisse. Beide Häuser sind 3 m hoch.

a) Berechne für beide Bungalows den „umbauten Raum", d. h. den Rauminhalt.

b) Berechne die ungefähren Kosten für jeden Bungalow, wenn 1 m^3 umbauter Raum etwa 800 € kostet.

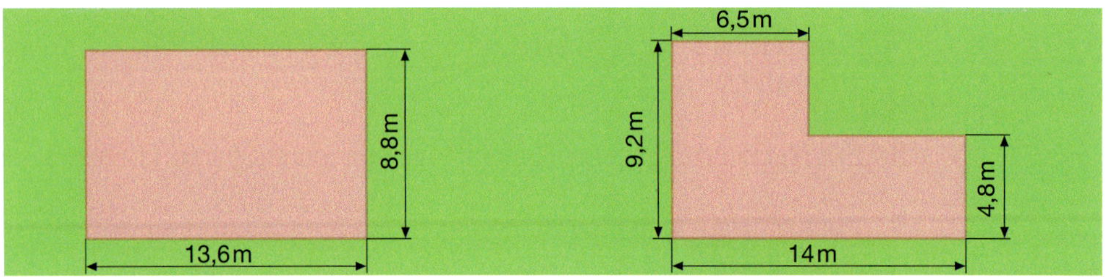

4 Markus möchte seine Musikboxen mit Furnierfolie bekleben. Die Vorderseite bleibt für eine Stoffbespannung frei.
Wie viel Folie benötigt er?

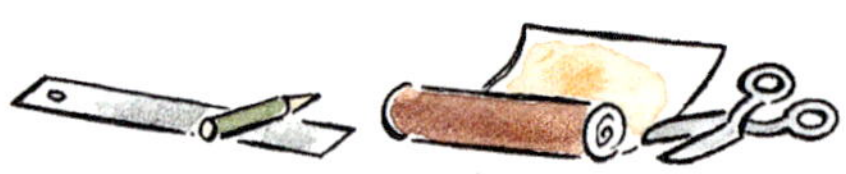

5 Berechne das Volumen der zusammengesetzten Körper.

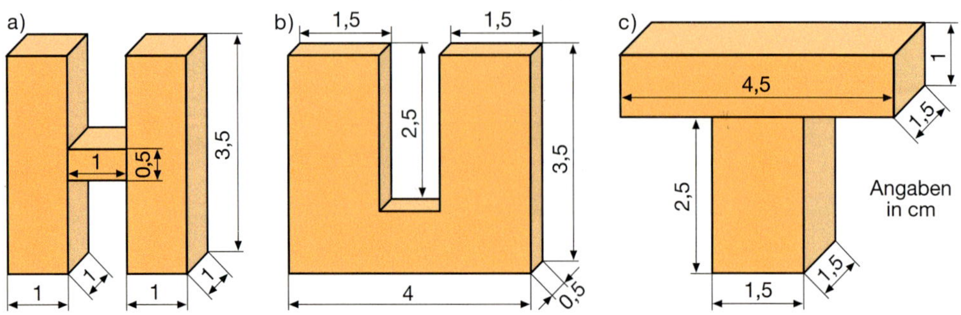

6 Die Größe des abgebildeten Kofferraumes wird mithilfe gleich großer Quader bestimmt. Das Volumen eines Quaders beträgt ein Liter. Welche ganzzahligen Kantenlängen (in cm) könnte ein Quader haben?

7 Berechne in deinem Heft die fehlenden Größen (e und f sind Würfel).

	a)	b)	c)	d)	e)	f)
Länge	3 dm	3 dm	14 dm	24 dm	10 dm	5 dm
Breite	4 dm		5 dm	12 dm		
Höhe	5 dm	5 dm		25 dm		
Oberfläche						
Volumen		105 dm^3	700 dm^3			

L 60; 7200; 94; 600; 1000; 125; 150; 142; 520; 2376; 7; 10; 10; 10; 5; 5

8 a) Im Prospekt werden zwei Kühlschränke mit 160 Liter und mit 210 Liter Fassungsvermögen angeboten. Kontrolliere die Angaben.
b) Bei einem anderen Kühlschrank misst Bert folgende Innenmaße: 80 cm breit, 40 cm tief, 50 cm hoch. Berechne seinen Inhalt (in *l*).

9 Herr Heinsen hat Bretter aus Tannenholz gekauft und möchte sie auf dem Dach seines Autos nach Hause bringen. Der Dachgepäckträger darf mit 50 kg belastet werden. Jedes Brett ist 4,20 m lang, 18 cm breit und 2 cm dick. 1 dm^3 Holz wiegt 0,5 kg. Wie viele Bretter darf Herr Heinsen höchstens aufladen?

10 Wie verändert sich die Oberfläche eines Würfels mit 10 cm Kantenlänge, wenn die Kantenlänge a) verdoppelt b) verdreifacht wird?

11 Berechne den Rauminhalt dieser zusammengesetzten Körper.

a)

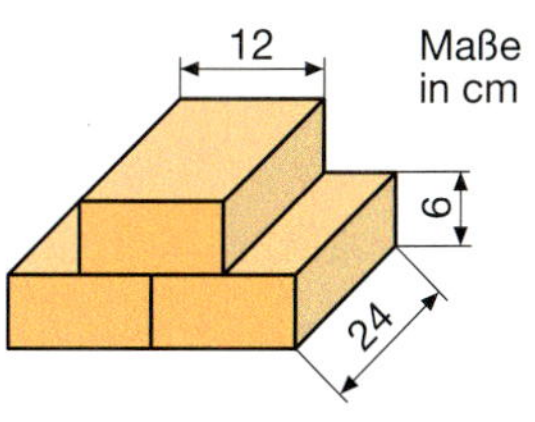

b)

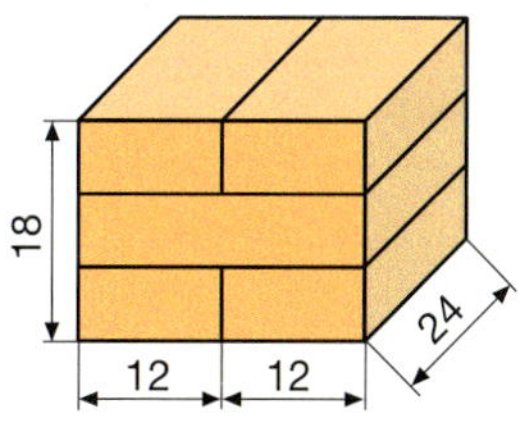

c)

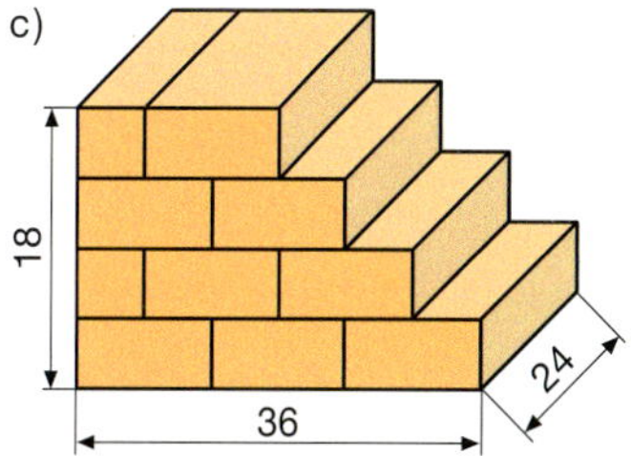

12 Ein blau angestrichener Würfel mit 6 cm Kantenlänge wird in kleine Würfel mit 2 cm Kantenlänge zerschnitten.

a) Wie viele Würfel entstehen?

b) Wie viele Würfel entstehen, die drei (zwei, eine) blaue Fläche haben?

c) Wie viele Würfel haben keine blaue Fläche?

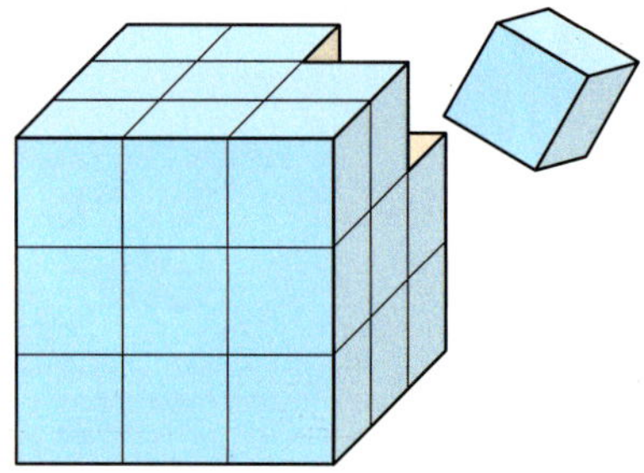

13

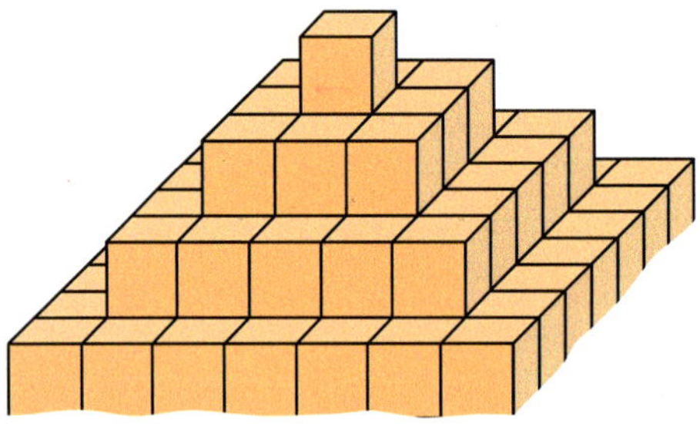

Peter will aus Würfelbausteinen eine Stufenpyramide bauen, die zehn Schichten hoch ist. Jede Stufe soll nur die Höhe und die Breite eines Würfels haben.

a) Wie viele Würfel muss Peter in der untersten Schicht legen?

b) Wie viele Würfel braucht Peter für die ganze Pyramide?

14 Die Größe eines Schiffes wird in Bruttoregistertonnen (BRT) angegeben. Diese Zahl gibt den Rauminhalt des Schiffes an. (1 BRT = 2,832 m^3)
Das Foto zeigt ein Schiff mit 37 012 BRT. Vergleiche mit dem Rauminhalt eines Klassenraums von 5 m Länge, 6 m Breite und 3 m Höhe.

15 Der Harz ist ein Wasserfänger und Wasserspeicher. Hier werden pro Jahr im Durchschnitt 1400 mm Niederschlag gemessen.

a) Betrachte den Oberharz zum Rechnen als Rechteck und berechne, wie viel Kubikmeter Wasser jährlich auf diese Fläche fallen.

b) Wie viele Bürger können mit dem Wasser ein Jahr lang versorgt werden, wenn jeder von ihnen täglich 115 *l* benötigt?

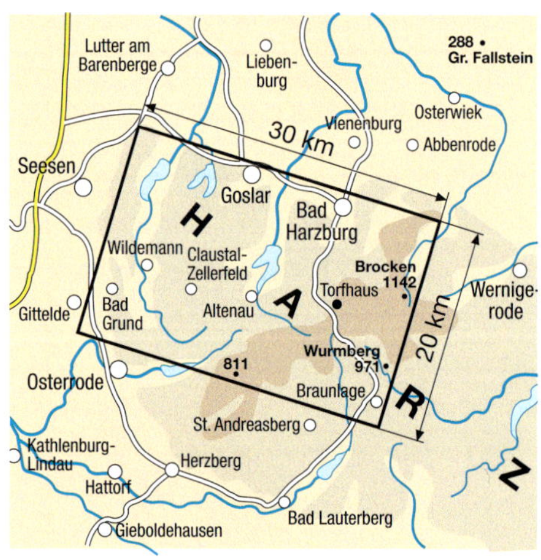

Kostbares Wasser

1

Durchschnittliche Niederschlagsmenge (in mm)

Jan	Feb	Mrz	Apr	Mai	Jun	Jul	Aug	Sep	Okt	Nov	Dez
17	94	20	40	39	63	50	77	75	20	65	55

Familie Tatjen leitet seit dem 1. Juli das Regenwasser vom Dach in den neuen Wasserbehälter. In welchem Monat wird die Zisterne voraussichtlich gefüllt sein?

2 a) Ergänze die Tabelle in deinem Heft. Zeichne für den Pro-Kopf-Verbrauch ein Säulendiagramm (1 cm ≙ 5 *l*).

Pro-Kopf-Verbrauch Zweck		Pro-Tag in Liter
	Toilettenspülung	35
	Baden, Duschen	30
	Wäsche waschen	
	Essen zubereiten	

b) Ermittle den Pro-Kopf-Verbrauch bei dir Zuhause pro Woche (Monat). Wo kannst du im Haushalt Wasser sparen?

Spiegelung
Verschiebung
Drehung

(A)

1 Setze folgende Bandmuster fort:

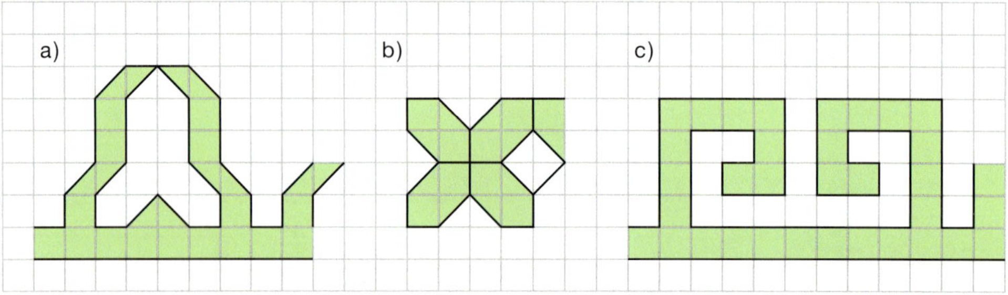

2 Übertrage die Figuren in dein Heft und spiegele sie an den Spiegelachsen. Benenne die Bildpunkte.

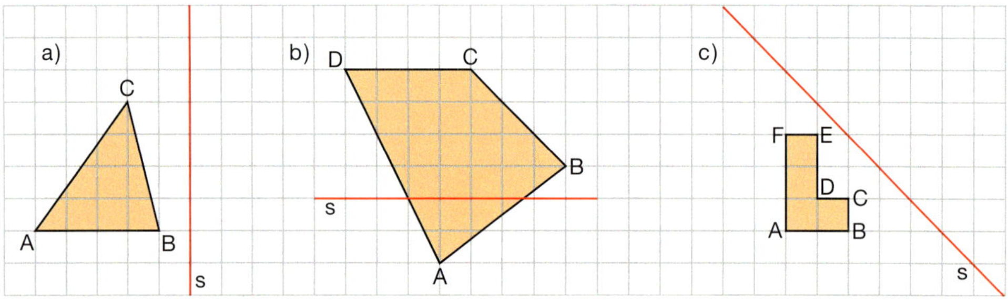

3 Zeichne die Figuren in dein Heft und verschiebe sie mit Hilfe der angegebenen Verschiebungspfeile.

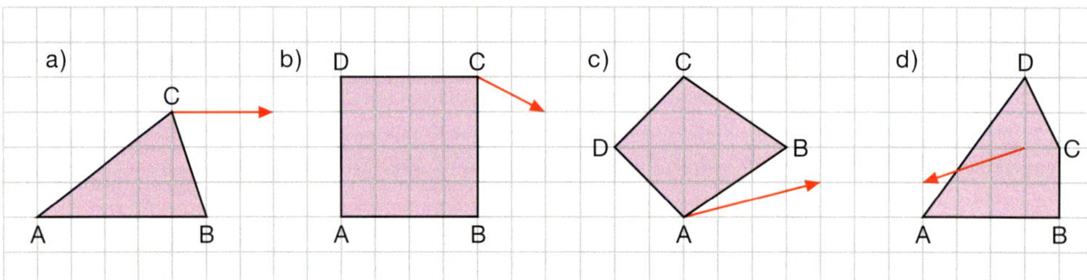

4 a) Zeichne in ein Koordinatensystem das Dreieck A (2|2), B (6|2) und C (5|5).
b) Verschiebe das Dreieck so, dass C auf C′ (12|3) fällt.
c) Gib die Koordinaten von A′ und B′ an.

5 Zeichne die Figuren in dein Heft und drehe sie jeweils um 90° um den Punkt Z.

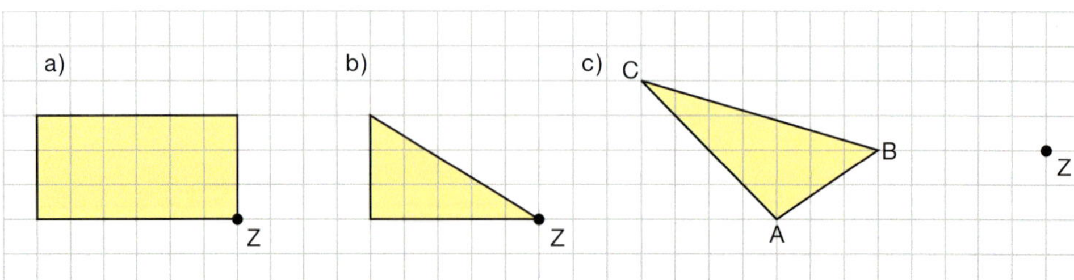

6 a) Zeichne in ein Koordinatensystem das Viereck A (2|1), B (6|1), C (7|4) und D (1|5).
b) Drehe es um 180° um Punkt Z (8|5).
c) Gib die Koordinaten der Bildpunkte an.

B

1 Gib an, um welche Abbildungsart es sich handelt. Überprüfe deine Lösung durch eine Zeichnung.

a)

Originalfigur	Bildfigur
A (4|10)	A′ (19|1)
B (9|16)	B′ (24|7)
C (5|16)	C′ (20|7)

b)

Originalfigur	Bildfigur
A (5|3)	A′(17|15)
B (10|1)	B′(19|10)
C (4|8)	C′(12|16)

c)

Originalfigur	Bildfigur
A (15|1)	A′ (12|14)
B (18|6)	B′ (7|17)
C (12|7)	C′ (6|11)

2 a) Zeichne ein Rechteck mit den Eckpunkten A (13|17), B (18|12), C (21|15) und D (16|20) in ein Koordinatensystem (Einheit 0,5 cm).
b) Durch eine Halbdrehung um den Drehpunkt Z soll der Originalpunkt B auf den Bildpunkt B′ (6|10) abgebildet werden. Zeichne das Bildrechteck und gib die Koordinaten der Bildpunkte und des Drehpunktes an.

3 Konstruiere mit Zirkel und Lineal die Mittelsenkrechte.

	a)	b)	c)
Strecke	$\overline{AB}$	$\overline{CD}$	$\overline{EF}$
Länge	7 cm	4,8 cm	57 mm

4 Teile eine 9 cm lange Strecke $\overline{AB}$ mithilfe des Zirkels in vier gleich lange Abschnitte.

5 Zeichne Original- und Bildpunkt einer Achsenspiegelung in ein Koordinatensystem (Einheit 0,5 cm). Konstruiere die Spiegelachse.
a) A (3|6); A′ (9|4) b) B (11|2); B′ (15|10)

6 Zeichne einen Winkel folgender Größe und konstruiere mit Zirkel und Lineal seine Winkelhalbierende.
a) 40° b) 120° c) 165°

7 Konstruiere zu einer Geraden g jeweils eine Parallele mit dem angegebenen Abstand. Die Gerade g soll nicht auf einer Gitterlinie deines karierten Papieres liegen.
a) 4,5 cm b) 2,5 cm c) 32 mm

8 Zeichne einen 37° großen Winkel und verdoppele ihn mithilfe des Zirkels.

9 a) Zeichne eine Gerade AB mit A (3|4) und B (19|12) sowie die Punkte P (3|14) und Q (18|4) in ein Koordinatensystem (Einheit 0,5 cm).
b) Konstruiere mit Zirkel und Lineal jeweils das Lot von P und von Q auf die Gerade AB. Bestimme jeweils die Koordinaten des Fußpunktes des Lotes auf AB.

10 Zeichne eine Gerade g durch die Punkte A (2|6) und B (18|2) in ein Koordinatensystem (Einheit 0,5 cm). Errichte in P (11|8) die Senkrechte zu g und konstruiere durch den Punkt Q (16|11) eine zu g parallele Gerade.

11 Zeichne ein Koordinatensystem (Einheit 0,5 cm) und trage die folgenden Punkte ein: A (9|4), B (21|8). C (13|16). Konstruiere den Punkt P, der von A, B und C gleichweit entfernt ist. Gib die Koordinaten von Punkt P an.

A

1 a) $\frac{11}{21} + \frac{4}{21}$ b) $\frac{9}{12} + \frac{5}{12}$ c) $\frac{23}{44} - \frac{15}{44}$ d) $\frac{6}{35} + \frac{13}{35} - \frac{14}{35}$

e) $\frac{3}{4} - \frac{3}{8}$ f) $\frac{7}{12} + \frac{1}{3}$ g) $9 - \frac{2}{7}$ h) $\frac{3}{4} + \frac{2}{3}$

2 a) $\frac{5}{12} + \frac{3}{8}$ b) $\frac{3}{4} - \frac{3}{10}$ c) $\frac{1}{8} + \frac{3}{10}$ d) $\frac{5}{6} - \frac{1}{4}$

e) $\frac{2}{9} + \frac{7}{12}$ f) $\frac{7}{8} - \frac{5}{6}$ g) $\frac{2}{3} + \frac{3}{8}$ h) $\frac{19}{24} - \frac{11}{16}$

3 Von einer Tafel Schokolade gibt Carsten seiner Schwester den vierten Teil, seinem Bruder den dritten Teil. Welcher Bruchteil der Schokolade bleibt ihm noch?

4 Karin hat eingekauft: $2\frac{1}{2}$ kg Fleisch, $1\frac{1}{4}$ kg Gemüse und $2\frac{1}{3}$ kg Obst. Wie viel Kilogramm muss Karin in ihrem Korb tragen?

5 Ein Lastwagen darf $8\frac{1}{2}$ t Ladung transportieren. $2\frac{1}{5}$ t werden zugeladen. Mit wie viel Tonnen darf er höchstens noch beladen werden?

B

1 a) $\frac{7}{8} - \frac{1}{3} - \frac{5}{24}$ b) $\frac{5}{6} + \frac{2}{3} - \frac{7}{10}$ c) $\frac{11}{12} + 1\frac{3}{8}$ d) $3\frac{2}{5} - \frac{10}{12}$

2 a) Addiere zu einer Zahl $\frac{4}{5}$, so erhältst du $2\frac{3}{10}$. Wie heißt die Zahl?
b) Von welcher Zahl musst du $2\frac{3}{4}$ subtrahieren um $\frac{5}{6}$ zu erhalten?

3 a) $\frac{7}{20} - \frac{7}{30} + \frac{4}{5} + \frac{11}{12} - \frac{1}{3} + 4$ b) $9\frac{3}{8} - 5\frac{5}{6}$ c) $\left(8\frac{3}{5} + 4\frac{2}{3}\right) - \left(8\frac{3}{5} - 4\frac{3}{4}\right)$

4 Die erste von drei Zahlen ist $4\frac{1}{5}$, die zweite ist um $2\frac{1}{2}$ kleiner, die dritte um $\frac{2}{3}$ größer als die erste Zahl. Wie groß ist die Summe der drei Zahlen?

5 Bauer Schürmann hat Äcker, Weiden und Wald. $\frac{7}{12}$ seines Besitzes bestehen aus Äckern, $\frac{2}{9}$ aus Weiden.
a) Welcher Bruchteil seines Landes entfällt auf den Wald?
b) Veranschauliche die Bruchteile in einem Rechteck, das 9 cm lang und 4 cm breit ist.

6 Welche Zahl muss man zur Differenz der Zahlen $27\frac{4}{15}$ und $8\frac{11}{12}$ addieren, um $40\frac{7}{20}$ zu erhalten?

7 Anke verschenkt $\frac{1}{3}$ ihrer Bonbons, später noch einmal 4 Bonbons. Jetzt hat sie noch 2 Bonbons.

A

1 a) $\frac{2}{7} \cdot 3$ b) $\frac{4}{5} : 7$ c) $\frac{2}{9} \cdot 6$ d) $\frac{12}{13} : 8$

2 a) $\frac{5}{7} \cdot \frac{3}{8}$ b) $\frac{3}{4} \cdot \frac{9}{11}$ c) $\frac{9}{10} \cdot \frac{2}{5}$ d) $\frac{3}{11} \cdot \frac{5}{6}$

3 a) $\frac{5}{8} : \frac{7}{9}$ b) $\frac{3}{7} : \frac{1}{4}$ c) $\frac{2}{15} : \frac{7}{10}$ d) $\frac{9}{20} : \frac{3}{5}$

4 a) $1\frac{1}{4} \cdot \frac{3}{4}$ b) $2\frac{1}{2} \cdot \frac{3}{11}$ c) $1\frac{1}{5} : \frac{4}{7}$ d) $2\frac{3}{4} : \frac{3}{8}$

5 Frau Müller trinkt jeden Tag $\frac{3}{4}$ *l* Milch.Wie viele Liter sind das in zwei Wochen?

6 Für das Klassenfest hat Sabrina 9 *l* Fruchtsaft eingekauft. Das Getränk wird in Gläser gefüllt. Jedes Glas fasst $\frac{3}{10}$ *l*. Wie viele Gläser kann Sabrina mit Saft füllen?

7 Die Klasse 7.1 hat 30 Schüler. $\frac{3}{5}$ davon sind Jungen. Wie viele Jungen und wie viele Mädchen sind in der Klasse?

8 Eine Flasche Cola enthält $1\frac{1}{2}$ *l*. Peter trinkt $\frac{1}{4}$ des Inhalts. Wie viele Liter Cola hat er getrunken?

B

1 a) $\frac{3}{7} \cdot \frac{4}{9}$ b) $\frac{2}{15} \cdot \frac{5}{7}$ c) $\frac{3}{4} \cdot \frac{2}{9}$ d) $\frac{10}{11} \cdot \frac{22}{25}$

2 a) $\frac{1}{3} : \frac{8}{9}$ b) $\frac{4}{9} : \frac{8}{11}$ c) $\frac{7}{10} : \frac{21}{25}$ d) $\frac{9}{49} : \frac{6}{7}$

3 a) $\frac{2}{5} \cdot \frac{3}{8} \cdot \frac{5}{12}$ b) $\frac{10}{11} \cdot \frac{13}{20} \cdot \frac{22}{39}$ c) $\frac{\frac{4}{7}}{\frac{20}{21}}$ d) $\frac{\frac{7}{15}}{\frac{14}{25}}$

4 a) $4\frac{1}{5} \cdot 3\frac{3}{4}$ b) $3\frac{1}{5} \cdot 1\frac{1}{9}$ c) $5\frac{1}{3} : 6\frac{2}{3}$ d) $2\frac{13}{16} : 1\frac{7}{20}$

5 a) $\left(\frac{9}{16} + \frac{5}{8}\right) \cdot \frac{8}{19}$ b) $\left(\frac{5}{6} - \frac{7}{10}\right) \cdot \frac{3}{8}$ c) $\frac{5}{14} \cdot \frac{21}{25} + \frac{2}{15}$ d) $\frac{8}{9} \cdot \frac{3}{4} + \frac{9}{20} \cdot \frac{10}{27}$

6 Von den 168 Schülerinnen und Schülern des 7. Jahrgangs fahren $\frac{1}{4}$ mit dem Bus und $\frac{3}{7}$ mit dem Fahrrad zur Schule, die übrigen gehen zu Fuß. Wie viele Schülerinnen und Schüler kommen mit dem Bus (dem Fahrrad, zu Fuß)?

7 Ein Fahrrad bewegt sich bei einer vollen Drehung der Pedalen $4\frac{1}{2}$ m weiter. Jeder Tritt bewirkt eine halbe Drehung. Wie oft muss man treten, um eine Strecke von 2700 m zurückzulegen?

8 Ein Gastwirt kauft 12 Flaschen Wein. Jede Flasche enthält $\frac{3}{4}$ *l* und kostet 4,50 €. Der Gastwirt verkauft ein Glas mit $\frac{1}{5}$ *l* Wein für 3 €. Wie viele Gläser kann er ausschenken? Wie viel verdient er insgesamt?

A

1 Wandle in Dezimalbrüche um.

a) $\frac{7}{100}$, $\frac{3}{10}$, $\frac{18}{1000}$ b) $3\frac{9}{10}$, $22\frac{17}{1000}$, $1\frac{3}{100}$ c) $\frac{7}{4}$, $\frac{3}{5}$, $\frac{1}{8}$

2 Schreibe als Bruch und kürze, wenn möglich. a) 0,8 b) 0,002 c) 1,05

3 Ordne jeweils der Größe nach. Beginne mit der kleinsten Zahl.
a) 4,3051 4,3501 4,0351 4,351 4,30501 4,03051
b) 19,004 19,408 19,804 19,480 19,040 19,84

4 Runde die Dezimalbrüche 7,1459; 0,5548 und 0,05388
a) auf Zehntel b) auf Hundertstel c) auf Tausendstel.

5 a) $421{,}8 + 39 + 0{,}051$ b) $47{,}98 - 18 - 0{,}031$ c) $20 - 1{,}435 - 0{,}8 + 1{,}12$

6 a) $7{,}82 \cdot 10$ b) $5{,}5 \cdot 100$ c) $0{,}3 \cdot 0{,}2$ d) $6{,}9 \cdot 17{,}8$ e) $0{,}007 \cdot 29{,}7$

7 a) $36{,}45 : 10$ b) $8{,}9 : 100$ c) $0{,}4 : 0{,}2$ d) $12{,}3 : 0{,}5$ e) $1{,}56 : 1{,}2$

8 Frau Otten tankt 53,6 *l* Superbenzin. 1 Liter kostet 0,86 €. Wie viel Euro muss sie bezahlen?

9 Herr Tröstrum kauft 1,5 kg Bananen zu einem Preis von 1,50 € je Kilogramm, 10 Kiwis für 0,15 € pro Stück und 3,4 kg Äpfel zu 1,80 € je Kilogramm. Wie viel Euro hat er zu bezahlen?

B

1 Bestimme den Platzhalter.
a) $4{,}563 + \square + 204{,}6 + 8{,}77 = 400{,}5$ b) $0{,}6 \cdot \square = 0{,}18$
c) $50{,}11 - 4{,}811 - \square = 23{,}33$ d) $0{,}084 : \square = 0{,}7$

2 Rechne mit Brüchen oder Dezimalbrüchen.

a) $27{,}33 + 5\frac{47}{50}$ b) $141{,}5 - 78\frac{1}{4}$ c) $6\frac{1}{4} : 2{,}5$ d) $1\frac{5}{6} \cdot 1{,}2$

3 Runde dein Ergebnis auf Hundertstel. a) $0{,}973 \cdot 6{,}07$ b) $0{,}07 : 0{,}055$

4 Herr Oltmann kauft 6 Weißwein-, 6 Rotwein- und 6 Sektgläser. Er zahlt dafür 160,20 €. Das Weißweinglas kostet 8,40 €, das Rotweinglas 0,80 € weniger. Wie teuer ist ein Sektglas?

5 Herr Rüther lässt das Öl seines Autos wechseln. Er zahlt für 4 *l* Motorenöl 31,20 €. Einige Wochen später muss er 0,75 *l* nachfüllen. Was muss er bezahlen?

6 Beachte die Regel „Punktrechnung vor Strichrechnung".
a) $0{,}6 \cdot 3{,}4 - 2{,}4 \cdot 0{,}5$
$0{,}8 \cdot 2{,}9 - 1{,}8 \cdot 0{,}7$
b) $8 - 3{,}5 \cdot 2{,}25 + 0{,}65$
$26{,}7 - 6{,}2 \cdot 3{,}5 + 2{,}025$
c) $40{,}5 - 27 : 0{,}9 + 6{,}5$
$30{,}05 - 48 : 1{,}6 + 0{,}6$

1 Tobias hat fünfzigmal mit einem Würfel gewürfelt und die absoluten Häufigkeiten seiner Ergebnisse in eine Häufigkeitstabelle eingetragen.
a) Übertrage die Häufigkeitstabelle in dein Heft. Gib die relativen Häufigkeiten als Bruch an.
b) Berechne auch die relativen Häufigkeiten als Dezimalbruch.
c) Stelle die absoluten Häufigkeiten in einem Säulendiagramm dar.

50 Würfe						
Augenzahl	1	2	3	4	5	6
absolute Häufigkeit	9	11	5	10	9	6
relative Häufigkeit als Bruch						
relative Häufigkeit als Dezimalbruch						

2 Tina hat mehrmals hintereinander eine Heftzwecke geworfen und die absoluten Häufigkeiten in eine Häufigkeitstabelle eingetragen.
a) Übertrage die Häufigkeitstabelle in dein Heft. Berechne die relativen Häufigkeiten als Bruch und als Dezimalbruch.
b) Zeichne das zugehörige Streifendiagramm (Gesamtlänge 10 cm).

Heftzweckwürfe		
Ergebnis	Kopf	Seite
absolute Häufigkeit	88	112
relative Häufigkeit als Bruch		
relative Häufigkeit als Dezimalbruch		

3 In einer Urne befinden sich zehn gleich große Kugeln unterschiedlicher Farben. Aus der Urne wurde mehrmals mit Zurücklegen gezogen, die absoluten Häufigkeiten der einzelnen Ergebnisse werden in dem Balkendiagramm grafisch dargestellt.
a) Berechne zu jeder Farbe die relative Häufigkeit.
b) Wie viele Kugeln sind deiner Meinung nach rot, wie viele Kugeln blau (gelb, grün)?

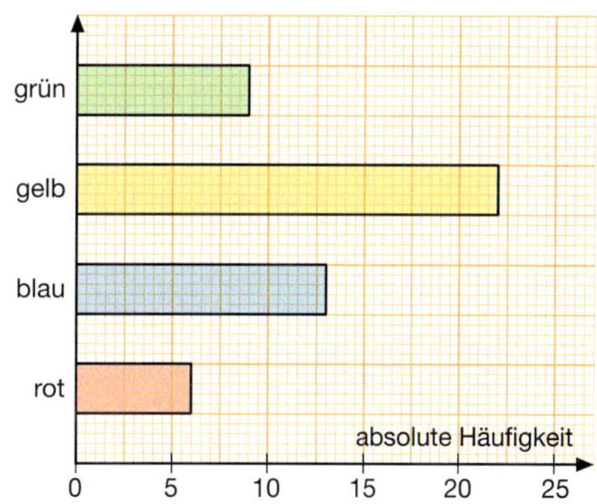

4 In einer Urne befinden sich zwanzig gleichartige Kugeln. Davon sind acht Kugeln rot, fünf Kugeln weiß, drei Kugeln blau und vier Kugeln schwarz gefärbt. Eine Kugel wird aus der Urne gezogen. Berechne die Wahrscheinlichkeiten aller möglichen Ergebnisse.

5 Der Technische Überwachungsverein (TÜV) überprüft ältere Gebrauchtwagen auf ihre Verkehrssicherheit. Die Häufigkeitstabelle zeigt das Resultat der Überprüfung.
Wie groß ist die Wahrscheinlichkeit dafür, dass ein zufällig ausgewählter älterer Gebrauchtwagen leichte Mängel (keine Mängel, erhebliche Mängel) aufweist?

Ergebnis	absolute Häufigkeit
keine Mängel	1275
leichte Mängel	875
erhebliche Mängel	350

A

1 Sieben Schülerinnen und Schüler der 7a haben besondere Hobbys.
Stephan und Thorsten sammeln Briefmarken, Stefanie singt im Chor, Astrid malt, Sophie malt und sammelt Briefmarken, Peter macht Modellbau und David spielt Fußball.
Lege eine Tabelle der Zuordnung an.

2 Die folgenden Zuordnungen sind proportional. Vervollständige die Tabellen.

a)

Masse (kg)	Preis (€)
4	7,60
20	■
40	■
12	■

b)

Arbeitszeit (h)	Verdienst (€)
8	112
4	■
0,5	■
4,5	■

3 200 g Wurst kosten 1,80 €. Diese Zuordnung ist proportional.
a) Zeichne den Graphen der Zuordnung (x-Achse: 1 cm ≙ 100 g; y-Achse: 1 cm ≙ 0,50 €).
b) Ermittle anhand des Graphen, wie viel Euro 300 g (500 g, 900 g) Wurst kosten.

4 Tinas Mutter kauft 8 Begonien für 4,80 €.
a) Tina kauft 3 Begonien nach. Wie viel Euro muss sie bezahlen?
b) Kai kauft für 10,80 € Begonien. Wie viele bekommt er?

5 An einem Julitag wurde in Abständen von 2 Stunden die Temperatur gemessen und in eine Tabelle eingetragen:

Uhrzeit	7.00	9.00	11.00	13.00	15.00	17.00	19.00
Temperatur (°C)	14	18	24	28	26	25	22

a) Trage die Zahlenpaare in ein Koordinatensystem ein (x-Achse: 1 cm ≙ 1 h; y-Achse: 1 cm ≙ 2 °C). Zeichne durch die Punkte eine Kurve.
b) Wann betrug nach deiner Temperaturkurve die Temperatur 26 °C?

B

1 Ein Obsthändler verkauft 300 kg Äpfel und verdient daran 96 €. Am nächsten Tag verkauft er 420 kg Äpfel. Wie hoch ist sein Verdienst?

2 Eine Klasse will mit 28 Personen einen Ausflug machen. Für die Fahrt muss jeder 12 € bezahlen. Wie teuer wird die Fahrt für jeden Teilnehmer, wenn nur 24 Personen mitfahren?

3 Auf einer Karte im Atlas beträgt die Entfernung von Dresden nach Magdeburg (Luftlinie) 9 cm. Wie groß ist die Entfernung in Wirklichkeit, wenn einer Strecke von 5 cm auf der Karte 100 km in Wirklichkeit entsprechen?

4 Frau Peters braucht für eine Strecke von Braunschweig nach Berlin bei einer Durchschnittsgeschwindigkeit von 100 $\frac{km}{h}$ eine Zeit von 2 h 30 min.
a) Wie viel Zeit benötigt sie bei einer Durchschnittsgeschwindigkeit von 80 $\frac{km}{h}$?
b) Wie lange braucht ein Auto, das mit einer Richtgeschwindigkeit von 130 $\frac{km}{h}$ fährt? Runde auf zwei Stellen nach dem Komma.

5 In 40 Minuten verbraucht ein Heizstrahler für 0,18 € elektrische Energie. Berechne, welche Energiekosten in 30 min (45 min, 2 h) entstehen.

(A)

1 Zeichne ein Dreieck ABC mit den angegebenen Eckpunkten in ein Koordinatensystem (Einheit 0,5 cm). Miss die Winkelgrößen und gib an, ob es sich um ein spitzwinkliges, rechtwinkliges oder stumpfwinkliges Dreieck handelt.
a) A(1|7); B(4|1); C(16|7) b) A(1|3); B(6|0); C(16|9) c) A(0|12); B(5|1); C(11|16)

2 Können die folgenden drei Längen die Seitenlängen eines Dreiecks sein? Begründe deine Antwort.
a) 8 cm; 5 cm; 6 cm b) 12 m; 15 m; 3 m c) 4,50 m; 7,50 m; 2,50 m

3 a) In einem Dreieck ist $\alpha = 85°$ und $\beta = 37°$. Berechne die Größe des dritten Innenwinkels γ.
b) In einem Viereck ist $\alpha = 80°$, $\beta = 35°$ und $\gamma = 125°$. Bestimme die Größe des fehlenden Innenwinkels δ.

4 a) In einem gleichschenkligen Dreieck hat ein Basiswinkel eine Größe von 38°. Wie groß ist der Winkel an der Spitze?
b) Der Winkel an der Spitze eines gleichschenkligen Dreiecks hat eine Größe von 48°. Wie groß ist jeweils ein Basiswinkel?

5 Berechne die Größe der fehlenden Winkel.

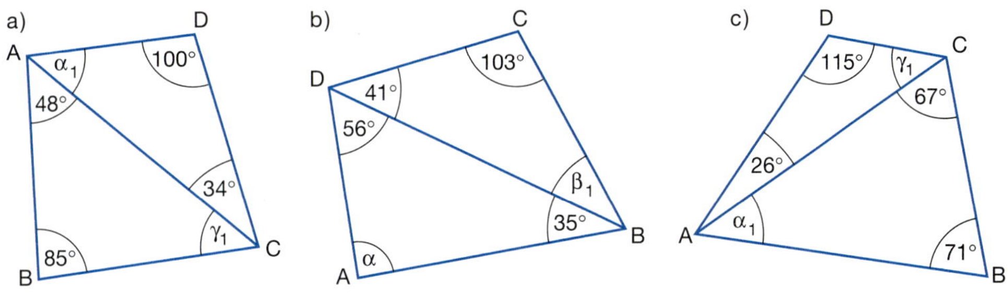

(B)

1 Bestimme die Größe der einzelnen Winkel.

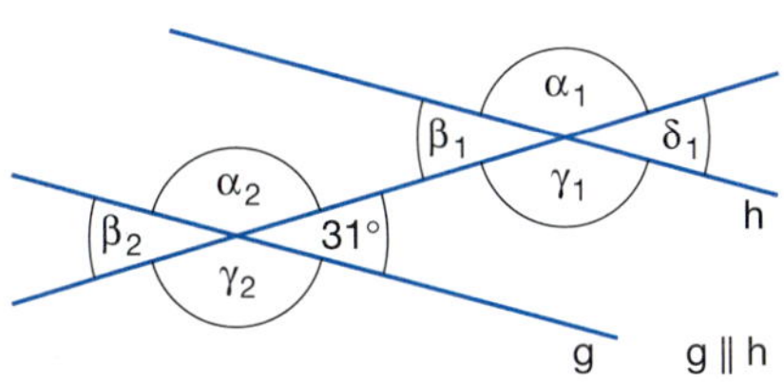

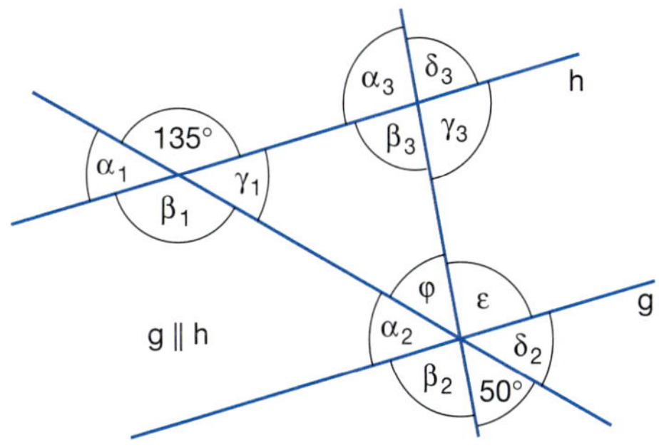

2 Zeichne das Dreieck ABC mit den Eckpunkten A (3|4), B (18|2) und C (15|12) in ein Koordinatensystem (Einheit 0,5 cm). Zeichne den Schwerpunkt des Dreiecks und gib seine Koordinaten an.

3 Zeichne das Dreieck ABC mit den Eckpunkten A (5|11), B (17|3) und C (21|11) in ein Koordinatensystem (Einheit 0,5 cm). Zeichne den Umkreis des Dreiecks und gib die Koordinaten seines Mittelpunktes an.

4 Zeichne das Dreieck ABC mit den Eckpunkten A (0|0), B (16|8) und C (10|20) in ein Koordinatensystem (Einheit 0,5 cm). Zeichne den Inkreis des Dreiecks und gib die Koordinaten seines Mittelpunktes an.

A

1 Konstruiere aus den gegebenen Stücken das Dreieck ABC.

a) $a = 6$ cm, $b = 3{,}8$ cm, $c = 4{,}9$ cm
b) $a = 2{,}9$ cm, $b = 6{,}8$ cm, $\gamma = 55°$
c) $a = 7$ cm, $\beta = 42°$, $\gamma = 28°$
d) $b = 4$ cm, $c = 6{,}5$ cm, $\beta = 35°$

2 Konstruiere ein rechtwinkliges Dreieck ABC ($\gamma = 90°$) aus $a = 4{,}5$ cm und $b = 6$ cm ($b = 7{,}2$ cm; $\alpha = 35°$).

3 Konstruiere ein gleichschenkliges Dreieck ABC ($a = b$) aus $a = 4{,}8$ cm und $c = 7{,}2$ cm.

4 Wie groß ist die Entfernung der Punkte A und C?
Löse mithilfe einer maßstabsgerechten Zeichnung.

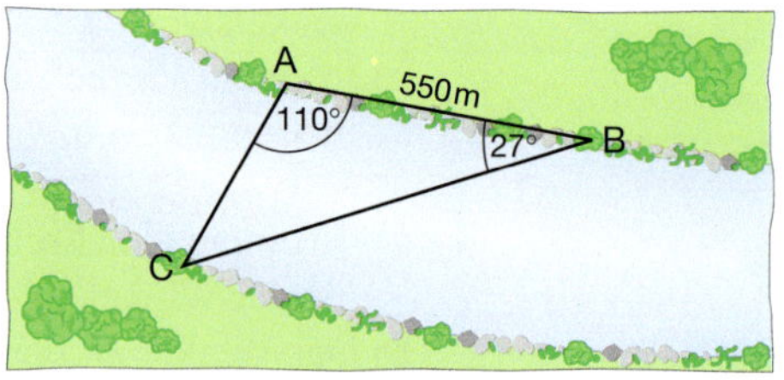

5 Die Giebelwand des abgebildeten Hauses soll gestrichen werden. Die beiden Fenster bedecken zusammen eine Fläche von 4,8 m^2.
Für 1 m^2 Fläche werden 900 g Wandfarbe benötigt. Wie viel Kilogramm Farbe müssen für den Anstrich eingekauft werden?

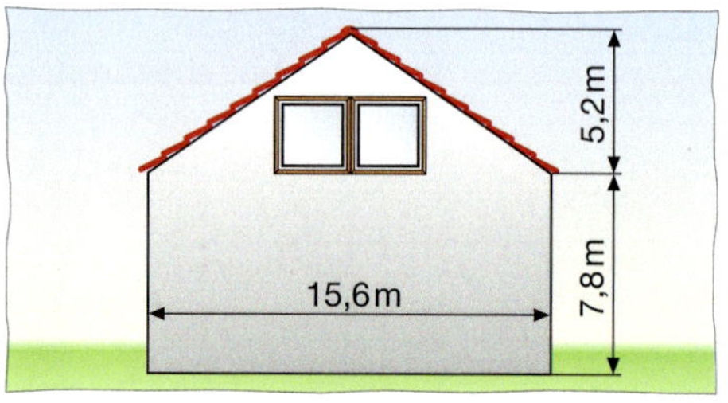

B

1 Konstruiere ein gleichschenkliges Dreieck ABC ($a = b$) aus $b = 6{,}5$ cm und $\gamma = 133°$.

2 Bestimme die Höhe des abgebildeten Gebäudes mithilfe einer maßstabsgerechten Zeichnung.

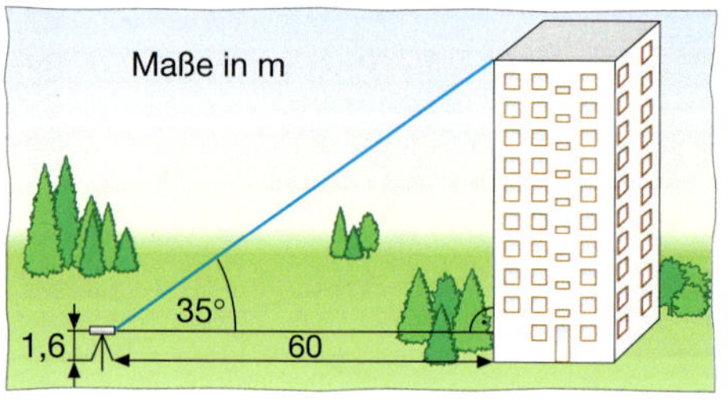

3 Konstruiere das Dreieck ABC aus den gegebenen Stücken.

a) $c = 6$ cm; $\alpha = 38°$; $h_c = 4{,}5$ cm
b) $c = 8$ cm; $\beta = 40°$; $s_c = 5$ cm

4 Berechne den Inhalt der farbigen Dreiecksfläche.

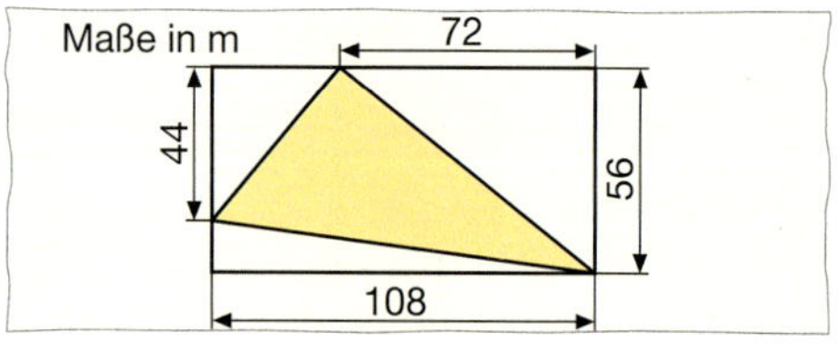

1 a) Aus wie vielen Würfeln bestehen die einzelnen Körper?
b) Ergänze die Körper zu Quadern. Wie viele Würfel musst du jeweils hinzufügen?

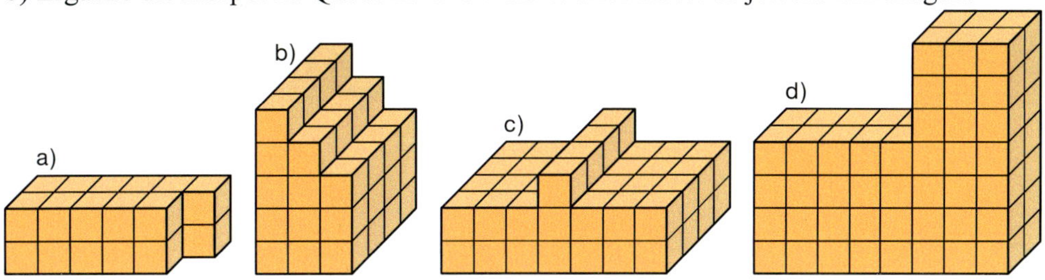

2 Verwandle in die angegebenen Einheiten.

a) 245 cm^3 (mm^3)
700 dm^3 (cm^3)
8,145 m^3 (dm^3)

b) 50 000 cm^3 (dm^3)
3330 mm^3 (cm^3)
129 dm^3 (m^3)

c) 0,308 cm^3 (mm^3)
1,357 dm^3 (cm^3)
4000 cm^3 (*l*)

d) 124 hl (*l*)
8,26 hl (*l*)
26 m^3 (*l*)

3 Berechne das Volumen und den Oberflächeninhalt eines Würfels mit der Kantenlänge 12 cm.

4 Berechne den Oberflächeninhalt und das Volumen eines Quaders, der 12 m lang, 4 m breit und 5 m hoch ist.

5 Ein Aquarium ist 8 dm lang, 4,5 dm breit und 65 cm hoch.
a) Wie viel Liter fasst das Aquarium, wenn es bis 5 cm unter der Oberkante gefüllt wird?
b) Durch Verdunstung ist der Wasserstand um 1 cm gefallen. Wie viel Liter sind verdunstet?

6 Ein Schwimmbecken ist 8 m lang, 3 m breit und 1,50 m tief.
a) An den Wänden und auf dem Boden sollen quadratische Fliesen gelegt werden. Wie viel Quadratmeter Fliesen werden benötigt?
b) Wie viel Liter Wasser können eingefüllt werden?

7

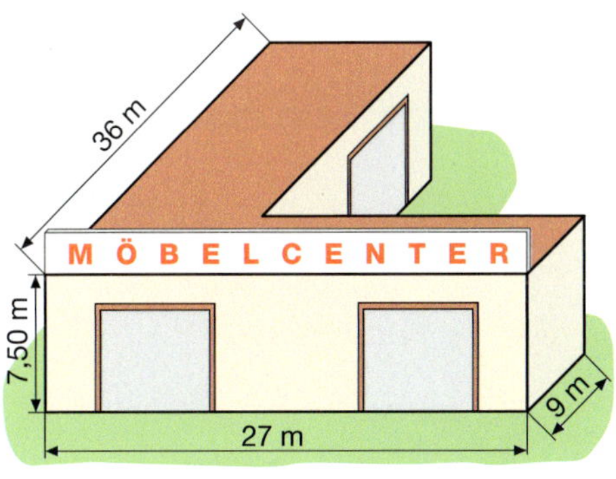

Die Baugesellschaft Peter + Pan baut die abgebildete Lagerhalle.
a) Berechne den Inhalt der Dachfläche.
b) Bestimme den umbauten Raum (das Volumen) des Gebäudes.

8 In das abgebildete Aquarium wird ein Metallwürfel mit der Kantenlänge 20 cm ganz eingetaucht. Um wie viel Zentimeter steigt der Wasserspiegel?

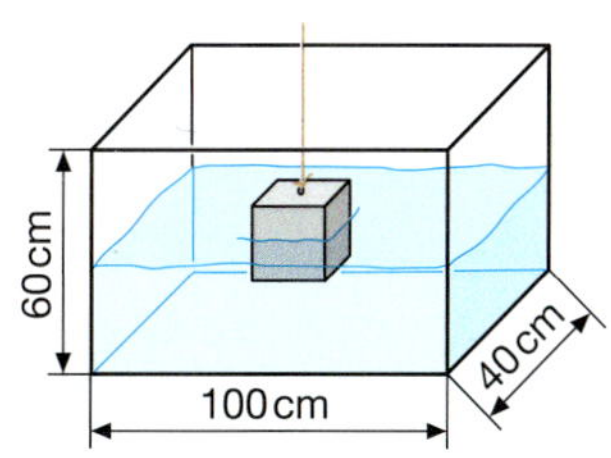

zu Seite 184

(A)

1 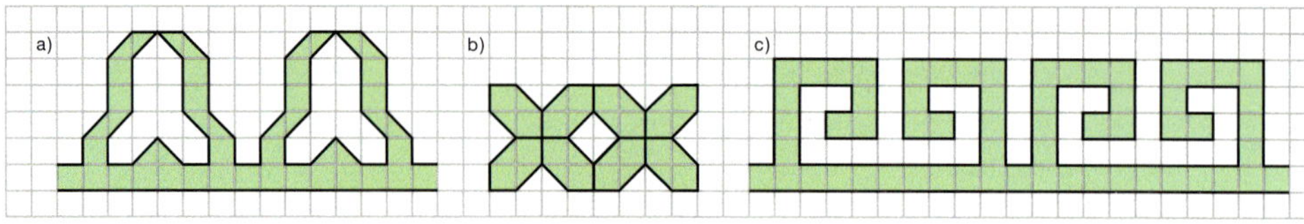

2 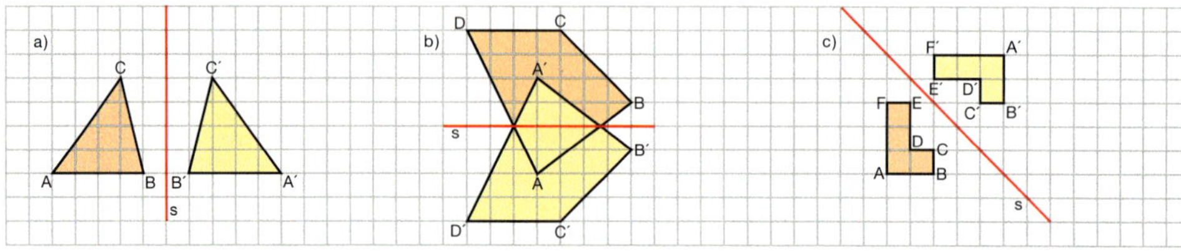

3 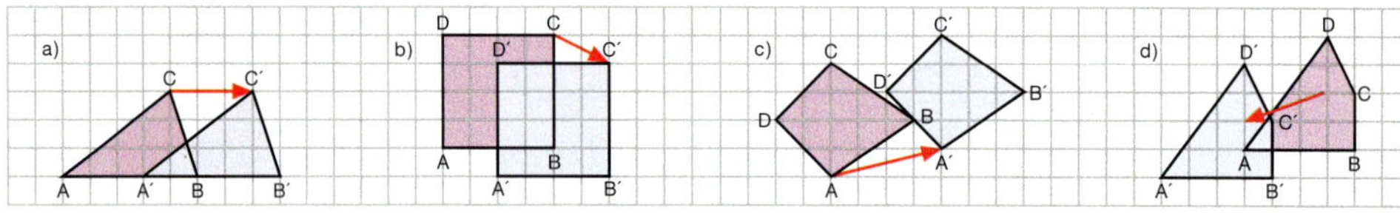

5 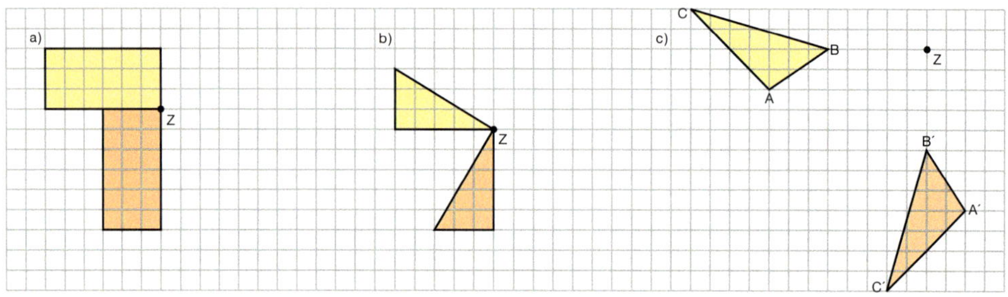

6 A′ (14|3), B′ (10|9), C′ (9|6), D′ (15|5)

---

zu Seite 185

(B)

1 a) Verschiebung b) Spiegelung c) Drehung um 90°

2 a) – b) A′ (11|5), C′ (6|10), D′ (8|2), Z′ (12|11)

3 –

4 –

5 a) Mittelpunkt der Strecke $\overline{AA'}$: (6|4)
b) Mittelpunkt der Strecke $\overline{BB'}$: (13|6)

6 –

7 –

8 –

9 a) –
b) Fußpunkt von P auf AB: (7|6)
Fußpunkt von Q auf AB: (15|10)

10 –

11 P (14|9)

zu Seite 186

A

1 a) $\frac{5}{7}$ b) $1\frac{1}{6}$ c) $\frac{2}{11}$ d) $\frac{1}{7}$ e) $\frac{3}{8}$ f) $\frac{11}{12}$ g) $8\frac{5}{7}$ h) $1\frac{5}{12}$

2 a) $\frac{19}{24}$ b) $\frac{9}{20}$ c) $\frac{17}{40}$ d) $4\frac{7}{12}$ e) $\frac{29}{36}$ f) $\frac{1}{24}$ g) $1\frac{1}{24}$ h) $\frac{5}{48}$

3 $\frac{5}{12}$ **4** $6\frac{2}{12}$ kg **5** $6\frac{3}{10}$ t

---

B

1 a) $\frac{1}{3}$ b) $\frac{4}{5}$ c) $1\frac{7}{24}$ d) $2\frac{17}{20}$

2 a) $1\frac{1}{2}$ b) $3\frac{7}{12}$

3 a) $5\frac{1}{2}$ b) $3\frac{13}{24}$ c) $9\frac{5}{12}$

4 $10\frac{23}{30}$

5 a) $\frac{7}{36}$ Wald

b)

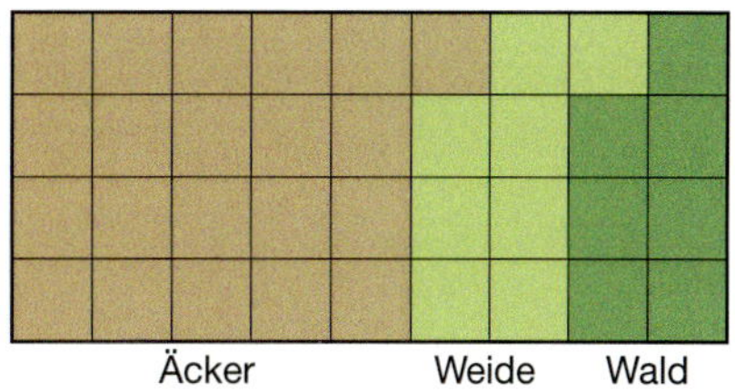

6 22

7 9 Bonbons

---

zu Seite 187

A

1 a) $\frac{6}{7}$ b) $\frac{4}{35}$ c) $\frac{4}{3}$ d) $\frac{3}{26}$

2 a) $\frac{15}{56}$ b) $\frac{27}{44}$ c) $\frac{9}{25}$ d) $\frac{5}{22}$

3 a) $\frac{45}{56}$ b) $\frac{12}{7}$ c) $\frac{4}{21}$ d) $\frac{3}{4}$

4 a) $\frac{15}{16}$ b) $\frac{15}{22}$ c) $2\frac{1}{10}$ d) $7\frac{1}{3}$

5 $10\frac{1}{2}\,l$

6 30 Gläser

7 18 Jungen, 12 Mädchen

8 $\frac{3}{8}\,l$

B

1 a) $\frac{4}{21}$ b) $\frac{2}{21}$ c) $\frac{1}{6}$ d) $\frac{4}{5}$

2 a) $\frac{3}{8}$ b) $\frac{11}{18}$ c) $\frac{5}{6}$ d) $\frac{3}{14}$

3 a) $\frac{1}{16}$ b) $\frac{1}{3}$ c) $\frac{3}{5}$ d) $\frac{5}{6}$

4 a) $15\frac{3}{4}$ b) $3\frac{5}{9}$ c) $\frac{4}{5}$ d) $2\frac{1}{12}$

5 a) $\frac{1}{2}$ b) $\frac{1}{20}$ c) $\frac{13}{30}$ d) $\frac{5}{6}$

6 42 mit dem Bus; 72 mit dem Fahrrad; 54 zu Fuß

7 1200 Mal

8 45 Gläser, 81 €

---

zu Seite 188

A

1 a) 0,07 0,3 0,018 b) 3,9 22,017 1,03 c) 1,75 – 0,6 – 0,125

2 a) $\frac{4}{5}$ b) $\frac{1}{500}$ c) $1\frac{1}{20}$

3 a) $4{,}03051 < 4{,}0351 < 4{,}30501 < 4{,}3051 < 4{,}3501 < 4{,}351$
b) $19{,}004 < 19{,}040 < 19{,}408 < 19{,}480 < 19{,}804 < 19{,}84$

4

a)	b)	c)
7,1	7,15	7,146
0,6	0,55	0,555
0,1	0,05	0,054

5 a) 460,851 b) 29,949 c) 18,885

6 a) 78,2 b) 550 c) 0,06 d) 122,82 e) 0,2079

7 a) 3,645 b) 0,089 c) 2 d) 24,6 e) 1,3

8 46,10 €

9 9,87 €

B

1 a) 182,567 b) 0,3 c) 21,969 d) 0,12

2 a) $33{,}27 = 33\frac{27}{100}$ b) $63{,}25 = 63\frac{1}{4}$ c) $2{,}5 = 2\frac{1}{2}$ d) $2\frac{1}{5} = 2{,}2$

3 a) 5,91 b) 1,27

4 10,70 €

5 5,85 €

6 a) 0,84 1,06 b) 0,775 7,025 c) 17 0,65

---

zu Seite 189

1 a, b)

50 Würfe						
Augenzahl	1	2	3	4	5	6
absolute Häufigkeit	9	11	5	10	9	6
relative Häufigkeit als Bruch	$\frac{9}{50}$	$\frac{11}{50}$	$\frac{5}{50}$	$\frac{10}{50}$	$\frac{9}{50}$	$\frac{6}{50}$
relative Häufigkeit als Dezimalbruch	0,18	0,22	0,10	0,20	0,18	0,12

2 a)

Heftzweckwürfe		
Ergebnis	Kopf	Seite
absolute Häufigkeit	88	112
relative Häufigkeit als Bruch	$\frac{88}{200}$	$\frac{112}{200}$
relative Häufigkeit als Dezimalbruch	0,44	0,56

b) –

3 a)

Ergebnis	rot	blau	gelb	grün
relative Häufigkeit als Bruch	$\frac{6}{50}$	$\frac{13}{50}$	$\frac{22}{50}$	$\frac{9}{50}$
relative Häufigkeit als Dezimalbruch	0,12	0,26	0,44	0,18

b) rot: 1 Kugel
blau: 3 Kugeln
gelb: 4 Kugeln
grün: 2 Kugeln

4

Ergebnis	rot	weiß	blau	schwarz
Wahrschein-lichkeit	$\frac{8}{20}$	$\frac{5}{20}$	$\frac{3}{50}$	$\frac{4}{20}$

5

Ergebnis	Wahrscheinlichkeit
keine Mängel	$\frac{1275}{2500}$
leichte Mängel	$\frac{875}{2500}$
erhebliche Mängel	$\frac{350}{2500}$

---

zu Seite 190

A

1

Schüler	Hobbys
Stephan	Briefmarken sammeln
Thorsten	Briefmarken sammeln
Stefanie	Chorsingen
Astrid	Malen
Sophie	Malen, Briefmarken sammeln
Peter	Modellbau
David	Fußball

2 a)

Masse (kg)	Preis (€)
4	7,60
20	38
40	76
12	22,80

b)

Arbeitszeit (h)	Verdienst (€)
8	112
4	56
0,5	7
4,5	63

3 a) –
b) 2,70 € (4,50 €, 8,10 €)

4 a) 1,80 € b) 18

5 a) –
b) 12 Uhr und 15 Uhr

B

1 134,40 €

2 14 €

3 180 km

4 a) 3,125 h
b) 1,92 h

5 0,135 € (0,2025 €, 0,54 €)

---

zu Seite 191

A

1 a) rechtwinkliges Dreieck b) stumpfwinkliges Dreieck c) spitzwinkliges Dreieck

2 a) ja; 8 cm + 5 cm > 6 cm ; 8 cm + 6 cm > 5 cm; 5 cm + 6 cm > 8 cm
b) nein; 12 m + 3 m = 15 m
c) nein; 4,50 m + 2,50 m < 7,50 m

3 a) $\gamma = 58°$ b) $\delta = 120°$

4 a) 104° b) 66°

5 a) $\alpha_1 = 46°$; $\gamma_1 = 47°$ b) $\alpha = 89°$; $\beta_1 = 36°$ c) $\alpha_1 = 42°$; $\gamma_1 = 39°$

B

1 a) $\alpha_1 = \alpha_2 = \gamma_1 = \gamma_2 = 149°$; $\beta_1 = \beta_2 = \delta_1 = 31°$
b) $\alpha_1 = \alpha_2 = \gamma_1 = \delta_2 = 45°$; $\beta_1 = 135°$; $\varphi = 50°$; $\beta_2 = \beta_3 = \delta_3 = \varepsilon = 85°$; $\alpha_3 = \gamma_3 = 95°$

2 S (12|6)

3 M (13|10)

4 O (10|10)

---

zu Seite 192

A

1 –

2 –

3 –

4 $\overline{AC} \approx 367$ m

5 A = 157,44 m²; 141,696 kg

B

1 –

2 42,0 m + 1,6 m = 43,6 m

3 –

4 2592 m^2

---

zu Seite 193

1 a) 22, 48, 60, 82 b) 2, 12, 24, 30

2 a) 245 000 mm^3, 700 000 cm^3, 8 145 dm^3 b) 50 dm^3, 3,330 cm^3, 0,129 m^3 c) 308 mm^3, 1357 cm^3, 4 *l* d) 12 400 *l*, 826 *l*, 26 000 *l*

3 V = 1728 cm^3 O = 864 cm^3

4 O = 256 m^2 V= 240 m^3

5 a) 21,6 Liter b) 3,6 *l*

6 a) 57 m^2 b) 36 m^3

7 a) 486 m^2 b) 3645 m^3

8 2 cm

Bildquellennachweis:
Iakg-images GmbH Archiv für Kunst und Geschichte, Berlin: 152.2
Bernd Bäuml, Lichtenfels 127.1
Bildagentur Schuster GmbH, Oberursel: 124.2
Bildarchiv Preußischer Kulturbesitz, Berlin: 8.3
BONGARTS Sportfotografie GmbH, Hamburg: 75.1, 109.1
Centre de Technologie de l' Education, Walferdange: 126.3, 126.4
corbis, Düsseldorf: Titelbild
ddp Nachrichtenagentur GmbH, Berlin: 96.1
dpa Picture-Alliance GmbH, Frankfurt/M.: 25.2, 123.1 (Okapia KG, Dr. E. Pott), 133.4 (ZB)
Hessischer Rundfunk, Frankfurt/M.: 92.1
Hockenheim-Ring GmbH, Hockenheim: 69.3
IFA-Bilderteam GmbH, Düsseldorf: 7.2, 7.8, 98.1, 98.3, 98.4, 98.5, 98.7, 98.9, 126.5, 142.3
mauritius images GmbH, Mittenwald: 7.10, 126.1, 137.1, 172.1
Okapia KG, Frankfurt/M.: 179.2
Pictor Bildagentur, Hamburg: 182.3
Prowell GmbH, Bremen: 34.3
Dieter Rixe, Braunschweig: 126.2
SUPERBILD Bildagentur, Unterhaching/München: 7.7
Tierbildarchiv Angermayer, Holzkirchen: 98.2, 98.6, 98.8
Toplicht, Hamburg: 34.2
Transglobe Agency, Hamburg: 25.1
Kristina Weidelhofer, Hannover:: 11.1, 11.2
zefa visual media GmbH, Düsseldorf: 7.3, 7.5, 7.6, 7.9

Titelbild: foto und film Klaus Wefringhaus, Braunschweig
Alle übrigen Fotos: Photostudio Druwe & Polastri, Weddel
Alle Illustrationen: Irmgard Arnold, Negenborn
Alle technischen Zeichnungen wurden von der Technisch-Graphischen-Abteilung Westermann, Braunschweig und der Firma O & S Satz GmbH, Hildesheim, angefertigt.

Kopfrechentraining

Beispiel: 36

36 · 2 = 72
72 : 9 = 8
8 · 11 = 88
88 + 18 = 106
106 − 41 = 65
65 + 12 = 77
77 : 7 = 11
11 · 8 = 88

1 14: · 4, + 19, : 75, + 44, : 9, · 11, : 5, · 9

2 33: : 3, · 5, + 17, : 8, + 23, : 4, · 11, + 15

3 12: · 2, + 17, · 2, − 69, · 2, − 26, · 3, + 39

4 26: + 14, · 2, − 26, : 6, + 33, : 7, · 12, + 19

5 90: − 48, · 2, − 30, : 9, · 12, : 9, + 55, : 7

6 150: : 5, − 19, · 3, · 2, − 12, : 6, · 8, − 27

7 28: + 27, : 11, · 9, + 44, + 11, : 5, + 39, − 18

8 13: · 5, − 41, · 2, : 6, · 9, + 24, − 89, · 7

9 17: + 45, + 19, : 9, + 29, + 28, : 2, : 11, + 69

10 72: : 8, · 11, − 33, : 6, · 4, − 26, : 3, · 12

11 44: · 2, : 22, · 9, · 2, : 8, + 27, · 2, : 9

12 3: · 32, − 48, − 24, · 2, : 8, − 6, · 25, + 47

13 50: : 2, + 38, : 7, · 4, · 2, : 36, · 45, − 44